11							18	族／周期

JN085862

2 He
ヘリウム
4.002602	1

5 **B**	6 **C**	7 **N**	8 **O**	9 **F**	10 **Ne**	2
ホウ素	炭素	窒素	酸素	フッ素	ネオン	
10.806~	12.0096~	14.00643~	15.99903~	18.998403163	20.1797	
10.821	12.0116	14.00728	15.99977			

13 **Al**	14 **Si**	15 **P**	16 **S**	17 **Cl**	18 **Ar**	3
アルミニウム	ケイ素	リン	硫黄	塩素	アルゴン	
26.9815384	28.084~	30.973761998	32.059~	35.446~	39.792~	
	28.086		32.076	35.457	39.963	

29 **Cu**	30 **Zn**	31 **Ga**	32 **Ge**	33 **As**	34 **Se**	35 **Br**	36 **Kr**	4
銅	亜鉛	ガリウム	ゲルマニウム	ヒ素	セレン	臭素	クリプトン	
63.546	65.38	69.723	72.630	74.921595	78.971	79.901~	83.798	
						79.907		

47 **Ag**	48 **Cd**	49 **In**	50 **Sn**	51 **Sb**	52 **Te**	53 **I**	54 **Xe**	5
銀	カドミウム	インジウム	スズ	アンチモン	テルル	ヨウ素	キセノン	
107.8682	112.414	114.818	118.710	121.760	127.60	126.90447	131.293	

79 **Au**	80 **Hg**	81 **Tl**	82 **Pb**	83 **Bi***	84 **Po***	85 **At***	86 **Rn***	6
金	水銀	タリウム	鉛	ビスマス	ポロニウム	アスタチン	ラドン	
196.966570	200.592	204.382~	207.2	208.98040	(210)	(210)	(222)	
		204.385						

111 **Rg***	112 **Cn***	113 **Nh***	114 **Fl***	115 **Mc***	116 **Lv***	117 **Ts***	118 **Og***	7
レントゲニウム	コペルニシウム	ニホニウム	フレロビウム	モスコビウム	リバモリウム	テネシン	オガネソン	
(280)	(285)	(278)	(289)	(289)	(293)	(293)	(294)	

65 **Tb**	66 **Dy**	67 **Ho**	68 **Er**	69 **Tm**	70 **Yb**	71 **Lu**
テルビウム	ジスプロシウム	ホルミウム	エルビウム	ツリウム	イッテルビウム	ルテチウム
158.925354	162.500	164.930328	167.259	168.934218	173.045	174.9668

97 **Bk***	98 **Cf***	99 **Es***	100 **Fm***	101 **Md***	102 **No***	103 **Lr***
バークリウム	カリホルニウム	アインスタイニウム	フェルミウム	メンデレビウム	ノーベリウム	ローレンシウム
(247)	(252)	(252)	(257)	(258)	(259)	(262)

元素については放射性同位体の質量数の一例を〔 〕内に示した。ただし、Bi、Th、

の数値あるいは変動範囲で示されている。原子量が範囲で示されている13元素には複
で原子量が与えられない。その他の71元素については、原子量の不確かさは示された

改訂6版

分析化学
データブック

日本分析化学会 編

丸善出版

編集委員会および執筆者一覧

目　　　次

図表掲載リスト（➡ QR コード）

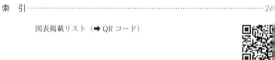

物理定数と諸単位

・1　基礎定数表

(2018 年の調整)[*1]

真空中の光の速さ	$c = 2.997\,924\,58 \times 10^8\ \mathrm{m\ s^{-1}}$（定義値）
プランク定数	$h = 6.626\,070\,15 \times 10^{-34}\ \mathrm{J\ s}$（定義値）
磁気定数（真空の透磁率）	$\mu_0 = 1.256\,637\,062\,12(19) \times 10^{-6}\ \mathrm{N\ A^{-2}}$
電気定数（真空の誘電率）	$\varepsilon_0 = 8.854\,187\,812\,8(13) \times 10^{-12}\ \mathrm{F\ m^{-1}}$
電気素量	$e = 1.602\,176\,634 \times 10^{-19}\ \mathrm{C}$（定義値）
電子の質量	$m_{\mathrm{e}} = 9.109\,383\,701\,5(28) \times 10^{-31}\ \mathrm{kg}$
陽子の質量	$m_{\mathrm{p}} = 1.672\,621\,923\,69(51) \times 10^{-27}\ \mathrm{kg}$
中性子の質量	$m_{\mathrm{n}} = 1.674\,927\,498\,04(95) \times 10^{-27}\ \mathrm{kg}$
原子質量定数	$m_{\mathrm{u}} = 1.660\,539\,066\,60(50) \times 10^{-27}\ \mathrm{kg}$
	（$^{12}\mathrm{C}$ 原子の質量の 12 分の 1）
アボガドロ定数	$N_{\mathrm{A}} = 6.022\,140\,76 \times 10^{23}\ \mathrm{mol^{-1}}$（定義値）
ボルツマン定数	$k = 1.380\,649 \times 10^{-23}\ \mathrm{J\ K^{-1}}$（定義値）
ファラデー定数	$F = N_{\mathrm{A}}e = 9.648\,533\,212\cdots \times 10^4\ \mathrm{C\ mol^{-1}}$（定義値から）
ボーア磁子	$\mu_{\mathrm{B}} = 9.274\,010\,078\,3(28) \times 10^{-24}\ \mathrm{J\ T^{-1}}$
核磁子	$\mu_{\mathrm{N}} = 5.050\,783\,746\,1(15) \times 10^{-27}\ \mathrm{J\ T^{-1}}$
電子の磁気モーメント	$\mu_{\mathrm{e}} = -9.284\,764\,704\,3(28) \times 10^{-24}\ \mathrm{J\ T^{-1}}$
陽子の磁気モーメント	$\mu_{\mathrm{p}} = 1.410\,606\,797\,36(60) \times 10^{-26}\ \mathrm{J\ T^{-1}}$
中性子の磁気モーメント	$\mu_{\mathrm{n}} = -9.662\,365\,1(23) \times 10^{-27}\ \mathrm{J\ T^{-1}}$
陽子の磁気回転比	$\gamma_{\mathrm{p}} = 2.675\,221\,874\,4(11) \times 10^8\ \mathrm{s^{-1}\ T^{-1}}$
自由電子の g 因子	$g_{\mathrm{e}} = -2.002\,319\,304\,362\,56(35)$
リュードベリ定数	$R_{\infty} = 1.097\,373\,156\,816\,0(21) \times 10^7\ \mathrm{m^{-1}}$
万有引力定数	$G = 6.674\,30(15) \times 10^{-11}\ \mathrm{m^3\ kg^{-1}\ s^{-2}}$
標準重力加速度	$g_{\mathrm{n}} = 9.806\,65\ \mathrm{m\ s^{-2}}$（定義値）
気体定数	$R = N_{\mathrm{A}}k = 8.314\,462\,618\cdots\ \mathrm{J\ mol^{-1}\ K^{-1}}$（定義値から）
標準状態の理想気体のモル体積	$V_{\mathrm{m}} = 22.413\,969\,54\cdots \times 10^{-3}\ \mathrm{m^3\ mol^{-1}}$（定義値から）
RT/p	（温度 $T = 273.15\ \mathrm{K}$, 圧力 $p = 101\,325\ \mathrm{Pa}$）
標準大気圧	$P_0 = 101\,325\ \mathrm{Pa}$（定義値）
ボーア半径	$a_0 = 5.291\,772\,109\,03(80) \times 10^{-11}\ \mathrm{m}$
シュテファン-ボルツマン定数	$\sigma = 5.670\,374\,419\cdots \times 10^{-8}\ \mathrm{W\ m^{-2}\ K^{-4}}$（定義値から）
ジョセフソン定数	$K_{\mathrm{J}} = 483\,597.8484\cdots \times 10^9\ \mathrm{Hz\ V^{-1}}$（定義値から）
フォン・クリッツィング定数	$R_{\mathrm{K}} = 25\,812.807\,45\cdots\ \Omega$（定義値から）
水の三重点の絶対温度[*2]	$T_{\mathrm{tp}}(\mathrm{H_2O}) = 2.7316 \times 10^2\ \mathrm{K}$
氷点の絶対温度	$T_0 = 2.7315 \times 10^2\ \mathrm{K}$
（圧力 $101\,325\ \mathrm{Pa}$）	

[*1]　括弧付きの数字（x）は標準不確かさが最後の 2 桁に x だけあることを示す．以下も同じ．
に CODATA（Committee on Data for Science and Technology）2018 推奨値．
http://physics.nist.gov/cuu/Constants/index.html]

[*2]　熱力学温度の基準としての地位はなくなり，観測によって得られる値となった．不確かさ
有するし水の定義にもよるが，事実上ここで示した値と考えてよい．

1・2　ギリシャ文字

A	α	アルファ（alpha）	I	ι	イオタ（iota）	P	ρ	ロー（rho）
B	β	ベータ（beta）	K	κ	カッパ（kappa）	Σ	σ	シグマ（sigma）
Γ	γ	ガンマ（gamma）	Λ	λ	ラムダ（lambda）	T	τ	タウ（tau）
Δ	δ	デルタ（delta）	M	μ	ミュー（mu）	Υ	υ	ウプシロン（upsilon）
E	ε	イプシロン（epsilon）	N	ν	ニュー（nu）	Φ	φ（または φ）	ファイ（p
Z	ζ	ゼータ（zeta）	Ξ	ξ	グザイ（xi）	X	χ	カイ（chi）
H	η	イータ（eta）	O	o	オミクロン（omicron）	Ψ	ψ	プサイ（psi）
Θ	θ	シータ（theta）	Π	π	パイ（pi）	Ω	ω	オメガ（omega）

1・3　単　位

a.　SI 基本単位

基本量	SI 基本単位の名称		SI 基本単位の記号
時　間	秒	second	s
長　さ	メートル	metre	m
質　量	キログラム	kilogram	kg
電　流	アンペア	ampere	A
熱力学温度	ケルビン	kelvin	K
物質量	モル	mole	mol
光　度	カンデラ	candela	cd

b.　SI 基本単位の定義

2019 年 5 月 20 日に改定発効した SI（国際単位系）文書では，七つすべての基本単位の定義は，概略以下のように不確かさのない明示的な定数の形式で表現されるようになった［SI 文書第 9 版（英語版），https://www.bipm.org/en/publications/si-brochure/］.

① 秒：セシウム 133 原子の摂動を受けない基底状態の超微細構造遷移周波数 $\Delta\nu_{Cs}$ を 9 192 631 770 s^{-1} とすることによって定義される時間である．したがってセシウム 133 原子の摂動を受けない基底状態の二つの超微細構造準位の間の遷移に対応する放射光 9 192 631 770 周期継続する時間は 1 秒である.

② メートル：真空中の光の速さ c を 299 792 458 m s^{-1} とすることによって定義される長さである．秒は $\Delta\nu_{Cs}$ によって定義される．したがって真空中で光が 1/299 792 458 秒に進む距離は 1 メートルである.

③ キログラム：プランク定数 h を 6.626 070 15×10^{-34} kg m^2 s^{-1} とすることによって定義される質量である．メートルと秒は c と $\Delta\nu_{Cs}$ によって定義される．1 キログラムの実現のためには，質量に関わる物理法則を利用した計測が行われることになり，電気的測定法であるキッブルバランス法やシリコン球を用いた X 線結晶密度法が例示されている.

④ アンペア：電気素量（電子の電荷）e を 1.602 176 634×10^{-19} A s とすることによって定義される電流である．秒は $\Delta\nu_{Cs}$ によって定義される．したがって 1 秒間に電気素量 1/(1.602 176 634×10^{-19}) 倍の電荷が流れる電流は 1 アンペアである.

⑤ ケルビン：ボルツマン定数 k を 1.380 649×10^{-23} J K^{-1} とすることによって定義される熱力学温度である．J K^{-1} は kg m^2 s^{-2} K^{-1} に等しく，キログラム，メートルおよび秒は h，c および $\Delta\nu_{Cs}$ によって定義される．したがって 1.380 649×10^{-23} J の熱エネルギー k

変化をもたらす熱力学温度の変化は 1 ケルビンである．ケルビンの実現のための方法として音響気体温度計，狭帯域放射温度計，分極気体温度計，ジョンソンノイズ温度計を用いた法が例示されている．

⑥ モ ル：物質に含まれる特定された要素粒子の数に関する量（物質量と呼ばれる）であって，正確に 6.022 140 76×10²³（mol⁻¹ 単位で表したアボガドロ定数 N_A の数値部分で，ボガドロ数と呼ばれる）個の要素粒子を含む系の物質量が 1 モルである．ただし要素粒子は原子，分子，イオン，電子，その他の粒子または粒子の集合体のいずれかで，それが明に規定されていなければならない．

⑦ カンデラ：周波数 540×10¹² Hz の単色放射の視感効果度 K_{cd} を 683 lm W⁻¹ とするとによって定義される所定の方向における光度である．lm W⁻¹ は cd sr W⁻¹ やsr kg⁻¹ m⁻² s³ に等しく，キログラム，メートルおよび秒は h, c および $\Delta\nu_{Cs}$ によって義される．したがって周波数 540×10¹² Hz の単色放射を放出し，所定の方向において 1テラジアン当たり(1/683) W のエネルギーを放出する光源のその方向における光度は 1ンデラである．

c. SI 接頭語

大きさ	接頭語		記 号	大きさ	接頭語		記 号
10⁻¹	デ シ	deci	d	10¹	デ カ	deca	da
10⁻²	センチ	centi	c	10²	ヘクト	hecto	h
10⁻³	ミ リ	milli	m	10³	キ ロ	kilo	k
10⁻⁶	マイクロ	micro	μ	10⁶	メ ガ	mega	M
10⁻⁹	ナ ノ	nano	n	10⁹	ギ ガ	giga	G
10⁻¹²	ピ コ	pico	p	10¹²	テ ラ	tera	T
10⁻¹⁵	フェムト	femto	f	10¹⁵	ペ タ	peta	P
10⁻¹⁸	ア ト	atto	a	10¹⁸	エクサ	exa	E
10⁻²¹	ゼプト	zepto	z	10²¹	ゼ タ	zetta	Z
10⁻²⁴	ヨクト	yocto	y	10²⁴	ヨ タ	yotta	Y

d. 固有の名称と記号をもつ 22 個の SI 組立単位と記号

組立量	SI 単位の固有の名称と記号			基本単位で表した組立単位 [*1]
面角	ラジアン	radian	rad	m/m (=1)
体角	ステラジアン	steradian	sr	m²/m² (=1)
波数	ヘルツ	hertz	Hz	s⁻¹
	ニュートン	newton	N	kg m s⁻²
力, 応力	パスカル	pascal	Pa	kg m⁻¹ s⁻² (=N m⁻²)
ネルギー, 仕事, 熱量	ジュール	joule	J	kg m² s⁻² (=N m)
事率, 放射束	ワット	watt	W	kg m² s⁻³ (=J/s)
荷, 電気量	クーロン	coulomb	C	A s
位差 (電圧)	ボルト	volt	V	kg m² s⁻³ A⁻¹ (=J A⁻¹ s⁻¹=W/A)
電容量	ファラド	farad	F	kg⁻¹ m⁻² s⁴ A² (=A s V⁻¹=C/V)
気抵抗	オーム	ohm	Ω	kg m² s⁻³ A⁻² (=V/A)
ンダクタンス, 電気伝導度	ジーメンス	siemens	S	kg⁻¹ m⁻² s³ A² (=A/V=Ω⁻¹)
束	ウェーバ	weber	Wb	kg m² s⁻² A⁻¹ (=V s)
束密度	テスラ	tesla	T	kg s⁻² A⁻¹ (=V s m⁻²=Wb/m²)

組立量	SI単位の固有の名称と記号			基本単位で表した組立単位[*1]
インダクタンス	ヘンリー	henry	H	$kg\ m^2\ s^{-2}\ A^{-2}$ $(=V\ A^{-1}\ s=Wb\ A^{-1})$
セルシウス温度[*2]	セルシウス度	degree Celsius	℃	K
光 束	ルーメン	lumen	lm	cd sr
照 度	ルクス	lux	lx	$cd\ sr\ m^{-2}$ $(=lm/m^2=m^{-2})$
放射性核種の放射能	ベクレル	becquerel	Bq	s^{-1}
吸収線量, カーマ	グレイ	gray	Gy	$m^2\ s^{-2}$ $(=J/kg)$
線量当量	シーベルト	sievert	Sv	$m^2\ s^{-2}$ $(=J/kg)$
酵素活性	カタール	katal	kat	$mol\ s^{-1}$

[*1] 括弧内は他のSI単位による表現.
[*2] セルシウス温度 t と熱力学温度 T の関係は, $t/℃=T/K-273.15$ である.

e. その他のSI組立単位の例

組立量	基本単位で表した組立単位[*1]	組立量	基本単位で表した組立単位[*]
面 積	m^2	熱容量, エントロピー	$kg\ m^2\ s^{-2}\ K^{-1}$ $(=J\ K^{-1})$
体 積	m^3	表面張力	$kg\ s^{-2}$ $(=N\ m^{-1})$
速さ, 速度	$m\ s^{-1}$	熱伝導率	$kg\ m\ s^{-3}\ K^{-1}$ $(=W\ m^{-1}\ K^{-1})$
角速度	s^{-1} $(=rad\ s^{-1})$	拡散係数	$m^2\ s^{-1}$
加速度	$m\ s^{-2}$	粘性率, 粘度	$kg\ m^{-1}\ s^{-1}$ $(=Pa\ s=N\ s\ m^{-2})$
波 数	m^{-1}	導電率, 電気伝導率	$kg^{-1}\ m^{-3}\ s^3\ A^2$ $(=S\ m^{-1})$
力のモーメント	$kg\ m^2\ s^{-2}$ $(=N\ m)$	誘電率	$kg^{-1}\ m^{-3}\ s^4\ A^2$ $(=F\ m^{-1})$
密度, 質量密度	$kg\ m^{-3}$	透磁率	$kg\ m\ s^{-2}\ A^{-2}$ $(=H\ m^{-1})$
面密度	$kg\ m^{-2}$	電気双極子モーメント	$m\ s\ A$ $(=C\ m)$
比体積	$m^3\ kg^{-1}$	磁気双極子モーメント	$kg\ m^3\ s^{-2}\ A^{-1}$ $(=Wb\ m)$
電流密度	$A\ m^{-2}$	電場の強さ	$kg\ m\ s^{-3}\ A^{-1}$ $(=V\ m^{-1})$
物質量濃度[*2]	$mol\ m^{-3}$	磁場の強さ	$A\ m^{-1}$
質量濃度	$kg\ m^{-3}$	照射線量	$A\ s\ kg^{-1}$ $(=C\ kg^{-1})$
質量分率	$kg/kg\ (=1)$	吸収線量率	$m^2\ s^{-3}$ $(=Gy\ s^{-1})$
物質量分率	$mol/mol\ (=1)$	輝 度	$cd\ m^{-2}$

[*1] 括弧内は他の単位による表現.
[*2] 従来, モル濃度などと呼ばれてきた. 分析化学では通常 $mol\ L^{-1}$ (または $mol\ l^{-1}$) が使われる. ただし, $1\ mol\ L^{-1}=1\ mol\ dm^{-3}=10^3\ mol\ m^{-3}$. また, $mol\ L^{-1}$ の代わりにMが使われることがあるが, これは初出の段階で定義してから使用することが望ましい.

f. 非SI単位 (ただしSIと併用される単位)[*1]

物理量	単位の名称	記号	SI単位との関係
時 間	分	min	1 min=60 s
	時	h	1 h=60 min=3600 s

物理量	単位の名称	記　号	SI 単位との関係
面角およ	日　度	d	1 d＝24 h＝86 400 s
び位相角	度	°	1°＝(π/180) rad
	分	′	1′＝(1/60)°＝(π/10 800) rad
	秒	″	1″＝(1/60)′＝(π/648 000) rad
積	リットル	l または L	1 l＝1 L＝1 dm³＝10³ cm³＝10⁻³ m³
量	トン	t	1 t＝10³ kg
	ダルトン（ドルトン），統一原子質量単位	Da または u	1 Da＝1.660 539 066 60(50)×10⁻²⁷ kg
積	ヘクタール	ha	1 ha＝1 hm²＝10⁴ m²
ネルギー	電子ボルト	eV	1 eV＝1.602 176 634×10⁻¹⁹ J
さ	天文単位	au	1 au＝149 597 870 700 m
の対数*²	ネーパ	Np	（物理量のその基準値に対する比を自然対数で表す単位）1 Np＝1
	ベル	B	（物理量のその基準値に対する比を常用対数で表す単位）1 B＝1
	デシベル	dB	1 dB＝10⁻¹ B

*1　ここで示した以外にも非 SI 単位が存在するが，国際度量衡委員会（CIPM）は，「それら単位を科学的および技術的作業で使用し続ける理由は見当たらない．ただし，それらの単位と応する SI 単位との関係を想起できることは重要であり，これは今後も長く当てはまる」としてる．［SI 文書第 9 版（英語版），https://www.bipm.org/en/publications/si-brochure/］.
*2　これらの単位を使う際には，量の性質が特定されていて，使用されるあらゆる基準値が特されていなければならない．

g.　その他の非 SI 単位の例*

物理量	単位の名称	記　号	SI 単位との関係
さ	ミクロン	μ	1 μ＝1 μm＝10⁻⁶ m
	オングストローム	Å	1 Å＝0.1 nm＝10⁻¹⁰ m
	海　里	M	1 M＝1852 m
J	ダイン	dyn	1 dyn＝10⁻⁵ N
	キログラム重	kgf	1 kgf＝9.806 65 N
ネルギー	エルグ	erg	1 erg＝10⁻⁷ J
力	水銀柱ミリメートル	mmHg	1 mmHg＝(101 325/760) Pa ≈1.333 22×10² Pa
	ト　ル	Torr	1 Torr＝1 mmHg
	標準大気圧	atm	1 atm＝1.013 25×10⁵ Pa
	バール	bar	1 bar＝0.1 MPa＝10³ hPa＝10⁵ Pa
熱　量	カロリー	cal	1 cal＝4.184 J（「熱力学」カロリー）
束密度	ガウス	G	1 G＝10⁻⁴ T
占　度	ポアズ	P	1 P＝1 dyn s cm⁻²＝0.1 Pa s
積	アール	a	1 a＝10² m²
速度	ガル	Gal	1 Gal＝1 cm s⁻²＝10⁻² m s⁻²
放射能	キュリー	Ci	1 Ci＝3.7×10¹⁰ Bq
照射線量	レントゲン	R	1 R＝2.58×10⁻⁴ C kg⁻¹
吸収線量	ラド	rad	1 rad＝10⁻² Gy

*　これらの非 SI 単位の使用は推奨されないが，使用する際には SI 単位との対応関係を示すである．

1・4　単位の換算

a. 長　さ
1 in＝2.54 cm＝2.54×10^{-2} m
1 ft＝0.3048 m

b. 面　積
1 in^2＝6.4516 cm^2
1 ft^2＝929.0304 cm^2

c. 体　積
1 gal(英)＝4.546 09 L
1 gal(米)＝3.785 412 L

d. 質　量
1 lb＝0.453 592 37 kg

e. 圧　力
1 bar＝10^5 Pa
1 kgf cm^{-2}＝98 066.5 Pa
1 lbf in^{-2}＝6894.76 Pa
1 atm＝101 325 Pa
1 mmHg＝(101 325/760) Pa
　　　　≈ 133.322 Pa

f. 工率(仕事量, 仕事率)
1 kgf m s^{-1}＝9.806 65 W
1 lbf ft s^{-1}＝1.355 82 W
1 PS(仏馬力)＝0.7355 kW
1 HP(英馬力)＝0.745 70 kW
1 cal$_{IT}$ s^{-1}＝4.1868 W
1 Btu s^{-1}＝1.055 06 kW

g. 速　度
1 ft s^{-1}＝0.3048 m s^{-1}
1 mile h^{-1}＝1.609 344 km h^{-1}＝0.447 04 m s

h. 流　量
1 gal(英) h^{-1}＝1.2628×10^{-6} m^3 s^{-1}
1 gal(米) h^{-1}＝1.0515×10^{-6} m^3 s^{-1}

i. エネルギー
1 cal＝4.184 J
1 kW h＝3.6×10^6 J
1 Btu＝$1.055 06 \times 10^3$ J
1 HP h＝$2.684 52 \times 10^6$ J
1 kgf m＝9.806 65 J
1 ft lbf＝1.355 82 J

	対応するエネルギーの単位				
	erg 単位	eV 単位	cm^{-1} 単位	cal 単位	J 単位
1 erg	1	$6.241 509 074 \times 10^{11}$	$5.034 116 568 \times 10^{15}$	$2.390 057 361 \times 10^{-8}$	10^{-7}
1 eV	$1.602 176 634 \times 10^{-12}$	1	$8.065 543 938 \times 10^3$	$3.829 294 058 \times 10^{-20}$	$1.602 176 634 \times$
1 cm^{-1}	$1.986 445 857 \times 10^{-16}$	$1.239 841 984 \times 10^{-4}$	1	$4.747 719 543 \times 10^{-24}$	$1.986 445 857 \times 10^{-23}$
1 cal	4.184×10^7	$2.611 447 397 \times 10^{19}$	$2.106 274 372 \times 10^{22}$	1	4.184
1 J	10^7	$6.241 509 074 \times 10^{18}$	$5.034 116 568 \times 10^{22}$	$2.390 057 361 \times 10^{-1}$	1

2 器具・試薬

器具は目的に応じた機能，大きさおよび材質をもったものを，試薬と水は目的に応じた純度のものをそれぞれ選ぶことが大切である．また，標準物質の適切な利用は，分析・計測の信頼性を確保する上で不可欠である．

・1 器 具

a. ろ紙・特殊フィルター

（1）ろ 紙

用 途	東洋濾紙	Whatman ろ紙 (Cytiva)	性 状
粗大ゼラチン状沈殿用	No. 1	グレード1	定性ろ紙の中で最も保持粒子径が大きく，ろ過速度が速い
中位の大きさの沈殿用	No. 2	グレード2	No. 1 より厚く，ろ過速度は遅い．保持粒子径は小さい
	No. 101	グレード4	性能は No. 1 に近く，表面に凹凸をつけ，粘調液や懸濁液の迅速ろ過用
微細沈殿用	No. 131	グレード6	No. 2 よりさらに保持粒子径が小さい．紙質は硬く，減圧，加圧のろ過にも耐える．硫酸バリウムなどのろ過用
微細沈殿用の硬質ろ紙	No. 4 A	グレード50	化学処理により硬化．強靱で，繊維離脱が少ない．酸，アルカリ耐性も比較的高い
粗大ゼラチン状沈殿用	No. 5 A	グレード41	定量ろ紙の中で最も保持粒子径が大きく，ろ過速度が速い
中位の大きさの沈殿用	No. 3	グレード43	No. 5 A より保持粒子径が小さく，ろ過速度は遅い
	No. 5 B	グレード40	No. 3 より保持粒子径が小さく，ろ過速度は遅い
微細沈殿用	No. 5 C	グレード42	定量ろ紙の中で最も保持粒子径が小さく，ろ過速度が遅い
微細沈殿用の薄いろ紙	No. 6	グレード44	No. 5 C よりも薄く，保持粒子径は大きい．少量の沈殿物のろ過用
	No. 7		定量ろ紙の中で最も薄く，ブランクのばらつきが小さい

＊ 塩酸とフッ化水素酸処理により，灰分を 0.01 % 程度に低減．

細孔記号	細孔の大きさ/μm	主 な 使 用 範 囲
G 1	120〜100（疎）	粗大な沈殿物の別，粒子組織の大きい物質の抽出，一般ろ過洗浄など
G 2	50〜40（やや密）	結晶沈殿物のろ過およびゼラチン状沈殿物の分離など
G 3	30〜20（密）	微細な沈殿物の分離，水銀洗浄など
G 4	10〜5（最密）	ごく微細な沈殿物の分析用，水銀の反転弁，閉鎖弁など

（2） 特殊フィルター

材 質	フィルター名称[†]	流量例 (0.45 μmで比較) 上段：水 ($mL\ min^{-1}\ cm^{-2}$) 下段：空気 ($L\ min^{-1}\ cm^{-2}$)	主要な性質	主な用途	形状*
水・有機溶媒系 親水性ポリテトラフルオロエチレン（PTFE）	オムニポア	23 N/A	水系・有機系両溶媒に使用可能であり，化学適合性に優れる	・液体/溶媒の粒子分析 ・微細生物の顕微鏡観察 ・HPLC試料/移動相の除粒子	S M
親水性ポリフッ化ビニリデン（PVDF）	親水性デュラポア	29 4	非特異吸着が極めて低い（特にタンパク質）	・微生物試験 ・高圧蒸気減菌できない添加物，抗生物質，生体由来試料などの減菌	S M
親水性ポリエーテルスルホン（PES）	ミリポアエクスプレス	23 N/A	非対称構造により高流束	・夾雑物の多い試料 ・高粘度溶液のろ過	S M
セルロース混合エステル（MCE）	MF-ミリポア	60 4	最も広く使用されている汎用フィルター	・粒子分析 ・大気モニタリング ・飲料の微生物試験	S M
ポリカーボネート（PC）	アイソポア	18(0.4 μm) 10(0.4 μm)	表面が極めて滑らかなため顕微鏡観察に最適	・走査電子顕微鏡観察 ・赤血球変形試験 ・蛍光X線分析	M
気体・有機溶媒用 疎水性ポリフッ化ビニリデン（PVDF）	疎水性デュラポア	35 20	優れた化学適合性	・空気/ガスの除粒子 ・有機溶媒を含む機器分析サンプルの除粒子	M
疎水性ポリテトラフルオロエチレン（PTFE）	フルオロポア	57 8	優れた化学適合性	・空気/ガスの除粒子 ・UV分析 ・酸/アルカリ/溶剤のろ過	S M

† メルク㈱製． ＊ S：シリンジフィルター（直径4，13，25，33 mm），M：メンブランフィルター（直径13，25，47，90，142 mm）．

種類[*1]／性能	GA-55	GA-100	GA-200	GB-100R	GB-140	GC-50	GD-120	GF-75	GS-25	GC-90	DP-70	QR-100	QR-200
重量／g m⁻²	55	110	175	95	140	48	123	75	70	100	170	85	200
厚さ／mm	0.21	0.44	0.74	0.38	0.56	0.19	0.51	0.35	0.21	0.30	0.52	0.38	1.0
ろ水時間／s[*2]	23	11	15	15	58	28	14	84	15	20	20	—	—
保持粒子径 μm	0.6	1.0	0.8	0.6	0.4	0.5	0.9	0.3	0.6	0.5	0.6	—	—
圧力損失 kPa[*3]	0.33	0.2	0.35	0.30	1.11	0.52	0.17	1.67	0.32	0.42	0.52	0.45	0.34
捕集効率（0.3 μmPAO%）[*4]	99.9	96	99.9	99.99	99.99	99.99	97	99.999	99.9	99.99	—	99.99	99.9
バインダー	なし	なし	なし	なし	なし	なし	なし	なし	有機	有機	有機	なし	無機
耐熱温度／°C	500	500	500	500	500	500	500	500	120	120	120	1000	1000

*1 GA-55～DP-70：ガラス，QR-100～QR-200：石英．
*2 ろ紙面積 9.6 cm²，20 °C の無塩子水 1 L を 3.9 kPa の圧力でろ過する時間．
*3 通液流度 5 cm s⁻¹ のときの値．
*4 0.3 μm ポリα-オレフィン粒子を分散した大気を，5 cm s⁻¹ の通気速度にてろ過したときの値．

種類／性能	DEAE[*1,‡]	CM[*2,‡]	特徴・用途
イオン交換性	陰	陽	セルロースにイオン交換基を導入したもの．表面が滑らかで，膨潤性がある．タンパク質，酵素，核酸，ホルモン，ステロイドなどの有機高分子物質や金属イオンの分離．
厚さ／mm	0.22	0.22	
交換容量／meq g⁻¹	0.36	0.30	

*1 ジエチルアミノエチルセルロース．
*2 カルボキシメチルセルロース．

活性炭ろ紙			分液ろ紙		
種類と性能		用途	種類と性能		用途
種類	CP-20‡	揮発性放射性物質捕集用	種類	No.2 S‡	ろ紙にはっ水性をもたせ，有機相と水相とを分液する
重量／g m⁻²	750		重量／g m⁻²	120	
圧力損失／kPa	0.15		厚さ／mm	0.26	
捕集効率	38.0 %		保持粒子径／μm	5	
活性炭含有率	50 %		耐熱温度／°C	120	
種類	グレード 72§	大気汚染モニタリングや原子力施設おける放射性ヨウ素の吸収用途	種類	グレード 1PS§	疎水性．水相を保持して有機溶媒相を透過させる
重量／g m⁻²	195		重量／g m⁻²	87	
厚さ／mm	0.8		厚さ／mm	0.175	
通気度 mL/sq.in	16 s/300		湿潤強度／psi	≧1.5	

東洋濾紙(株)製 § Cytiva（ワットマン）製．

9. 器具

ビーカー

コニカルビーカー

トールビーカー

丸底フラスコ

平底フラスコ

三角フラスコ

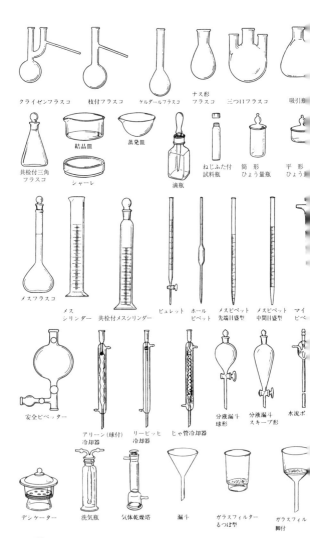

クライゼンフラスコ　枝付フラスコ　ケルダールフラスコ　ナス形フラスコ　三つ口フラスコ　吸引瓶

共栓付三角フラスコ　結晶皿　蒸発皿　シャーレ　滴瓶　ねじふた付試料瓶　筒形ひょう量瓶　平形ひょう量瓶

メスフラスコ　メスシリンダー　共栓付メスシリンダー　ビュレット　ホールピペット　メスピペット先端目盛型　メスピペット中間目盛型　マイクロピペット

安全ピペッター　アリーン（球付）冷却器　リービッヒ冷却器　じゃ管冷却器　分液漏斗球形　分液漏斗スキーブ形　水流ポンプ

デシケーター　洗気瓶　気体乾燥塔　漏斗　ガラスフィルターるつぼ型　ガラスフィルター脚付

c. ふ る い

試験用ふるい（もしくは金属製網ふるい）の規格に関しては，日本産業規格（JIS 8801-2019）もしくは ISO 3310-1：2016 を参照.

d. 電子てんびん

地球上の物体はその場所における重力加速度を受け，落下力すなわち重力を現すが，もし □本の重量に相当する力を電磁力として上向きに加えれば物体は落下することなく空間に停止□する．分銅を用いてあらかじめ電磁力を校正しておけば，電気量を測定することで □り物体の重量を求めることができる．このようなはかりを電子てんびんと呼ぶ．電子てん□んの構成例を図に示す．主となる機構は次の三つからなりたっている．一つ目は，その重□をはかろうとする物（被測定物）の質量を電磁力でつり合わせる復元力（電磁力）発生機□，二つ目は，つり合い状態を監視する変位検出機構，三つめは制御機構である．復元力発□機構は，磁石とフォースコイルの組合せになっている．コイルに電流を流すと電磁力が発□し，支点の右側が下向きに動く力となる．つまりこの力がてんびんの分銅の代わりにな□，被測定物に対しつり合いがとれるように自動的に電流が調節される．つり合い状態に□ったとき，コイルに発生する力 F と荷重が合致しており，このときの電流の大きさで荷□すなわち物の重さがわかることになる．電子てんびんのバランスをとるための電磁力は□力加速度の影響は受けないが，被測定物は測定する場所により異なる重力加速度を受け□．このため感度校正が必要となる．また，電磁力を発生させるマグネットは温度によりそ□強さがわずかながら変化するため，電子回路に工夫し温度補償が行われている．感度校正□は厳密に校正された分銅が用いられる．ISO，GLP，GMP などに関連し，使用している□んびんが公的に正確であることの証明が求められる場合が多い．そのため，てんびんや使□分銅の校正結果には，不確かさがすべて表記された国家標準とのトレーサビリティが不可□となっている．

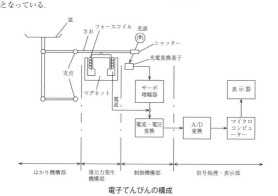

電子てんびんの構成

電子てんびんの例とその規格を下表に示す.

電子てんびんの機種と規格

機　種	ひょう量/g	読取り限度（最小表示）/mg
島津 AP225W	220	0.01
島津 AP324W	320	0.1
Mettler XPR205V	220	0.01
Mettler XSR304V	320	0.1
Sartorius MSE225S	220	0.01
Sartorius MSE324S	320	0.1

電子微量てんびんの機種と規格

機　種	ひょう量/mg	読取り限度（最小表示）/μg
Mettler XPR6U	6100	0.1
Mettler XPR10	10 100	1
Sartorius MSE6.6S	2100	0.1
Sartorius MSE2.7S	6100	1

2・2　試薬の規格・標準試薬

a.　規　格

規格名称	内　容
日本産業規格（JIS）	産業標準化法に基づき制定される任意の国家規格．試薬ごとに規格値，試験方法などが規定されている．JIS は法に基づく手続を経て，主務大臣が制定または改訂を行い，5 年以内に見直しされる．JIS 認証マークを付した試薬製品は，国に登録された第三者認証機関（登録認証機関）から認証を受けた事業者（認証製造業者など）が，認証を受けた製品に限り生産できる．JIS が法令の技術基準などに引用される場合には，その法令などにおいて強制力をもつ
メーカー規格	試薬製造業者が自社の製品について品質内容を定めたもの．品質水準に応じて特級，一級などの等級を設けている．これら以外に特定用途別の規格もある
ISO 規格	国際標準化機構（ISO）が定めた国際規格．ISO 6353-1, ISO 6353-2, ISO 6353-3 で規定されている
海外規格	米国化学会が制定する ACS 規格，中国国家標準（GB），韓国工業規格（KS）など，各国において定められた規格がある

その他，分析化学に用いられる試薬として，日本薬局方対応試薬，試薬以外の JIS 工業品などがある．

b.　分　類

区　分	内　容
汎用試薬	汎用的に用いられる試薬．JIS の試薬や特級，一級などを指す．酸，アルカリ，金属，無機塩類，有機溶媒など多種類に及ぶ，試薬として，十分な品質ではあるが，特定の用途を想定しない品質保証のため，高感度分析などに使用できないことがある

区　分		内　容
途別試薬		用途に対応した規格が設定され，その品質規格を保証した試薬である．
	機器分析用試薬	機器分析における試料の調製などに用いるため，必要な品質（分析を妨害するピークが出ないことや，装置などに負荷がかからないような品質）を保証した試薬．高速液体クロマトグラフィー用，LC/MS 用，ガスクロマトグラフ用，原子吸光分析用，ICP 分析用，NMR 用，電子顕微鏡用などがある
	標準品・標準液	各種分析の際に標品として使用できる品質の試薬であり，試薬各社から純度を保証した標準品と，任意の溶媒で濃度を調製した標準液が販売されている．各種規制や公定法に対応する形で水質試験用，残留農薬試験用，食品分析用など用途を想定した名称がつけられている
	各種分析用試薬	特定の分析種を測定する際，それを妨害しない品質であることを保証した試薬．残留農薬・PCB 試験用，PFOS・PFOA 分析用，有害金属測定用など
	標準試薬	機器の校正や正確な測定値を得るために用いる試薬．容量分析用の規定液，標準物質や pH 標準液など．濃度，純度が国際的に通用する認証標準物質（CRM）や国家計量標準にトレーサブルな製品がある．
	ライフサイエンス用試薬	生体分子の検出・操作および生命現象の観察に用いる試薬．生物活性を保証した試薬をはじめ，抗原特異性を確認した抗体，生体分子の分解酵素・阻害物質の含量を保証した試薬などが販売されている．用途に，免疫化学用，分子生物学用，細胞生物学用，細胞培養用などがある
	有機合成用試薬	有機合成の際，反応に影響を及ぼす項目（含量，水分量，金属含量など）を保証した試薬．水分の他に溶存酸素量を保証した溶媒や，各種反応に用いる触媒，配位子，反応剤，各種ビルディングブロックが販売されている

・3　標準物質

標準物質は化学分析における"ものさし"に相当する物質で，分析機器を校正する純物質標準物質（元素標準液，有機標準液，標準ガス，pH 標準液，電気伝導率標準液，同位体標準など）と化学分析の妥当性を確認する組成標準物質（環境試料，工業材料，臨床検査，生など）に分類される．標準物質は以下に示す国家計量標準機関，研究機関，学協会によって開発・供給されている．

標準物質開発・供給機関

略　号	機関名	Web サイト
MIJ	産業技術総合研究所 計量標準総合センター	https://unit.aist.go.jp/nmij/
SJ	産業技術総合研究所 地質調査総合センター	https://www.gsj.jp/
IES	国立環境研究所	https://www.nies.go.jp/

略 号	機関名	Web サイト
NIID	国立感染症研究所	https://www.niid.go.jp/niid/ja/
NIST	National Institute of Standards and Technology	https://www.nist.gov/srm
NRC-INMS	National Research Council Canada–Institute for National Measurement Standards	https://nrc.canada.ca/en/corporate/planning-reporting/evaluation-nrc-measurement-scienc standards
IAEA	International Atomic Energy Agency	https://nucleus.iaea.org/sites/Reference Materials/SitePages/Home.aspx
JRC	European Joint Research Center	https://ec.europa.eu/jrc/en/scienceupdate/welcome-irmm-reference-materials-catalogue
USGS	United State Geological Survey	https://www.usgs.gov/
JAA	日本アルミニウム協会	https://www.aluminum.or.jp/
JCBA	日本伸銅協会	http://copper-brass.gr.jp/
JCRM	日本セラミックス協会	https://www.ceramic.or.jp/
JSAC	日本分析化学会	https://www.jsac.jp/
JSS	日本鉄鋼連盟	https://www.jisf.or.jp/
JTS	日本チタン協会	http://www.titan-japan.com/
JCCLS	日本臨床検査標準協議会	https://www.jccls.org/
ReCCS	検査医学標準物質機構	http://www.reccs.or.jp/
PMRJ	医薬品医療機器レギュラトリーサイエンス財団	https://www.pmrj.jp/

各機関から以下に示す標準物質が供給されている.

pH 標準液 (JCSS), 電気伝導率標準液 (NMIJ), 標準ガス (NMIJ, JCSS, NIST), 金属標準液, 非金属イオン標準液 (NMIJ, JCSS, NIST), 有機標準液 (NMIJ, JCSS, NIST, JRC), 同位体比測定用標準液・同位体比測定用標準物質 (NMIJ, NIST, NRC-INMS, IAEA, JRC), 高純度無機化合物 (NMIJ, NIST) 高純度有機化合物 (NMIJ, NIST, NRC-INMS, JRC), 鉄鋼 (NMIJ, JSS, JSAC NIST), 非鉄金属 (NMIJ, JSAC, JCBA, JAA, JTS, NIST), セラミックス・ガラス セメント (NMIJ, JCRM, JSAC, NIST), プラスチック・高分子 (NMIJ, JSAC, JRC NIST), ナノ粒子・ナノ材料 (NMIJ, NIST, NRC-INMS), 粉じん・大気浮遊じ (NMIJ, GSJ, NIES, JSAC, NIST), 河川水・飲料水・海水 (NMIJ, JSAC, NIST NRC-INMS), 底質 (NMIJ, GSJ, NIES, JSAC, NRC-INMS), 岩石・土 (GSJ, NIES, JSAC, NIST, USGS, IAEA), 動植物試料 (NIES, NIST, IAEA, NRC INMS), 食品 (NMIJ, NIES, JSAC, IAEA, NIST, NRC-INMS, JRC), 臨床検査・ イオ分析 (NMIJ, NIES, JCCLS, ReCCS, NIST, JRC, IAEA), 医薬品 (PMRJ NIID), 放射性同位体測定用標準物質 (NMIJ, NIST, JRC, IAEA, NRC-INMS JSAC). (➡ QR コード)

2・4　試薬溶液の調製

a. 水

化学分析には, 一般に蒸留法, イオン交換法, 逆浸透法, 精密ろ過法, 限外ろ過法, 吸法などを複数組み合わせた精製装置で得られる水を用いる. その水質は, JIS, 日本薬局方 ISO 3696, ASTM D 1193 などに定められている. 実際に試験に用いる場合は試験目的 よって要求される質が異なるので, 空試験による確認が必要である.

用水・排水の試験に用いる水 (JIS K 0557)

項 目	種別および質			
	A1	A2	A3	A4
電気伝導率/mS m^{-1} (25 °C)	0.5 以下	0.1^{*1,2} 以下	0.1^{*1} 以下	0.1^{*1} 以下
有機体炭素 (TOC)/mgC L^{-1}	1 以下	0.5 以下	0.2 以下	0.05 以下
亜鉛/μgZn L^{-1}	0.5 以下	0.5 以下	0.1 以下	0.1 以下
シリカ/μgSiO$_2$ L^{-1}	—	50 以下	5.0 以下	2.5 以下
塩化物イオン/μgCl$^-$ L^{-1}	10 以下	2 以下	1 以下	1 以下
硫酸イオン/μgSO$_4{}^{2-}$ L^{-1}	10 以下	2 以下	1 以下	1 以下

*1 水精製装置の出口水を，電気伝導率計の検出部に直接導入して測定したときの値.
*2 最終工程のイオン交換装置の出口に精密ろ器などのろ器を直接接続し，出口水を電気伝導率計の検出部に直接導入した場合には，0.01 mS m^{-1} (25 °C) 以下とする.

A1 の水は，器具類の洗浄および A2〜A3 の水の原料に用いる．最終工程でイオン交換法または逆浸透膜法などによって精製したもの，またはこれと同等の質が得られる方法で精製したもの.

A2 の水は，一般的な試験および A3〜A4 の水の原料などに用いる．A1 の水を用い，最終工程でイオン交換装置・精密ろ過器などの組合せによって精製したもの，またはこれと同等の質が得られる方法で精製したもの.

A3 の水は，試薬類の調製，微量成分の試験などに用いる．A1 または A2 の水を用い，最終工程で蒸留法によって精製したもの，またはこれと同等の質が得られる方法で精製したもの.

A4 の水は，微量成分の試験などに用いる．A2 または A3 の水を用い，石英ガラス製の蒸留装置による蒸留法または非沸騰形蒸留装置による蒸留法で精製したもの，もしくはこれと同等の質が得られる方法で精製したもの.

なお，上記の水を用いて調製する特定用途水には下表のようなものがある.

名 称	調 製 法
溶存酸素を含まない水	A2 または A3 の水をフラスコに入れ，約 5 分間煮沸して溶存酸素を除去した後，アルカリ性ピロガロール溶液^{*3} を入れたガス洗浄瓶を連結し，空気中の酸素と遮断して放冷する
炭酸を含まない水	A2 または A3 の水をフラスコに入れ，約 5 分間煮沸して溶存気体および炭酸を除去した後，水酸化カリウム溶液 (250 g L^{-1}) を入れたガス洗浄瓶を連結し，空気中の二酸化炭素を遮断して放冷する
100 °C における過マンガン酸カリウムによる酸素消費量 (COD$_{Mn}$) の試験に用いる水	A4 の水または同等の質の水とするが，以下により質を確認する．水 100 mL を取り硫酸酸性とし 5 mmol L^{-1} 過マンガン酸カリウム溶液の一定量を加えて沸騰水浴中で 30 分加熱したときに消費される 5 mmol L^{-1} 過マンガン酸カリウム溶液の量 (mL) が 0.15〜0.2 mL 程度^{*4}
有機体炭素 (TOC)] の試験に用いる水	A3 または A4 の水で炭酸を含まないもの
全酸素消費量 (TOD)] の試験に用いる水	A4 または同等の質の水で溶存酸素を含まないもの

*3 ピロガロール (1,2,3-ベンゼントリオール) 6 g を A3 の水 50 mL に溶かして着色ガラス瓶に保存し，別に水酸化カリウム 30 g を A3 の水 50 mL に溶かしたものと使用時に混合する.
*4 JIS K 0102, 17. 注(1).

b. 溶媒の諸特性および溶媒の均一混合性

溶媒の諸特性

溶出順位	溶媒	*2 UV透過限界 nm	屈折率 n_D^{20}	沸点 °C	蒸気圧 Torr	*3 蒸発ナンバー	粘性率 (22°C) n_{cp} 22°	粘性率 (40°C) n_{cp} 40°	表面張力 (20°C) γ/dyn cm⁻¹	*4 誘電率	*5 双極子モーメント D	*6 分離特性パラメーター $p°$	溶媒強度
1	ヘプタン	195	1.388	98.4			0.40	0.33	20.4				0.
2	ヘキサン	195	1.372	68.8	120	1.4	0.31	0.26	18.4	1.9	0.0	0.0	0.
3	ペンタン	200	1.358	36.1			0.22		16.0				
4	シクロヘキサン	210	1.426	80.8	77	3.5	0.94	0.71		2.0	0.0	0.0	
5	トリメチルペンタン	210	1.397	125.7									
6	二硫化炭素	380		46.3	298	1.8	0.36	0.32		2.6	0	1.0	0.
7	四塩化炭素	265	1.460	76.8	91	4	0.94	0.74	27.0	2.2	0	1.7	0.
8	トリクロロエチレン		1.481	86.9	58	3	0.57	0.48		3.4			
9	キシレン	290	1.495–1.505	137/140	5/7	13.5	0.68	0.54				2.4	
10	トルエン	285	1.499	110.6	21	6.1	0.57	0.47	28.1	2.4	0.4	2.3	0.
11	ベンゼン	285	1.501	80.1	75	3	0.63	0.49	28.9	2.3	0	3.0	0.
12	クロロホルム	245	1.477	61.3	160	2.5	0.56	0.47	27.1	4.7	1.1	4.4	0.
13	ジクロロメタン	230	1.424	39.7	356	1.8	0.43	0.36	26.5	8.9	1.5	3.4	0.
14	ジイソプロピルエーテル		1.368	68	135	1.6	0.35			3.9	1.3	2.2	0.
15	t-ブタノール			82.6	31	11	2.82	1.79		12.2	1.7	3.9	
16	ジエチルエーテル	210	1.354	34.6	449	1	0.24	0.20	17.0	4.2	1.3	2.8	0.
17	イソブチルアルコール		1.398	107.7	9	24	3.71	2.12		18.2			
18	アセトニトリル	190		82			0.39		29.3	37.5	3.5	6.2	0.
19	MIBK		1.396	115.9	15	10	0.59		22.7				
20	2-プロパノール	205	1.378	82.4	32	10	2.27	1.35	21.7	18.3	1.7	4.3	0.8
21	酢酸エチル	205	1.372	77.2	77	2.9	0.44	0.36	23.9	6.0	1.9	4.3	0.
22	1-プロパノール		1.386	97.2	14	16	2.09	1.40	23.8	20.1	1.7	3.9	0.8
23	エチルメチルケトン		1.379	79.6	72	2.8	0.43		24.6	18.5	2.7	4.5	0.5
24	アセトン	335	1.359	56.2	180	2.1	0.32	0.27	23.7	20.7	2.7	5.4	0.5
25	エタノール	205	1.359	78.3	44	8.3	1.14	0.82	22.8	24.3	1.7	5.2	0.8
26	ジオキサン	215	1.422	101.3	30	7.3	1.21	0.92	33.7	2.2	0.4	4.8	0.5
27	テトラヒドロフラン	230		66	131	2.3	0.47	0.38		7.4	1.7	4.2	0.5
28	メタノール		1.331	64.7	96	6.3	0.52	0.45	22.6	32.6	1.7	6.6	0.9
29	ピリジン	305	1.509	115.3	15	12.7	0.92	0.73		12.3	2.2	5.3	0.7
30	水		1.333	100.0	17		0.95	0.65	72.7	80.2			

*1 吸着剤としてシリカゲルを使用した場合.

*2 水を対照とし, 透過率 20% のところを限界波長とする (セル長 1 cm).

*3 ジエチルエーテル=1 とする相対値 (数値の大きいほど蒸発しにくい).

*4 H. Wollmann *et al.*, *Pharmazie*, **29**, 708 (1974).

*5 Debye の式で算出, ベンゼン中で測定. C. Reichardt, "Lösungsmittel Effekt in der Organischen Chemie", Verlag Chemie (1969).

*6 分離特性 (極性と選択性を考慮), L. R. Snyder, *J. Chromatogr.*, **92**, 223 (1974).

*7 アルミナを吸着剤としたときの溶媒強度, $\varepsilon°$(silica)≒$0.77×\varepsilon°$(alumina). L. R. Snyder "Advances in Analytical Chemistry & Instrumentation", ed. by C. N. Reilly, John Wiley (1964).

溶媒の均一混合性 (■が2層を形成する組合せ)

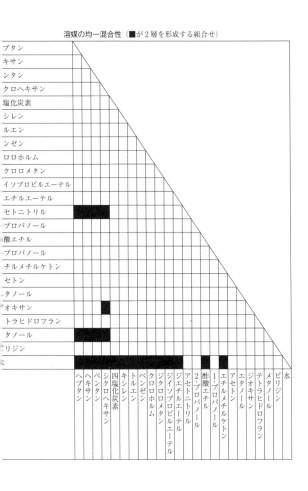

c. 機器分析用金属標準液

吸光光度分析法，原子吸光分析法，誘導結合プラズマ（ICP）発光分光分析法，誘導結合プラズマ質量分析法などの機器分析に用いる検量線用標準液は，分析に要求される純度の金属や無機試薬を精ひょうし，HNO₃，HCl その他で溶解定容にしたものが用いられる。実用的には濃度 1000 mg L⁻¹ の市販品が便利である。これらを混合して使用する場合は，元素の組合せによっては不溶物を生成する場合があるので注意する。測定対象元素以外にも標準液の原料物質としての対イオン（異符号の電荷をもつイオン）による不溶物が生成する場合があるため，原料物質や溶媒の種類などの情報を確認して混合する。その他 ICP 発光分光分析用として 3 〜30 種の "多元素混合標準液" も市販されている。誘導結合プラズマ質量分析法などによる高感度分析を行う場合に標準液の希釈に用いる HNO₃ その他の試薬には，不純物の保証の項目が多く規格値が低濃度のレベルで管理されている高純度試薬がある。

単体として用いることのできない元素のための基準物質としては次のものがある（太字は目的元素）。
As₂O₃, BaCl₂（無水）, CaCO₃, GeO₂, HfO₂, HgCl₂, KCl, La₂O₃（希土類）, LiCl, NaC〓, RhCl₃, RuCl₃, SeO₂, SrCO₃, Na₂WO₄·2H₂O, ZrO₂

d. 酸と塩基の溶液

	市販試薬			下の mL を取り水で 1 L とするときの大約の濃〓			
	重量（%）	比重	濃度/M	6 M	2 M	1 M	0.1 M
HCl	37.9	1.19	12	500*¹	167	83	8.3
HNO₃	69.8	1.42	16	375	125	63	6.3
H₂SO₄	96.0	1.84	18	336	112	56	5.6
HClO₄	60	1.54	9	666	222	111	11.1
	70	1.67	12	試料分解用として用いられる			
H₃PO₄	85.0	1.7	15	400	133	67	6.7
HF	48	1.14	27	222	74	37	3.7
CH₃COOH	99.5	1.05	17	353	118	59	5.9
NH₃	28.0	0.90	15	400	133	67	6.7

	式量	溶解度[g/100 g]*²		下の g を取り水で 1 L とするときの大約の濃〓			
NaOH	40.00	42⁰	347¹⁰⁰	240	80	40	4.0
KOH	56.11	97⁰	178¹⁰⁰	337	112	56	5.6
Ba(OH)₂·8 H₂O	315.48	5.6¹⁵	94.7¹⁰⁰	—	—	316	31.6

ここでは M は mol L⁻¹ を表す。
*1 1 atm における共沸塩酸の濃度 20.24 %（bp 110 ℃）に近い。 *2 上付きの数字は温度/〓

2・5 標準ガス（校正用ガス）

a. 容器入り標準ガス

成分ガスと希釈ガスを高圧容器に充塡し，より高精度の標準ガスにより校正し濃度値を付けたもので，国家標準にトレーサブルな校正用ガスである。計量法トレーサビリティ制度（JCSS）に基づく高信頼性の標準ガスとして，下表のものが市販されている。高圧容器から減圧弁を用いて取り出し，そのまま利用する。標準ガス希釈装置を用いれば，さまざまな濃度の標準ガスが得られる。充塡圧力約 10 MPa，容器容量 3.4 L 〜10 L 程度が一般的で，有効期限は 6 か月 〜1 年である。トレーサブルではないが表以外の容器入り校正用ガ〓もガスメーカーより供給される。

JCSS に登録されているガスの種類と校正範囲 （ただし，零位調整標準ガスを除く）

種　類*1	校正範囲	校正測定能力 （相対拡張不確かさ）［%］ （信頼の水準：約 95 %）
タン標準ガス（空気希釈）	1 vol ppm～50 vol ppm	1.0
ロパン標準ガス（空気希釈）	3 vol ppm～500 vol ppm	1.0
ロパン標準ガス（窒素希釈）	150 vol ppm～1.5 vol %	1.5*2
酸化炭素標準ガス（窒素希釈）	3 vol ppm～50 vol ppm	1.5*2
	50 vol ppm 超 ～15 vol %	1.0
酸化炭素標準ガス（窒素希釈）	300 vol ppm～16 vol %	1.0
	0.5 vol ppm～1 vol ppm	5.0*2
酸化窒素標準ガス（窒素希釈）	1 vol ppm 超～30 vol ppm	1.5*2
	30 vol ppm 超～5 vol %	1.0
酸化窒素標準ガス（空気希釈）	5 vol ppm～50 vol ppm	15*2
素標準ガス（窒素希釈）	1 vol %～25 vol %	1.0
	98 vol %～100 vol %	0.1
	0.5 vol ppm～1 vol ppm	5.0*2
酸化硫黄標準ガス（窒素希釈）	1 vol ppm 超～50 vol ppm	1.5*2
	50 vol ppm 超～1 vol %	1.0
発性有機化合物 12 種混合標 ガス（窒素希釈）*3	1.0 vol ppm	10
化ビニル標準ガス（窒素希釈）	0.1 vol ppm～1.0 vol ppm	5.0

*1　一部の種類のみを登録している登録事業者もある.
*2　本表掲載値は JCSS 登録されているもののうちの最大の値であり，より不確かさの小さい
　を登録している登録事業者もある.
*3　揮発性有機化合物 12 種混合標準ガスとは，ベンゼン，四塩化炭素，ジクロロメタン，
，-ジクロロエタン，1,1,1-トリクロロエタン，1,1,2-トリクロロエタン，1,1-ジクロロエチレ
　　cis-1,2-ジクロロエチレン，cis-1,3-ジクロロプロペン，trans-1,3-ジクロロプロペン，ト
クロロエチレン，テトラクロロエチレンの混合標準ガスである.

ⓑ．その他の校正用ガス（発生法）

（1）パーミエーションチューブ法

パーミエーションチューブは図のようにポリテトラフルオロエチレン（テフロン®）管に
体の成分を封入したものであり，これを
温槽中の希釈用配管に入れ，管壁を浸透
てくる成分を希釈ガスにより希釈する.
ットごとに浸透速度が記されており，お
その発生濃度は計算できるが，正確を期
るため一定時間をおいてパーミエーショ
チューブの重量変化をひょう量して浸透
度を求める．恒温槽温度，希釈ガス流量
より発生濃度が調整できる．SO₂,
O₂, Cl₂, H₂S, NH₃ など多種類のパー
エーションチューブが市販されている.

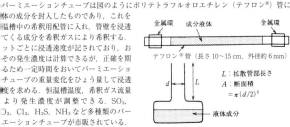

テフロン®管（長さ 10～15 cm，外径約 6 mm）

L：拡散管部長さ
A：断面積
　　$= \pi (d/2)^2$

液体成分

パーミエーションチューブ，拡散管

（2）　拡散管法

発生させる成分の液体を図のような容器に入れ、拡散してくる成分を希釈ガスにより希釈する。拡散速度Dは次式により計算できるが、実際には一定の時間ごとの重量変化を測定して拡散速度を求め濃度を計算する。使用法はパーミエーションチューブとほぼ同じであるが、この手法では常温で液体となる物質であれば容易に校正用ガスが得られる。

$$D = \frac{D_0 \cdot P \cdot M \cdot A}{R \cdot T_0 \cdot L} \cdot \frac{T}{T_0} \cdot \ln\left(\frac{P}{P-p}\right)$$

ただし、D_0 は273 K、101 325 Paの拡散係数、Pはガス全圧、Mは成分ガス分子量、Aは拡散管断面積、Rは気体定数、T_0 は273 K、Lは拡散管長、Tは拡散温度、pは成分の液体蒸気圧。

c. 希釈方法

（1）　流量比混合法　　2種類以上のガスを一定の比率で流しながら混合希釈する。一般的に利用される流量計には、キャピラリー式、サーマルフロー式および音速ノズル式がある。標準ガス希釈装置は、これらの方法により標準ガスを希釈する。多くの場合、公的機関などによる検定を受けた流量計が用いられている。

（2）　静的希釈法

希釈ガスを満たした容量既知のフラスコにシリンジなどを用いて成分ガス（揮発性の液体も可能）をはかり入れ、よくふりまぜる。吸着性のない成分に限り利用できる。

d. 利用上の注意点

減圧弁や配管は成分の濃度変化や汚染の影響の少ない物質（ステンレス鋼、ポリテトラフルオロエチレンなど）とする。配管はできる限り短く、滞留部分をなくす。ポリテトラフルオロエチレンは大気中の水分や酸素が浸透することに注意する。高圧容器に充塡された標準ガスは、容器温度や残圧により成分濃度が変化する場合があるので精密実験では注意する。高圧ガスとしての注意、取扱いも重要である。

2・6　無機分析用有機試薬

化学分析に用いられる有機試薬のうち汎用性・重要性の高いものを中心に記載する。ただし、容量分析法の指示薬にのみ用いるものは省いた。試薬の用途のうち⑳は検出、⑯は比色、⑪は蛍光、⑪は抽出、⑰は沈殿、⊝はマスキング剤、⑩は簡易分析で使用するものを示す。

（1）　アセチルアセトン（AA）　　MW 100.12。無色〜微黄色液体。bp 140 ℃。水に対する溶解度 17.3 g/100 mL。エタノール、ベンゼン、クロロホルム、エーテル、アセトン、四塩化炭素、酢酸と自由に混合。2価以上のほとんどすべての金属と有機溶媒可溶のキレートをつくる。主として抽出試薬として用いられる。⑪ Al、Be、Ce、Co、Cr、Cu、Fe、Ga、In、Mn、Mo、Pu、Th、Ti、U、V、Zn、Zr。⊝ Al、Be、Fe、Pd²⁺、UO₂²⁺。

（2）　アリザリンコンプレクソン（ALC）　　MW 385.33。黄褐色粉末。アルコール、エーテルなどに不溶。酢酸、アルカリ水溶液に可溶。水にわずかに溶け、pH<4.5 で黄色、6〜10 で赤、>13 で青紫色。希土類とキレートをつくる。La とのキレートはアルフッソンの商品名で市販されており

の選択的発色試薬である. 秘色掩蔽 F⁻.

3) アルセナゾⅢ MW 776.37. 暗
紫色粉末. 水, 弱酸に微溶. 有機溶媒に不
溶. 発色 Th, UO₂²⁺, Zr, 希土類, アクチ
ニド, アルカリ土類. Ba²⁺ による SO₄²⁻
電量滴定用指示薬として用いられる.

(3)

4) EDTA (エチレンジアミン四酢酸二
トリウム塩) 通常 2 Na 塩として入手
れ, MW 372.24 (二水和物), 80 ℃ で乾
したものは二水和物である. 白色粉末. 水
可溶, 溶解度 11.1 g/100 mL (21 ℃).
々の金属と水溶性キレートをつくり, 滴定
が主用途であるがマスキング剤としても広
用いられる.

(4)

5) オキシン (8-ヒドロキシキノリン) MW 145.16, 白色結晶. mp
℃. 水, エーテルに不溶. エタノール, アセトン, クロロホルム, ベンゼ
酢酸, 無機酸に可溶. 種々の金属と水に不溶なキレートをつくる. 発色
Al, Be, Bi, Cd, Co, Cr, Cu, Fe, Ga, Ge, In, Li, Mg, Mn,
o, Nb, Ni, Pb, Ru, Sb, Th, Ti, U, V, W, Zn, Zr, 希土類. 蛍
, Ga, In, Mg, Zn, La, Sc, Y, Zr.

(5)

6) キシレノールオレ
ジ (XO) MW 716.63,
湿性橙赤～赤紫色粉末.
Na 塩の形で市販されてい
が, 遊離酸の形も存在す
る. 水, エタノールに可溶.
性で多くの金属とキレー
をつくる. 発色 Bi, Th, Zr, 希土類. 掩 EDTA.

(6)

7) クルクミン MW 368.39, 橙黄色結晶. 水に不
, エーテルに可溶. エタノール, 酢酸に可溶. アルカリ
溶液は深赤褐色. 微量Bの定量に用いられる. 発色 B.

(7)

8) クロムアズロール S MW 561.33, 暗赤
色粉末. 強い吸湿性. 水に易溶. 多くの金属とキ
ートをつくる. 陽イオン界面活性剤が共存すると有
溶媒に抽出され吸光係数 ε が増すことが特色. 発色
l, Be, Cd, Co, Cr, Cu, Hf, Fe, In, Ga,
d, Ni, Th, Ti, UO₂²⁺, V, Zr, 希土類. 掩 Al.

(8)

9) 3,3′-ジアミノベンジジン (DAB) MW
0.11, 白色結晶. 水に可溶. 有機溶媒に不溶. 光に
安定なので遮光密栓冷暗所保存. Se と特異的に反
し, トルエン, ベンゼンで抽出される. 発色掩蔽 Se.

(9)

21

(10) **ジエチルジチオカルバミン酸ナトリウム**（DDTC-Na） MW 171.26，白色結晶．水，エタノールに可溶．種々の金属とキレートをつくり，クロロホルム，四塩化炭素で抽出される．とくに Cu の抽出に用いられる．⑱ Cu, Fe, V. ⑳㊤ Bi, Cd, Cu, Ni, Pd, V, Zn. ⑯ Cu.

この Ag 塩はアルセメートの商品名で市販され，MW 256.09，淡黄色結晶でそのピリジン溶液は AsH_3 と反応して赤色のコロイド銀を生ずるので，As の検出定量に用いられる．遮光冷所保存．

(11) **シクロヘキサンジアミン四酢酸**（CyDTA） MW 364.35（一水和物），遊離酸として供給される．EDTA と類似の性質をもつが，EDTA より反応速度が小さく，安定度定数が大きい．マスキング剤として用いられる．

(12) **ジチゾン**（ジフェニルチオカルバゾン） MW 256.33，黒紫色結晶．水に不溶．エタノールに難溶．クロロホルム，四塩化炭素に可溶．多くの金属の抽出比色用に用いられる．⑱ ⑯ Ag, Bi, Cd, Co, Cu, Hg, Ni, Pb, Zn. ⑯ Zn, Cd, Pb.

(13) **ジフェニルカルバジド** MW 242.28，白色結晶．水に微溶．アセトン，熱エタノール，酢酸に可溶．遮光して保存．とくに Cr^{VI} の発色試薬として用いられる．⑱ Cd, Cr, Cu, Fe, Hg, Mg, Mo, アルデヒド．⑯ Cr, Hg, Pb. ⑯ Cr.

(14) **ジメチルグリオキシム** MW 116.12，白色結晶．水に不溶．エタノール，エーテルに可溶．Ni, Pd の沈殿試薬として用いられる．⑱ Bi, Ce, Co, Cu, Fe, Ni, Re, Sn, V. ⑯ Co, Cu, Fe, Ni. ㊤ Au, Ni, Pd, Pb, Pt. ⑯ Ni.

(15) **ジンコン** MW 462.42，暗赤紫色粉末．有機溶媒に不溶．水，エタノールに微溶．⑯ Zn, Cu, Hg, Ga, Ni, Pd. Zn-ジンコンは河川水中の NTA 定量に用いられる．⑯ Zn.

(16) **ゼフィラミン**（塩化ベンジルテトラデシルジメチルアンモニウム） MW 404.08（二水和物），吸湿性白色結晶．特異臭．水，アルコール，アセトンに易溶．ベンゼンに微溶．陽イオン界面活性剤であり，クロムアズロール S，ピロカテコールバイオレット，キシレノールオレンジ，PAR などによる比色の際，本試薬を共存させると吸光係数の増大がみられ，また，有機溶媒に抽出されやすくなる．⑭ 増感剤．

(17) **タイロン**（チロン） MW 332.22（一水和物），白色結晶．水に可溶．エタノールに微溶．有機溶媒に不溶．⑯ Fe, Mo, Nb, Ti. ㊧ 希土類．⑰ Al, Cr, Mn.

22

(18) **トリオクチルホスフィンオキシド**（TOPO） MW 386.64, 色結晶. mp 52～54℃ なので冷所保存が望ましい. 水に不溶. シクロヘキサンに可溶. 金属スパチュラ使用禁. 単独で, またはほかの出試薬と併用して希土類, アクチノイドのほか多くの金属の抽出に いられる. ⑩ Al, Cr, Fe, Hf, UO₂²⁺, V, Zr, アクチノイド, 土類, Co, Mn, Ra.

CH₃(CH₂)₇
CH₃(CH₂)₇—P=O
CH₃(CH₂)₇
(18)

(19) **トリエタノールアミン**（ニトリロトリエタノール） MW 9.19, 無色粘稠な液体. bp 277～279℃（20 kPa）, mp 20～21℃. アルコールに自由に混和し, エーテルやベンゼンなどの非極性溶 には難溶. キレート滴定の際, アルカリ性において Al³⁺, Cr³⁺, ³⁺, Mn³⁺ のマスキング剤として通常使用される. 金属の量の多い きには沈殿を生ずる：Al, Au, Bi, Cd, Hg, Pb, Sn, Zn, , Tl, Co, Cu, Fe, Ni. ⓢ Al³⁺, Cr³⁺, Fe³⁺, Mn³⁺.

C₂H₄OH
N—C₂H₄OH
C₂H₄OH
(19)

(20) **N-(1-ナフチル)エチレンジアミン** MW 9.18, 白色針状結晶. 熱水, 希塩酸, % エタノールに易溶. スルファニル酸またはスルファ ルアミドを組み合せ, NO₂⁻ や大気中 NO₂, NO の比 に用いられる. ⑩ NO₂⁻, NO₃⁻.

NHCH₂CH₂NH₂·2HCl
(20)

(21) **ニトリロ三酢酸**（NTA, ニトリロトリ酢酸） MW 1.14, 白色結晶性粉末. mp 247℃（分解）. 水に微溶. EDTA よ 安定度定数が小さいマスキング剤として, またポーラログラフ用 薬として用いられる.

CH₂COOH
N—CH₂COOH
CH₂COOH
(21)

(22) **1-ニトロソ-2-ナフトール**（α-ニトロソ-β-ナフトール） W 173.17, 黄褐色針状結晶. mp 109～110℃. 水に微溶. エタ ールに可溶. 主に Co の沈殿分離試薬として用いられる. ⑱ B, , Cu, Fe, Mo, Ni, Pd, V, Zr. ⓢ Co, Cu, Fe, K, Pd, Zr.

NO
OH
(22)

(23) **ニトロソR塩**（1-ニトロソ-2-ナフトール-3,6- スルホン酸ニナトリウム塩） MW 377.26, 黄金色結 . 水に可溶. エタノールに微溶. 主に Co の比色試薬 して用いられる. ⑱ Ag, Ba, Ca, Co, Fe, Ni, b. ⓒ Co, Fe.

NO
OH
NaO₃S   SO₃Na
(23)

(24) **ネオクプロイン**（2,9-ジメチル-1,10-フェナントロリン） W 208.26（無水和物）, 市販品では無水和物, 二水和物, 塩酸塩の つの形がある. 塩酸塩は水に易溶. 他二者は水に微溶, アルコー , クロロホルム, ベンゼンに易溶の白色結晶性粉末. Cu⁺ と特異 に橙黄色キレートをつくり, 他の金属イオンは妨害とならない. Cu⁺.

CH₃   CH₃
(24)

(25) **ネオトリン**（アルセナゾ I） MW 2.30. 水によく溶けて橙赤色溶液となる. 有機溶 に不溶. Nb, Ti³⁺, Zr, Sn, U, 希土類, Th⁴⁺ キレートをつくり, 比色試薬として用いられる

AsO(OH)₂   OH OH
N=N
NaO₃S   SO₃Na
(25)

ほか，滴定指示薬としても用いられる．⑯Be，In，Th，U，希土類，F．用事調製．

（26）　バソフェナントロリン（4,7-ジフェニル-1,10-フェナントロリン）　MW 332.40．白色結晶性粉末．mp 215〜216 ℃．酸性で水に微溶．中性，アルカリ性で不溶．アルコールに易溶．Fe²⁺ と特異的に水に不溶の赤色キレートをつくり，イソペンチルアルコールに抽出比色される．四塩化炭素，イソプロピルエーテルには抽出されない．⑯⑰Fe²⁺．

（27）　PAN（1-(2-ピリジルアゾ)-2-ナフトール）　MW 249.27．橙赤色針状結晶．水にはわずかしか溶けず，有機溶媒に可溶．多くの金属とキレートをつくり比色試薬，滴定指示薬として用いられる．⑯⑰Co，Cu，In，Ni，U，Zn，Zr．⑩Co，Mn，Ni，Zn．

（28）　PAR（4-(2-ピリジルアゾ)レゾルシノール）　MW 215.21．橙赤色結晶．水，アルコールにはわずかしか溶けないが，酸，アルカリ溶液には易溶．pH によって溶液の色が異なる．多くの金属とキレートをつくりクロロホルムなど有機溶媒に抽出される．抽出比色試薬として，また滴定指示薬として用いられる．PAN よりやや水に溶けやすい．

（29）　ピロリジンジチオカルバミン酸アンモニウム（APDC）　MW 164.30．白色針状結晶．水，アルコールに易溶．ジエチルジチオカルバミン酸塩より広い pH 領域で多種類の金属イオンを抽出できる．原子吸光法の前処理濃縮用試薬．

（30）　フェニルフルオロン　MW 320.30．赤色結晶．水に不溶．エタノールに可溶．⑯⑰Ge，Sn．⑩Sn．

（31）　フルオレセイン　MW 332.31．黄赤〜赤色粉末．mp 314〜316 ℃．水，ベンゼン，クロロホルム，エーテルに不溶．アルカリ溶液は緑色蛍光．銀滴定における吸着指示薬．バイオ分析における蛍光団としてもよく用いられる．⑩Ag，Hg，Pb，AsO₄³⁻，BO₃³⁻，BrO₃⁻，Br⁻，CN⁻，H₂O₂，O₃．⑨AsO₄³⁻，Br⁻，CN⁻，O₃．

（32）　ペリロンⅡ（2-(3,6-ジスルホ-8-ヒドロキシナフチルアゾ)-1,8-ジヒドロキシナフタレン-3,6-ジスルホン酸四ナトリウム塩）　MW 738.50．黒紫色粉末．水に易溶．pH によって色が異なる．Be の比色試薬として用いられる．⑯Be，Th，Zr，希土類，B．

（33）　2-メチルオキシン（2-メチル-8-ヒドロキシキノリン）　MW 159.19．白色結

mp 73〜74 ℃. 水に難溶. アセトン, エタノール,

㽨酸に可溶. 金属との反応はオキシンによく似ている

　　Al のみは沈殿しない. ㉞㊵ Be, Ga, In.

(33)

34) メチレンブルー　　MW 373.90

水和物), 暗緑色光沢のある結晶. 水,

ノール, クロロホルムに可溶. エーテ

不溶. 酸化還元による変色が分析に利

される. ㊻㊽ 酸化性イオン, 還元性イ

. ㊿⑩ 陰イオン界面活性剤.

(34)

35) モリン　　MW 302.23, 淡黄色結晶. mp 285〜

℃. 水に微溶. エタノール, アルカリに可溶. 蛍光

キレートをつくる. 多くの金属の蛍光定量に用いられ

㉖ Al, Be, Sc, F. ㊳ Al, Be, Hf, Sc, Zr.

(35)

36) ローダミンB　　MW 479.02,

色結晶または赤紫色粉末. 水, エタノー

易溶. 酸, アルカリに微溶. バイオ分

における蛍光団としてもよく用いられ

㉘ Au, Bi, Co, Hg, Mn, Mo,

, Sb, Ta, Tl, W. ㉙ Sb, W.

, Ga, In, Sb, Sn, Tl. ㉛ Sb.

(36)

・7　緩　衝　液

a.　Clark-Lubs の緩衝液

（1）　フタル酸水素カリウム-塩酸

mol L^{-1}フタル酸水素カリウム/mL	共通して 50.00								
ℓ mol L^{-1} HCl/mL	46.70	39.60	32.95	26.42	20.32	14.70	9.90	5.97	2.63
₂O/mL	103.30	110.40	117.05	123.58	129.68	135.30	140.10	144.03	147.37
H (20 ℃)	2.2	2.4	2.6	2.8	3.0	3.2	3.4	3.6	3.8

（2）　フタル酸水素カリウム-水酸化ナトリウム

mol L^{-1}フタル酸水素カリウム/mL	共通して 50.00										
ℓ mol L^{-1} NaOH/mL	0.40	3.70	7.50	12.15	17.70	23.85	29.95	35.45	39.85	43.00	45.45	47.00
ℓ mol L^{-1} NaOH/mL	149.60	146.30	142.50	137.85	132.30	126.15	120.05	114.55	110.15	107.00	104.55	103.00
H (20 ℃)	4.0	4.2	4.4	4.6	4.8	5.0	5.2	5.4	5.6	5.8	6.0	6.2

b.　Sørensen の緩衝液

（1）　グリシン+塩化ナトリウム-水酸化ナトリウム

mol L^{-1}グリシン+0.1 mol L^{-1}NaCl/mL	9.5	9.0	8.0	7.0	6.0	5.5	5.1	5.0	4.9	4.5	4.0	3.0	2.0	1.0
ℓ mol L^{-1} NaOH/mL	0.5	1.0	2.0	3.0	4.0	4.5	4.9	5.0	5.1	5.5	6.0	7.0	8.0	9.0
H (20 ℃)	8.53	8.88	9.31	9.66	10.09	10.42	11.01	11.25	11.51	12.04	12.33	12.60	12.79	12.90

(2) クエン酸ナトリウム-塩酸

0.1 mol L⁻¹ クエン酸ナトリウム/mL	0.0	1.0	2.0	3.0	3.33	4.0	4.5	4.75	5.0	5.5	6.0	7.0	8.0	9.0	9.5	1
0.1 mol L⁻¹ HCl/mL	10.0	9.0	8.0	7.0	6.67	6.0	5.5	5.25	5.0	4.5	4.0	3.0	2.0	1.0	0.5	
pH (18 °C)	1.04	1.17	1.42	1.93	2.27	2.97	3.36	3.53	3.69	3.95	4.16	4.45	4.65	4.83	4.89	

(3) クエン酸ナトリウム-水酸化ナトリウム

0.1 mol L⁻¹ クエン酸ナトリウム/mL	10.0	9.5	9.0	8.0	7.0	6.0	5.5	5.
0.1 mol L⁻¹ NaOH/mL	0.0	0.5	1.0	2.0	3.0	4.0	4.5	4.
pH (20 °C)	4.96	5.02	5.11	5.31	5.57	5.98	6.34	6.

(4) 四ホウ酸ナトリウム十水和物（ホウ砂）-水酸化ナトリウム

0.02 mol L⁻¹ $Na_2B_4O_7 \cdot 10\,H_2O$/mL	10	9	8	7	6	5	4
0.1 mol L⁻¹ NaOH/mL	0	1	2	3	4	5	6
pH (20 °C)	9.23	9.35	9.48	9.66	9.94	11.04	12.3

(5) リン酸二水素カリウム-リン酸水素二ナトリウム

1/15 mol L⁻¹ KH_2PO_4/mL	10.0	9.75	9.5	9.0	8.0	7.0	6.0	5.0	4.0	3.0	2.0	1.0	0.5	0.
1/15 mol L⁻¹ Na_2HPO_4/mL	0.0	0.25	0.5	1.0	2.0	3.0	4.0	5.0	6.0	7.0	8.0	9.0	9.5	10.
pH (18 °C)	(4.49)	5.29	5.59	5.91	6.24	6.47	6.64	6.81	6.98	7.17	7.38	7.73	8.04	(9.

c. Walpole の緩衝液

0.2 mol L⁻¹ 酢酸/mL	18.5	17.6	16.4	14.7	12.6	10.2	8.0	5.9	4.2	2.9	1
0.2 mol L⁻¹ 酢酸ナトリウム/mL	1.5	2.4	3.6	5.3	7.4	9.8	12.0	14.1	15.8	17.1	18
pH (18 °C)	3.6	3.8	4.0	4.2	4.4	4.6	4.8	5.0	5.2	5.4	5

d. Britton-Robinson の広域緩衝液

0.04 mol L⁻¹ 酸混合液*/mL	共通して 100.0													
0.2 mol L⁻¹ NaOH/mL	0.0	2.5	5.0	7.5	10.0	12.5	15.0	17.5	20.0	22.5	25.0	27.5	30.0	32
pH (18 °C)	1.81	1.89	1.98	2.09	2.21	2.36	2.56	2.87	3.29	3.78	4.10	4.35	4.56	4.

0.04 mol L⁻¹ 酸混合液*/mL	共通して 100.0													
0.2 mol L⁻¹ NaOH/mL	35.0	37.5	40.0	42.5	45.0	47.5	50.0	52.5	55.0	57.5	60.0	62.5	65.0	67.
pH (18 °C)	5.02	5.33	5.72	6.09	6.37	6.59	6.80	7.00	7.24	7.54	7.96	8.36	8.69	8.

0.04 mol L⁻¹ 酸混合液*/mL	共通して 100.0												
0.2 mol L⁻¹ NaOH/mL	70.0	72.5	75.0	77.5	80.0	82.5	85.0	87.5	90.0	92.5	95.0	97.5	100.0
pH (18 °C)	9.15	9.37	9.62	9.91	10.38	10.88	11.20	11.40	11.58	11.70	11.82	11.92	11.98

* H_3PO_4, 酢酸, ホウ酸をそれぞれ 0.04 mol L⁻¹ の濃度で含む溶液.

e. Gomori の緩衝液（トリス緩衝液）

0.2 mol L⁻¹ トリス(ヒドロキシメチル)アミノメタン/mL	共通して 25.0								
0.1 mol L⁻¹ HCl/mL	45.0	42.5	40.0	37.5	35.0	32.5	30.0	27.5	25.
H_2O/mL	30.0	32.5	35.0	37.5	40.0	42.5	45.0	47.5	50.
pH (23 °C)	7.20	7.36	7.54	7.66	7.77	7.87	7.96	8.05	8.

0.2 mol L⁻¹ トリス(ヒドロキシメチル)アミノメタン/mL	共通して 25.0							
0.1 mol L⁻¹ HCl/mL	22.5	20.0	17.5	15.0	12.5	10.0	7.5	5.0
H_2O/mL	52.5	55.0	57.5	60.0	62.5	65.0	67.5	70.0
pH (23 °C)	8.23	8.32	8.40	8.50	8.62	8.74	8.92	9.10

Good 緩衝液（数字は 20 ℃ における pH）

称*1	pK_a (20 ℃)	使用 pH 範囲	0.1 mol L⁻¹ 遊離酸溶液*2 /mL	0.1 mol L⁻¹ NaOH/mL				
				0	5	10	15	20
ES	6.15	5.5〜7.0	25	3.7	5.6	6.0	6.4	8.4
DA	6.60	5.8〜7.4	〃	5.8	6.6	6.9	7.3	7.8
OPSO	6.95	6.2〜7.4	〃	3.9	6.2	6.6	7.0	7.4
OPS	7.20	6.5〜7.9	〃	3.8	6.6	7.0	7.4	8.8
EPES	7.55	6.8〜8.2	〃	5.3	7.0	7.4	7.7	8.1
APSO	7.70	7.0〜8.2	〃	4.7	7.0	7.4	7.8	8.2
ricine	8.15	7.8〜8.8	〃	4.9	7.5	7.9	8.3	8.6
APS	8.40	7.7〜9.1	〃	4.6	7.8	8.3	8.6	9.0
HES	9.50	8.6〜10.0	〃	5.9	9.0	9.4	9.7	10.1
APS	10.40	9.7〜11.1	〃	6.8	10.0	10.5	10.8	11.2

*1 正式名については，たとえば，日本分析化学会 編，"改訂六版 分析化学便覧"，丸善（2011）．pp. 622-623 参照．
*2 ADA のみモノナトリウム塩溶液．

・8 飽和水溶液上の相対湿度，乾燥剤，寒剤

a. 飽和水溶液上の相対湿度

密閉容器中に下記物質の固相と飽和水溶液が共存するようにしたときの容器内の空気の相対湿度（%）を示す．結晶水を含む標準物質や水分の変化しやすい石炭などの組成を一定に つのに便利である．

化合物	温度/℃					化合物	温度/℃				
	10	15	20	25	30		10	15	20	25	30
OH				5		SrCl₂·6 H₂O				71	
aOH				6		NaCl	75	75	75	75	75
aBr₂·6 H₂O	23	21	19	17	15	NaNO₃	77	76	75	74	73
C₂H₃O₂·1.5 H₂O				22		KCl			86	85	85
aCl₂·6 H₂O	38	35	32	29	26	Na₂SO₄·10 H₂O			95	88	78
gCl₂·6 H₂O				33		Na₂CO₃·10 H₂O			91	89	87
₂CO₃·2 H₂O			44	45		BaCl₂·2 H₂O			90		
a(NO₃)₂·4 H₂O	65	60	55	50	45	KNO₃			95	94	94
g(NO₃)₂·6 H₂O				53		H₂O のみ	100	100	100	100	100
aBr·2 H₂O	63	61	59	57	55	（H₂O 蒸気圧	(9.2)	(12.8)	(17.5)	(23.8)	(31.8)
H₄NO₃	69	66	63	61	57	mmHg)					

b. 乾 燥 剤

室温付近の空気 1 L 中に残る水の量を示す．（ ）は再生のときの条件．*は有機溶媒中の水分の除去にもよく使われる．

	pK_{a1}	pK_{a2}	pK_{a3}	備 考		pK_{a1}	pK_{a2}	pK_{a3}	備
マレイン酸	1.910	6.332			クエン酸	3.128	4.761	6.396	
フマル酸	3.053	4.494			D-酒石酸	3.036	4.366		
安息香酸	4.202				meso-酒石酸	3.17	4.91		
フタル酸	2.950	5.408			アスコルビン酸	4.03	11.34		0.1 mol
イソフタル酸	3.50	4.50			アセチルアセトン(ペンタン-2,4-ジオール)	9.02			
テレフタル酸	3.51	4.82							
フェノール	9.98				タイロン	7.62	12.5		0.1 mol
p-ニトロフェノール	7.15				8-キノリノール-5-スルホン酸	4.112	8.757		
サリチル酸	2.98	(13.66)							
スルホサリチル酸	2.84	12.53							

c. アミノポリカルボン酸

	pK_{a1}	pK_{a2}	pK_{a3}	pK_{a4}	pK_{a5}	備 考
IDA	1.87	2.57	9.30			1.0 mol L^{-1}
MIDA	1.57	2.36	9.48			1.0 mol L^{-1}
NTA	1.2	1.9	2.3	8.91		1.0 mol L^{-1}
HEDTA	1.5	2.33	5.49	9.20		1.0 mol L^{-1}
EDTA	1.95	2.68	6.11	10.17		1.0 mol L^{-1}
CyDTA	3.21	3.65	6.72	9.90		1.0 mol L^{-1}
EGTA	2.0	2.66	8.78	9.40		1.0 mol L^{-1}
DTPA	2.2	2.6	4.15	8.20	9.38	1.0 mol L^{-1}

MIDA (*N*-methyliminodiacetic acid)，他の略称の化合物名は3・2・1項参照.

d. 中性配位子 (L)

	pK_{a1}	pK_{a2}	pK_{a3}	pK_{a4}	pK_{a5}	備 考	別 名
アミン							
アンモニア	9.244						
メチルアミン	10.64						
エチルアミン	10.636						
ジメチルアミン	10.774						
トリメチルアミン	9.800						
エタノールアミン	9.498						
トリエタノールアミン	7.762						
ヒドロキシルアミン	5.96						
エチレンジアミン	6.848	9.928					en
N,N-ジメチルエチレンジアミン	6.18	9.54					
N,N'-ジメチルエチレンジアミン	6.80	10.03					
1,2-プロピレンジアミン	6.61	9.72					pn
1,3-プロピレンジアミン	8.48	10.49					
ジエチレントリアミン	3.64	8.74	9.80				dien
トリエチレンテトラミン	3.25	6.56	9.08	9.74		0.1 mol L^{-1}	trien
テトラエチレンペンタミン	2.97	4.70	8.05	9.14	9.70	0.1 mol L^{-1}	tetren
トリアミノトリエチルアミン	2.60	7.85	9.13	10.03		pK_{a1} のみ 0.1 mol L^{-1}	トリス(アミノエチル)アミン
アニリン	4.601						
ピリジン	5.229						
2-メチルピリジン	5.95						2-ピコリン

	pK_{a1}	pK_{a2}	pK_{a3}	pK_{a4}	pK_{a5}	備 考	別 名
メチルピリジン	5.70						3-ピコリン
メチルピリジン	6.00						4-ピコリン
ージメチルピリジン	6.63						2,4-ルチジン
ージメチルピリジン	6.72						2,6-ルチジン
リドキシン	4.88	8.84					
リドキサール	4.10	8.57					
リドキサミン	3.37	8.01	10.13				
ミダゾール	6.993						
メチルイミダゾール	7.05					0.1 mol L⁻¹	
メチルイミダゾール	7.86						
コリジン	10.305						
ペリジン	11.125						
アージピリジン	1.5	4.35				pK_{a1} は 0.1 mol L⁻¹	
0-フェナントロリン	1.5	4.86				pK_{a1} は 0.1 mol L⁻¹, ±0.4	
ニドロキシキノリン	4.95	9.77					オキシン
キサミン	4.89					0.1 mol L⁻¹	ヘキサメチレンテトラミン
]aneN₄	9.60	10.53					
]aneN₄	10.62	11.6				0.5 mol L⁻¹	cyclam
トラメチル-[14]aneN₄	2.64	3.09	9.31	9.70		0.5 mol L⁻¹	Me₄-cyclam
]aneN₄	3.62	5.23	10.3	11.1		0.5 mol L⁻¹	
]aneN₅	1.0	1.6	5.88	9.53	10.73	0.2 mol L⁻¹	
アザ-18-クラウン-6	7.94	9.08				0.1 mol L⁻¹	
1.1] クリプタンド	7.85	10.64				0.05 mol L⁻¹	
2.1] クリプタンド	7.50	10.53				0.05 mol L⁻¹	
2.2] クリプタンド	7.28	9.60				0.05 mol L⁻¹	

e. 両性配位子

	pK_{a1}	pK_{a2}	pK_{a3}	pK_{a4}	pK_{a5}	備 考
ミノ酸						
リシン	2.350	9.778				
	2.30	9.22				37 ℃, 0.15 mol L⁻¹
ラニン	2.348	9.867				
		9.38				37 ℃, 0.15 mol L⁻¹
ルタミン酸	2.23	4.42	9.95			
		4.03	9.27			37 ℃, 0.15 mol L⁻¹
ロシン		9.19	10.47			
シン	2.20	8.86	10.25			
ヒスチジン		5.97	9.28			37 ℃, 0.15 mol L⁻¹
システイン	1.9	5.80	8.79			
	(1.7)	8.36	10.77			37 ℃, 0.15 mol L⁻¹
シスチン	1.9	7.96	10.11			
			7.83	8.57		37 ℃, 0.15 mol L⁻¹

参考文献

1) L. D. Pettit, K. J. Powel, "IUPAC Stability Constants Database", Academic Software

(http://www.acadsoft.co.uk; e-mail: info@acadsoft.co.uk) (1997).

2) R. M. Smith, A. E. Martell, "IUPAC Stability Constants Database", vol. 1-6, Plenum (19
1989).

3・2 安定度定数

金属（M^{m+}）と配位子（L^{n-}）の錯体（$ML_p^{(m-np)}$）の逐次生成定数（K_p）は，次のよ
に定義される（以下電荷省略）．

$$K_p = [ML_p] / [ML_{p-1}][L]$$

また，全生成定数は次のように定義される．

$$\beta_p = [ML_p] / [M][L]^p = K_1 \cdot K_2 \cdot K_3 \cdot \cdots\cdots K_p$$

表には KNO_3，$NaNO_3$，$NaClO_4$ もしくはテトラアルキルアンモニウム塩（R_4NX）
よるイオン強度 $I = 0.1$，$25\ ℃$ における錯体の安定度定数（すなわち生成定数）を対象
示す．これらと異なるときには，備考欄にその条件を示した．ただしプロトン付加鏡
（MHL）および水酸化物錯体 [M(OH)L] の生成定数は省略した．

3・2・1 アミノポリカルボン酸の安定度定数

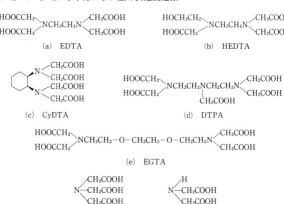

(a) EDTA

(b) HEDTA

(c) CyDTA

(d) DTPA

(e) EGTA

(f) NTA

(g) IDA

アミノポリカルボン酸の構造

a. EDTA （ethylenediaminetetraacetic acid，エチレンジアミン四酢酸）

	β_1	備 考		β_1	備 考
Ac^{3+}	14.2		Be^{2+}	9.63	
Ag^+	7.32		Bi^{3+}	28.2	$0.5\ mol\ L^{-1}$
Al^{3+}	16.5		Bi^{3+}	26.7	$1.0\ mol\ L^{-1}\ NaClO_4,\ 20\ ℃$
Am^{3+}	17.0		Ca^{2+}	10.73	
Ba^{2+}	7.73	$20\ ℃$	Cd^{2+}	16.54	

	β_1	備　考		β_1	備　考
e³⁺	16.03		Ni²⁺	18.66	
g³⁺	18.70		Np⁴⁺	24.55	1.0 mol L⁻¹ NaClO₄
n³⁺	17.10		NpO₂⁺	7.33	R₄NX
?²⁺	16.49	20 °C	Pb²⁺	17.88	
?³⁺	41.1		Pm³⁺	16.94	R₄NX, 20 °C
r²⁺	13.61	20 °C	Pr³⁺	16.56	20 °C
r³⁺	23.4	20 °C, 0.1 mol L⁻¹	PuO₂⁺	12.9	20 °C
?⁺	8.5	2.0 mol L⁻¹, 30 °C	Ra²⁺	7.07	NaCl, 20 °C
?²⁺	18.83		Rb⁺	0.59	0.32 mol L⁻¹
y³⁺	18.46	20 °C	Sb³⁺	19.48	4.0 mol L⁻¹ NaNO₃
r³⁺	19.01	20 °C	Sc³⁺	23.1	20 °C
u³⁺	17.51	20 °C	Sm³⁺	16.34	0.04 mol L⁻¹, 19 °C
e²⁺	14.94		Sn²⁺	18.3	1.0 mol L⁻¹ NaClO₄, 20 °C
e³⁺	25.1	20 °C	Sr²⁺	8.60	20 °C
a³⁺	21.7		Tb³⁺	18.09	20 °C
d³⁺	17.53	20 °C	Th⁴⁺	25.1	0.2 mol L⁻¹ NaClO₄, 21 °C
g²⁺	22.02		Tl⁺	6.53	20 °C
o³⁺	18.04		Tl³⁺	35.30	
?³⁺	25.3	20 °C	Tm³⁺	19.48	20 °C
?⁺	0.80		UO₂²⁺	17.8	
a³⁺	15.25	NaClO₄	V²⁺	12.70	20 °C
i⁺	2.79	20 °C	V³⁺	25.9	20 °C
u³⁺	19.99	20 °C	VO²⁺	18.63	
g²⁺	8.65	20 °C	Y³⁺	17.38	20 °C
n²⁺	14.05		Yb³⁺	19.67	20 °C
n³⁺	24.8	0.2 mol L⁻¹ NaClO₄	Zn²⁺	16.68	20 °C
a⁺	1.84	NaNO₃	Zr⁴⁺	27.7	1.0 mol L⁻¹ NaClO₄, 20 °C
d³⁺	16.77	20 °C			

b. HEDTA (*N*-(2-hydroxyethyl)ethylenediamine-*N*,*N'*,*N'*-triacetic acid, *N*-(2-ヒドロキシエチル)エチレンジアミン-*N*,*N'*,*N'*-三酢酸)

	β_1	備　考		β_1	備　考
g⁺	6.71		Eu³⁺	15.21	
l³⁺	14.4		Fe²⁺	12.58	
m³⁺	16.18	R₄NX	Fe³⁺	19.8	
a²⁺	5.54	20 °C	Ga³⁺	17.2	
i³⁺	24.11	1.0 mol L⁻¹ NaClO₄, 20 °C	Gd³⁺	15.10	
a²⁺	8.14	20 °C	Hg²⁺	20.1	
d²⁺	13.02		Ho³⁺	15.06	
e³⁺	14.08		In³⁺	20.2	NaClO₄
o²⁺	14.42		La³⁺	13.22	
o³⁺	43.2		Lu³⁺	15.79	
u²⁺	17.5		Mg²⁺	7.0	
y³⁺	15.08		Mn²⁺	10.7	30 °C
r³⁺	15.17		Mn³⁺	22.7	0.2 mol L⁻¹ NaClO₄

	β_1	備考		β_1	備考
Nd^{3+}	14.7		Tb^{3+}	15.1	
Ni^{2+}	17.1		Th^{4+}	18.5	
NpO_2^+	6.08	$NaClO_4$	Tm^{3+}	15.38	
Pb^{2+}	15.5		V^{3+}	17.6	$1.0\ mol\ L^{-1}\ NaClO_4,\ 20\ °C$
Pr^{3+}	14.39		VO^{2+}	17.12	
Pu^{3+}	10.26	$1.0\ mol\ L^{-1}$	Y^{3+}	14.49	
Ra^{2+}	5.6	$NaClO_4$	Yb^{3+}	15.64	
Sm^{3+}	15.17		Zn^{2+}	14.42	$0.1\ mol\ L^{-1}$
Sr^{2+}	6.8				

c. **CyDTA** (*trans*-1,2-cyclohexanediaminetetraacetic acid, *trans*-1,2-シクロヘキサンジアミン四酢酸)

	β_1	備考		β_1	備考
Ac^{3+}	15.7		Md^{3+}	19.7	$R_4NX,\ 20\ °C$
Ag^+	8.41		Mg^{2+}	10.41	
Al^{3+}	18.9		Mn^{2+}	16.78	$20\ °C$
Am^{3+}	18.34		Mn^{3+}	28.9	$0.2\ mol\ L^{-1}\ NaClO_4$
Ba^{2+}	8.64	$20\ °C$	Na^+	4.66	$0.5\ mol\ L^{-1}\ R_4NX$
Be^{2+}	7.83	$0.5\ mol\ L^{-1}\ NaClO_4$	Na^+	4.40	
Bi^{3+}	27.20	$1.0\ mol\ L^{-1}\ NaClO_4$	Nd^{3+}	17.69	
Ca^{2+}	12.3		Ni^{2+}	20.20	
Cd^{2+}	19.88	$20\ °C$	Np^{3+}	21.2	
Ce^{3+}	16.67	$20\ °C$	Pb^{2+}	20.24	
Cf^{3+}	19.56	$NaClO_4,\ 20\ °C$	Pm^{3+}	18.17	$R_4NX,\ 20\ °C$
Cm^{3+}	18.10	$0.5\ mol\ L^{-1}\ NaClO_4$	Pr^{3+}	17.23	
Co^{2+}	18.78	$0.2\ mol\ L^{-1}\ NaClO_4$	Pu^{3+}	17.70	$1.0\ mol\ L^{-1}$
Cu^{2+}	21.92		Ra^{2+}	8.3	$NaClO_4$
Dy^{3+}	19.98	$1.0\ mol\ L^{-1}$	Sc^{3+}	25.4	$NaClO_4,\ 20\ °C$
Er^{3+}	20.20		Sm^{3+}	18.63	
Eu^{2+}	18.77		Sn^{2+}	18.7	$1.0\ mol\ L^{-1}\ NaClO_4,\ 20\ °C$
Eu^{3+}	17.62	$0.15\ mol\ L^{-1}$	Sr^{2+}	10.0	
Fe^{2+}	16.27	$1.0\ mol\ L^{-1}\ NaClO_4,\ 30\ °C$	Tb^{3+}	19.30	
Fe^{3+}	28.05	$NaClO_4,\ 20\ °C$	Th^{4+}	29.95	$NaClO_4$
Fm^{3+}	19.7	$R_4NX,\ 20\ °C$	Ti^{4+}	18.23	$NaClO_4,\ 20\ °C$
Ga^{3+}	22.34		Tl^+	6.7	$20\ °C$
Gd^{3+}	18.80		Tl^{3+}	38.3	$1.0\ mol\ L^{-1}\ NaClO_4,\ 20\ °C$
Hg^{2+}	23.28	$0.5\ mol\ L^{-1}\ NaClO_4$	Tm^{3+}	20.46	
Ho^{3+}	19.89		VO^{2+}	20.1	
In^{3+}	28.74	$NaClO_4,\ 20\ °C$	Y^{3+}	19.14	
K^+	1.83	$0.5\ mol\ L^{-1}\ R_4NX$	Yb^{3+}	20.80	
La^{3+}	16.35		Zn^{2+}	18.6	
Li^+	6.11	$0.5\ mol\ L^{-1}\ R_4NX$	Zr^{4+}	20.64	$30\ °C$
Lu^{3+}	21.52	$1.0\ mol\ L^{-1}$			

d. DTPA（diethylenetriaminepentaacetic acid，ジエチレントリアミン五酢酸）

	β_1	備 考		β_1	備 考
g^{+}	8.70		Mg^{2+}	9.3	
$^{3+}$	18.7		Mn^{2+}	15.5	
m^{3+}	23.32	R_4NX	Mn^{3+}	19.35	20 °C
a^{2+}	8.62		Nd^{3+}	21.60	
$^{3+}$	29.7	0.5 mol L^{-1} $NaClO_4$, 20 °C	Ni^{2+}	20.32	20 °C
x^{3+}	22.79	R_4NX	Ni^{2+}	20.2	
a^{2+}	10.74		Np^{4+}	30.33	1.0 mol L^{-1} $NaClO_4$
d^{2+}	18.9		$NpO_2{}^{+}$	10.83	0.05 mol L^{-1} R_4NX
e^{3+}	20.5		Pb^{2+}	18.6	
f^{3+}	24.95	R_4NX	Pd^{2+}	24.60	0.2 mol L^{-1}
n^{3+}	23.81	R_4NX	Pr^{3+}	21.07	
o^{2+}	19.27	20 °C	Pu^{3+}	21.47	1.0 mol L^{-1}
o^{3+}	40.5		Ra^{2+}	8.5	$NaClO_4$
r^{3+}	22.05	1.0 mol L^{-1} $NaClO_4$, 20 °C	Sc^{3+}	26.28	20 °C
u^{2+}	21.45	$NaClO_4$	Sm^{3+}	22.34	
y^{3+}	22.82		Sr^{2+}	9.68	20 °C
r^{3+}	22.74		Tb^{3+}	22.71	
s^{3+}	22.62	R_4NX	Th^{4+}	28.78	
u^{3+}	22.39		Ti^{4+}	23.38	20 °C
e^{2+}	16.5		Tl^{+}	5.97	20 °C
e^{3+}	28.7	1.0 mol L^{-1} $NaClO_4$	Tl^{3+}	46.0	1.0 mol L^{-1} $NaClO_4$, 20 °C
m^{3+}	22.7	R_4NX	Tm^{3+}	22.72	
a^{3+}	23.32		U^{3+}	25.1	0 mol L^{-1}
d^{3+}	22.46		$UO_2{}^{2+}$	19.0	
f^{4+}	35.40	0.23 mol L^{-1} $NaClO_4$	V^{3+}	27.89	20 °C
g^{2+}	26.27		VO^{2+}	16.31	0.5 mol L^{-1} $NaClO_4$
o^{3+}	22.78		Y^{3+}	22.05	
$^{3+}$	29.6	$NaClO_4$	Yb^{3+}	22.62	
a^{3+}	18.23	0.5 mol L^{-1} $NaClO_4$	Zn^{2+}	18.8	
a^{3+}	19.48		Zr^{4+}	36.9	1.0 mol L^{-1} $NaClO_4$, 20 °C
u^{3+}	22.44				

e. EGTA（ethyleneglycol=bis(2-aminoethyl ether)-*N*,*N*,*N*′,*N*′-tetraacetic acid，エチレングリコール=ビス(2-アミノエチルエーテル)-*N*,*N*,*N*′,*N*′-四酢酸）

	β_1	備 考		β_1	備 考
g^{+}	7.06		Cu^{2+}	16.80	
l^{3+}	13.90	0.2 mol L^{-1} $NaClO_4$	Dy^{3+}	17.42	20 °C
a^{2+}	8.41	20 °C	Er^{3+}	17.40	20 °C
i^{3+}	23.8	0.5 mol L^{-1} $NaClO_4$, 20 °C	Eu^{3+}	17.10	20 °C
a^{2+}	11.0	5.3	Fe^{2+}	11.81	20 °C
d^{2+}	16.32	10.27	Fe^{3+}	20.5	$NaClO_4$
e^{3+}	15.70	20 °C	Ga^{3+}	19.02	19 °C
o^{2+}	12.3	7.98	Gd^{3+}	16.94	20 °C
r^{3+}	2.54	0.5 mol L^{-1} $NaClO_4$	Hg^{2+}	23.8	

	β_1	備考		β_1	備考
Ho^{3+}	17.38	20 °C	Sm^{3+}	16.88	20 °C
La^{3+}	15.79	20 °C	Sn^{2+}	8.86	1.0 mol L⁻¹ NaClO₄, 20 ℃
Li^+	1.17	1.5 mol L⁻¹	Sr^{2+}	8.50	20 °C
Lu^{3+}	17.81	20 °C	Tb^{3+}	17.27	20 °C
Mg^{2+}	5.2		Th^{4+}	9.89	
Mn^{2+}	12.3		Tl^+	4.0	0.3 mol L⁻¹
Na^+	1.38	1.5 mol L⁻¹	Tm^{3+}	17.48	20 °C
Nd^{3+}	16.28	20 °C	UO_2^{2+}	11.23	
Ni^{2+}	13.6		VO^{2+}	14.02	NaClO₄
Pb^{2+}	14.6		Y^{3+}	16.82	20 °C
Pr^{3+}	16.05	20 °C	Yb^{3+}	17.78	20 °C
Ra^{2+}	7.7	NaClO₄	Zn^{2+}	14.5	

f. NTA (nitrilotriacetic acid, ニトリロ三酢酸)

	β_1	β_2	備考		β_1	β_2	備考
Ag^+	4.67			Mn^{2+}	7.15	10.20	0.15 mol L⁻¹ NaCl
Al^{3+}	10.53	19.08	NaClO₄	Mn^{3+}	20.25		1.0 mol L⁻¹ NaClO₄
Am^{3+}	11.99	21.10	NaClO₄	Na^+	1.35		NaNO₃
Ba^{2+}	4.85		20 °C	Nd^{3+}	11.10		1.0 mol L⁻¹
Be^{2+}	7.86			Ni^{2+}	11.54	16.42	
Bi^{3+}	17.54	26.55	1.0 mol L⁻¹ NaClO₄	Np^{3+}	12.7		0 mol L⁻¹
Ca^{2+}	6.45		20 °C	Np^{4+}	17.28	32.06	1.0 mol L⁻¹ NaClO₄
Cd^{2+}	9.98	14.44		NpO_2^+	7.51		0.5 mol L⁻¹ NaClO₄
Ce^{3+}	11.10	18.80		Pb^{2+}	11		
Cf^{3+}	11.92	21.21	R₄NX	Pd^{2+}	17.1	23.70	1.0 mol L⁻¹ NaClO₄
Cm^{3+}	11.30		0.5 mol L⁻¹ NaClO₄	Pm^{3+}	11	19.71	NaClO₄
Co^{2+}	10.05	14.32		Pr^{3+}	11.07	19.25	
Cr^{2+}	6.52	9.66	1.0 mol L⁻¹	Pu^{3+}	6.91		R₄NX
Cr^{3+}	9.74	18.11	NaClO₄	Rb^+	0.25		R₄NX
Cs^+	0.09		R₄NX	Sc^{3+}	12.7		NaClO₄
Cu^{2+}	12.94			Sm^{3+}	11.21		0.5 mol L⁻¹ NaClO₄
Dy^{3+}	11.74	21.15		$Sn^{IV}(CH_3)$	10.38		
Er^{3+}	12.03	21.29		Sr^{2+}	5.00		20 °C
Eu^{2+}	5.85	8.62	0.5 mol L⁻¹ NaClO₄	Tb^{3+}	11.59	20.97	
Eu^{3+}	10.51	19.51	0.5 mol L⁻¹ NaClO₄	Th^{4+}	12.4		
Fe^{2+}	8.90	11.98		Tl^+	4.74		20 °C
Fe^{3+}	15.9	23.97		Tl^{3+}	18		1.0 mol L⁻¹
Ga^{3+}	16.20			Tm^{3+}	11.95		0.5 mol L⁻¹ NaClO₄
Gd^{3+}	11.54	20.80		U^{3+}	12.4		0 mol L⁻¹
Hf^{4+}	20.34		0.23 mol L⁻¹ NaClO₄	UO_2^{2+}	9.85		NaClO₄, 35 °C
Hg^{2+}	14.31			V^{3+}	13.41	22.09	NaClO₄, 20 °C
Ho^{3+}	11.90	21.25		VO^{2+}	11.47		
In^{3+}	13.81	23.70		VO_2^+	13.8		3.0 mol L⁻¹ NaClO₄
K^+	0.79			Y^{3+}	11.48	20.43	
La^{3+}	9.68		0.5 mol L⁻¹ NaClO₄	Yb^{3+}	12.40	21.69	
Li^+	2.56			Zn^{2+}	10.66		20 °C
Lu^{3+}	12.49	21.91		Zr^{4+}	18.93		1.0 mol L⁻¹, 19 °C
Mg^{2+}	5.43		20 °C				

g. IDA (iminodiacetic acid. イミノ二酢酸)

	β_1	β_2	備考		β_1	β_2	備考
$^{+}$	3.51	5.79		In³⁺	10.14	19.67	
$^{3+}$	8.62	16.12	NaClO₄	La³⁺	5.88	9.97	
$^{3+}$	6.93		R₄NX	Lu³⁺	7.61	13.73	
$^{2+}$	1.67		20 °C	Mg²⁺	2.94		20 °C
$^{2+}$	7.70		NaClO₄	Nd³⁺	6.58	11.50	
$^{2+}$	12.94		0.5 mol L⁻¹ NaClO₄	Ni²⁺	8.07	14.23	
$^{2+}$	2.59		20 °C	NpO₂⁺	5.81		0.5 mol L⁻¹ NaClO₄
$^{2+}$	5.48	9.72		Pb²⁺	7.41		
$^{3+}$	6.18	10.71		Pd²⁺	9.62	14.87	
$^{2+}$	6.96	12.23	0.15 mol L⁻¹	Pr³⁺	6.44	11.22	
$^{3+}$	29.6			PuO₂⁺	8.50		1.0 mol L⁻¹ NaClO₄, 20 °C
$^{3+}$	5.01	8.18	1.0 mol L⁻¹	Sc³⁺	9.85	16.06	1.0 mol L⁻¹ NaClO₄
$^{3+}$	8.88	15.70	NaClO₄	Sm³⁺	6.64	11.88	
$^{2+}$	10.65	16.30		Sn⁴⁺	9.414		
$^{3+}$	6.88	12.31		Sr²⁺	2.23		20 °C
$^{3+}$	7.09	12.68		Tb³⁺	6.78	12.24	
$^{3+}$	6.73	12.11		Th⁴⁺	10.66	19.73	
$^{2+}$	5.54	9.81	0.5 mol L⁻¹ NaClO₄	Tl⁺	1.32		0.3 mol L⁻¹
$^{3+}$	11.13		1.0 mol L⁻¹ NaClO₄	Tm³⁺	7.22	12.90	
$^{3+}$	12.76			UO₂²⁺	8.73	17.28	
$^{3+}$	6.68	12.07		VO²⁺	9.00		
$^{4+}$	10.9		35 °C	Y³⁺	6.78	12.03	
g^{2+}	13.1	20.20	NaNO₃	Yb³⁺	7.49	13.38	
g^{2+}	10.81		NaClO₄	Zn²⁺	7.2	12.45	
$^{3+}$	6.97	12.47					

・2・2 有機配位子の安定度定数

(i) 有 機 酸

a. 酢 酸

	β_1	β_2	β_3	β_4	備考
Ag⁺	0.36	0.11		-0.14	3 mol L⁻¹ NaClO₄
Al³⁺	1.4				1.0 mol L⁻¹ NaClO₄
Am³⁺	1.99	3.28	3.9		0.50 mol L⁻¹ NaClO₄
Ba²⁺	0.48				0.16
Bk³⁺	2.05				2.0 mol L⁻¹ NaClO₄
Ca²⁺	0.62				0.16
Cd²⁺	1.61	2.68			
Cf³⁺	2.12				2.0 mol L⁻¹ NaClO₄
Co²⁺	0.6				
Cu²⁺	1.87	3.12	3.58	3.33	3 mol L⁻¹ NaClO₄
Dy³⁺	2.03	3.64			20 °C
Er³⁺	1.60	2.83	3.65	3.6	2.0 mol L⁻¹ NaClO₄, 20 °C
Eu³⁺	2.51	3.82			1.0 mol L⁻¹ NaClO₄
Fe²⁺	1.90				

	β_1	β_2	β_3	β_4	備　考
Fe^{3+}	3.23	6.22			$3.0\ mol\ L^{-1}\ NaClO_4$
Gd^{3+}	1.67				
Hg^{2+}	6.1	8.60			
Ho^{3+}	2.01	3.60			
In^{3+}	3.18				20 °C
La^{3+}	1.45	2.25	2.55		$2.0\ mol\ L^{-1}\ NaClO_4$
Lu^{3+}	2.05	3.69			
Mg^{2+}	0.46				$0.15\ mol\ L^{-1}\ NaClO_4$
Mn^{2+}	0.8				$0.1\ mol\ L^{-1}\ KCl$
Nd^{3+}	2.22	3.76			20 °C
Ni^{2+}	0.67	1.25			$1\ mol\ L^{-1}\ NaClO_4$
NpO_2^+	0.87				$2.0\ mol\ L^{-1}\ NaClO_4$
Pb^{2+}	2.09	3.29			
Pd^{2+}	4.34				$1.0\ mol\ L^{-1}\ NaClO_4$
Pr^{3+}	1.81	2.81	3.28	3.3	20 °C
PuO_2^{2+}	2.31	3.8			
Sb^{2+}	7.00	12.64			$0.7\ mol\ L^{-1}\ NaClO_4$
Sc^{3+}	3.14				
Sm^{3+}	2.01	3.26	3.85	3.8	$2.0\ mol\ L^{-1}\ NaClO_4,\ \ 20\ °C$
Sn^{2+}	3.47	6.04	7.27		$3.0\ mol\ L^{-1}\ NaClO_4$
Sr^{2+}	0.50				$0.16\ mol\ L^{-1}\ R_4NX$
Th^{4+}	3.86	6.97	8.94	10.29	$\beta_5 = 10.99,$
					$1.0\ mol\ L^{-1}\ NaClO_4$
Tl^{3+}	6.17	11.28	15.1	18.3	$3.0\ mol\ L^{-1}\ NaClO_4,$
					$\beta(Tl(OH)L) = 18.41,$
					$\beta(Tl(OH)L_2) = 22.9$
Tm^{3+}	2.02	3.61			20 °C
UO_2^{2+}	2.46	4.38	6.52		
VO^{2+}	1.86	2.96			$1.0\ mol\ L^{-1}\ NaClO_4$
Y^{3+}	1.97	3.60			20 °C
Yb^{3+}	1.64	2.83	3.54	3.6	20 °C
Zn^{2+}	0.91	1.36	1.57		$3\ mol\ L^{-1}\ NaClO_4$
Zr^{4+}	$K(Zr(OH)_3+L)=3.35,$				
	$K(Zr(OH)_3L+L)=1.83$				

b.　シュウ酸

	β_1	β_2	β_3	β_4	備　考
Ag^+	2.0				
Ac^{3+}	4.36	11.44			$1.0\ mol\ L^{-1}\ NaClO_4$
Al^{3+}	6.06	11.09	15.12		$1.0\ mol\ L^{-1}\ NaClO_4$
Am^{3+}	4.63	8.35	11.15		$1.0\ mol\ L^{-1}\ NaClO_4$
Be^{2+}	3.52	9.09			$0.5\ mol\ L^{-1}\ NaClO_4$
Bi^{3+}	7.65	12.46			$0.2\ mol\ L^{-1}\ NaClO_4$
Ca^{2+}	2.69	4.04			$1.0\ mol\ L^{-1}\ NaClO_4$
Cd^{2+}	2.66	4.29	5.00		$1.0\ mol\ L^{-1}\ NaClO_4$

	β_1	β_2	β_3	β_4	備　考
e³⁺	4.90	8.26			
n³⁺	4.80	8.61			0.5 mol L⁻¹ NaClO₄
⁾²⁺	3.33	6.20			1.0 mol L⁻¹ NaClO₄
·²⁺	3.85	6.81			
₁²⁺	6.67	10.5			
₁³⁺	4.86	8.67			0.5 mol L⁻¹
e²⁺	3.05	5.15			1.0 mol L⁻¹ NaClO₄
e³⁺	7.53	13.64	18.49		0.5 mol L⁻¹
a³⁺	7.06				1.0 mol L⁻¹ NaClO₄
d³⁺	4.78	8.68			0.5 mol L⁻¹
g²⁺	9.66				
³⁺	6.02	11.47	14.53		
a³⁺	4.71	7.83			
³⁺	5.11	9.2	12.79		1.0 mol L⁻¹ NaClO₄
g²⁺	2.5				0.2 mol L⁻¹ KCl
n²⁺	3.15	4.41			
d³⁺	7.21	11.51			0 mol L⁻¹
a²⁺	3.7	6.6			1.0 mol L⁻¹ NaClO₄
PO₂⁺	3.44	5.83			1.0 mol L⁻¹ NaClO₄
ᵒ²⁺	4.3	6.27			
n³⁺	5.20	8.80			
³⁺	7.14	12.69	15.68		1.0 mol L⁻¹ NaClO₄, 20 °C
n³⁺	6.61				0.5 mol L⁻¹
ᵒ³⁺	5.50	9.30			
h³⁺	5.08	8.86	11.85	13.32	1.0 mol L⁻¹ NaClO₄, 20 °C
h⁴⁺	7.86	14.12	19.94		1.0 mol L⁻¹ NaClO₄, 20 °C
³⁺		12.11			0.2 mol L⁻¹ NaClO₄
·⁺	1.70				
₄³⁺			16.9		20 °C
m³⁺	5.6	9.52			
O₂²⁺	4.48	8.43			
O²⁺	6.48	9.28			1.0 mol L⁻¹ NaCl
³⁺	5.46	9.29			
b³⁺	7.3	11.89			0.0 mol L⁻¹
n²⁺	3.42	6.16			1.0 mol L⁻¹ NaClO₄
⁴⁺	11.1	31.40			1.0 mol L⁻¹, 20 °C

c. クエン酸

	β_1	β_2	K(M+HL)	β(MHL)	備　考
l³⁺	7.98		5.22		
m³⁺	6.74	18.29	5.31		0.1 mol L⁻¹ NaCl
a²⁺	2.89		1.75		20 °C
ᵒ²⁺	4.31			7.56	
ₓ³⁺	7.89	11.19			
a²⁺	3.54				

39

	β_1	β_2	$K(M+HL)$	$\beta(MHL)$	備　考
Cd^{2+}	3.71	5.3		7.86	
Ce^{3+}	7.4	10.40			
Cf^{3+}	7.93	11.23			
Cm^{3+}	7.93	11.23			
Co^{2+}	4.83		3.19		$0.5\ mol\ L^{-1}$
Cu^{2+}	5.95	8.09		8.68	$0.5\ mol\ L^{-1}$
Dy^{3+}	7.58				
Eu^{3+}	7.75	10.95	2.5		
Fe^{2+}	4.80			8.62	
Fe^{3+}	11.21			12.38	
Gd^{3+}	10.02				
Hg^{2+}	13.3	18.80	6.1		
Ho^{3+}	7.9				
La^{3+}	6.41	11.3		10.22	$0.25\ mol\ L^{-1}\ NaNO_3$
Lu^{3+}	7.62	13.00	5.66		NaCl
Mg^{2+}	3.40		1.84		20 °C
Mn^{2+}	3.67		2.08		$0.15\ mol\ L^{-1}$
Nd^{3+}	7.66	11.46		10.57	
Ni^{2+}	5.51	7.84	3.36		KCl
NPO_2^+	2.87				$0.05\ mol\ L^{-1}$
Pb^{2+}	4.08	6.06		8.15	$2.0\ mol\ L^{-1}\ NaClO_4$
Pm^{3+}	7.00	11.91	5.46		NaCl
Pr^{3+}	7.14	11.2			
Pu^{4+}	15.2	30.1			$0.5\ mol\ L^{-1}$
Ra^{2+}	2.36				$0.16\ mol\ L^{-1}$
Sr^{2+}	2.85				$0.16\ mol\ L^{-1}$
Tb^{3+}	8.1				
Th^{4+}	11.61	21.14			NaCl
Tl^{3+}	1.04				
Tm^{3+}	7.51	12.74	5.6		NaCl
UO_2^{2+}	7.4	18.87			
VO^{2+}	7.85			10.65	$0.2\ mol\ L^{-1}\ KCl$
Y^{3+}	7.75	10.95			
Yb^{3+}	$K(Yb+L+HL)=11.77$				$0.15\ mol\ L^{-1}\ NaClO_4$
Zn^{2+}	5.02	6.76		8.71	
Zr^{4+}			10.78		$1.0\ mol\ L^{-1}\ KCl,\ 19$ °C

d.　L-酒石酸

	β_1	β_2	β_3	β_4	備　考
Ag^+	0.36	0.11		-0.14	$3\ mol\ L^{-1}\ NaClO_4$
Al^{3+}	5.62	9.95			
Ba^{2+}	1.62				$0.20\ mol\ L^{-1}\ KCl$
Be^{3+}	2.89				20 °C
Bi^{3+}		11.3			20 °C
Ca^{2+}	2.83				

	β_1	β_2	β_3	β_4	備　考
²⁺	2.83				
³⁺		6.03			
		$K(\mathrm{Ce}+2\,\mathrm{HL})=3.89,$			
		$K(\mathrm{Ce}+\mathrm{HL}+\mathrm{L})=5.60$			
²⁺	2.8				20 °C
²⁺	3.25	4.9			1.0 mol L⁻¹ NaClO₄
³⁺	3.33				0.20 mol L⁻¹ NaClO₄, 24 °C
³⁺	3.92	6.7			0.54 mol L⁻¹ NaClO₄
²⁺	2.69	4.68			20 °C
³⁺	5.68	10.53			
³⁺	5.55	9.33			1.0 mol L⁻¹ NaClO₄
		$K(\mathrm{Ga}+2\,\mathrm{HL})=5.23$			
³⁺	3.54	5.63			2.0 mol L⁻¹
²⁺	7				
³⁺	4.44	8.46			
³⁺	3.62	6.67			
²⁺	1.36	$K(\mathrm{M}+\mathrm{HL})=0.92$			0.20 mol L⁻¹ KCl
³⁺	4.16	7.63			
²⁺	3.01	5.04			20 °C
²⁺	3.09				
²⁺	4.34				1.0 mol L⁻¹ NaClO₄
³⁺	3.46	5.45			2.0 mol L⁻¹ NaClO₄
³⁺		12.5			20 °C
n³⁺	3.50	5.54			2.0 mol L⁻¹ NaClO₄
²⁺	5.2	9.91			0.1 mol L⁻¹ KCl, 20 °C
²⁺	1.65	$K(\mathrm{Sr}+\mathrm{HL})=0.91$			0.2 mol L⁻¹ KCl
³⁺	3.33				0.2 mol L⁻¹ KCl, 24 °C
³⁺	11.57	12.81			1.0 mol L⁻¹ NaClO₄, 20 °C
m³⁺		6.35			
		$K(\mathrm{Tm}+2\,\mathrm{HL})=4.10,$			
		$K(\mathrm{Tm}+\mathrm{HL}+\mathrm{L})=5.99$			
O₂²⁺		$K(\mathrm{UO_2}+\mathrm{L}=\mathrm{UO_2H_{-1}L}+\mathrm{H})$			1.0 mol L⁻¹ NaClO₄
		$=0.75,$			
		$K(\mathrm{UO_2}+\mathrm{H_2L}=\mathrm{UO_2H_{-1}L}+$			
		$3\,\mathrm{H})=-5.62,$			
O²⁺	4.0	$\beta((\mathrm{VO})\mathrm{H_{-1}L})=1.50,$			
		$\beta((\mathrm{VO})_2\mathrm{H_{-1}L_2})=9.84,$			
		$\beta((\mathrm{VO})_2\mathrm{H_{-2}L_2})=6.21,$			
		$\beta((\mathrm{VO_2})\mathrm{H_{-3}L_3})=-0.3,$			
³⁺	2.68	$\beta(\mathrm{YLH})=11.66$			0.50 mol L⁻¹ NaNO₃
b³⁺	3.48				0.20 mol L⁻¹ KCl, 24 °C
n²⁺	2.68	$K(\mathrm{Zn}+\mathrm{HL})=1.44$			0.20 mol L⁻¹ KCl
r⁴⁺		$K(\mathrm{Zr(OH)}+\mathrm{HL})=8.76$			1.0 mol L⁻¹ KCl

e. サリチル酸

	β_1	β_2	β_3	備考		β_1	β_2	β_3	備考
Al^{3+}	12.9	23.2	29.80		Mn^{2+}	5.90	9.8		
Be^{2+}	12.61	22.60			Ni^{2+}	6.96	11.78		
Cd^{2+}	5.55			KCl, 20 °C	Pr^{3+}			1.88	
Co^{2+}	6.15				Sm^{3+}			2.06	
Cu^{2+}	10.31	18.29			Tb^{3+}			1.95	
Dy^{3+}	10.26				Th^{4+}	4.25	7.60	10.05	$\beta_4=11.60$
Fe^{2+}	6.55	11.25			UO_2^{2+}	11.30			
Fe^{3+}	14.13	29.92			VO^{2+}	12.7	22.40		20 °C
Lu^{3+}	1.65	2.1			Zn^{2+}	6.65			KCl, 20 °C

f. スルホサリチル酸

	β_1	β_2	備考		β_1	β_2	備考
Al^{3+}	12.91	22.92		La^{3+}	5.92	10.73	1.0 mol L^{-1} NaClO$_4$
Am^{3+}	8.06	15.34	1.0 mol L^{-1} NaClO$_4$	Lu^{3+}	8.43	15.46	20 °C
Be^{2+}	11.74	20.66		Mn^{2+}	5.24	8.24	
Cd^{2+}	4.65		20 °C	Nd^{3+}	7.39	13.01	20 °C
Co^{2+}	6.13	9.82		Ni^{2+}	6.42	10.24	20 °C
Cr^{2+}	9.89			Pr^{3+}	7.08	12.69	20 °C
Cu^{2+}	9.62			Sm^{3+}	7.65	13.58	20 °C
Dy^{3+}	8.29		20 °C	Tb^{3+}	8.42	14.61	20 °C
Er^{3+}	8.15	14.45	20 °C	Th^{4+}	12.3		1.0 mol L^{-1} NaClO$_4$, 20
Eu^{3+}	7.87	13.90	20 °C	Tm^{3+}	8.34	14.95	20 °C
Fe^{2+}	5.90	9.9	KCl, 20 °C	UO_2^{2+}	11.0	8.20	
Fe^{3+}	14.42	25.18	3.0 mol L^{-1} NaClO$_4$	Y^{3+}	6.61		0.2 mol L^{-1}
Ga^{3+}	12.50	25.50	20 °C	Yb^{3+}	8.35	15.16	20 °C
Gd^{3+}	7.58	13.65	20 °C	Zn^{2+}	6.05	10.7	KCl, 20 °C
Ho^{3+}	8.40	15.15	20 °C				

(ii) 中性配位子

a. アンモニア

	β_1	β_2	β_3	β_4	備考
Ag^+	3.41	7.26			
Au^+		26.5			0 mol L^{-1}
Ca^{2+}	−0.2	−0.8	−1.6	−2.7	2.0 mol L^{-1} NH$_4$NO$_3$, 23 °C
Cd^{2+}	2.62	4.80	6.23	7.8	
Co^{2+}	1.9	3.2	4.3	4.6	0.5 mol L^{-1} NH$_4$ClO$_4$, 20 °C
Co^{3+}	7.00	13.35	19.16	24.44	0 mol L^{-1}
Cu^+		10.46			1.0 mol L^{-1} NaNO$_3$, 20 °C
Cu^{2+}	4.14	7.61	10.48	12.52	1.0 mol L^{-1} NH$_4$NO$_3$
Fe^{3+}	3.8				5.0 mol L^{-1} R$_4$NX
Ga^{3+}	4.1				5.0 mol L^{-1} R$_4$NX
Gd^{3+}	0.45				
Hg^{2+}	8.8	17.5	18.5	19.23	R$_4$NX, 22 °C

	β_1	β_2	β_3	β_4	備考
g^{2+}	0.23	0.08	−0.34	−1.04	R$_4$NX, 20 °C
n^{2+}	1.00	1.54	1.70	1.30	
$^{2+}$	2.61	4.76	6.79	8.35	2.0 mol L^{-1} NaClO$_4$
$^{2+}$	9.6	18.5	22.25	29.05	1.0 mol L^{-1} NaClO$_4$
$^{3+}$	0.7				5.0 mol L^{-1} R$_4$NX
$^{+}$	−0.9				2.0 mol L^{-1} R$_4$NX, 23 °C
$^{3+}$	4.6	9.30	11.6	13.1	1.0 mol L^{-1} R$_4$NX
$^{3+}$	4.2				5.0 mol L^{-1} R$_4$NX
O$_2$$^{2+}$	2.0				5.0 mol L^{-1} R$_4$NX
$^{3+}$	0.4				5.0 mol L^{-1} R$_4$NX
n^{2+}	2.35	4.80	7.31	9.46	

b. エチレンジアミン (en)

	β_1	β_2	β_3	β_4	備考		β_1	β_2	β_3	β_4	備考
$^{+}$	4.70	7.70			K(Ag+HL) =2.35, 20°C	La^{3+}	4.88	9.07			
						Mn^{2+}	2.85	4.75			
$^{2+}$	5.69	10.36	12.80		0.5 mol L^{-1}	Ni^{2+}	7.56	13.85	18.15		
$^{+}$	5.38	10.24	13.79			Pb^{2+}	5.05	8.67			
$^{3+}$	10.53	19.51				Pd^{2+}	23.6	42.20			1.0 mol L^{-1} NaClO$_4$
$^{2+}$	5.63	10.78				Pt^{2+}		36.5			1.0 mol L^{-1}, 18 °C
$^{2+}$	4.34	7.65	9.70		1.0 mol L^{-1}	Tb^{3+}	5.52	10.60			
$^{3+}$	12.72					UO$_2$$^{2+}$	9.02				
$^{3+}$	5.34	10.19				Zn^{2+}	5.91	10.72	12.82		
	14.3	23.3									

c. トリエチレンテトラアミン (trien)

	β_1	β_2	備考		β_1	β_2	備考
g^{+}	7.7		20 °C	Fe^{3+}	21.7		0 mol L^{-1}, 20 °C
$^{2+}$	11.45		1 mol L^{-1} NaNO$_3$	Hg^{2+}	24.15		1.0 mol L^{-1}
$^{2+}$	11.31		1.0 mol L^{-1}	Mn^{2+}	4.91		KCl
$^{2+}$	7.33		1.0 mol L^{-1} KCl	Ni^{2+}	14.4	18.6	0.5 mol L^{-1} KCl
$^{2+}$	20.9		1.0 mol L^{-1}	Pb^{2+}	10.36		
$^{2+}$	7.68		KCl	Zn^{2+}	12.1		KCl, 20 °C

d. トリアミノトリエチルアミン (tren)

	β_1	備考		β_1	備考
g^{+}	7.8		Hg^{2+}	25.8	KCl*1
$^{2+}$	11.72	R$_4$NX	Mn^{2+}	5.75	KCl
$^{2+}$	12.69		Ni^{2+}	14.50	
$^{2+}$	18.86		Zn^{2+}	14.40	R$_4$NX
$^{2+}$	8.67	KCl			

*1 塩化物と Hg^{2+} の生成定数は考慮してある.

e. トリエタノールアミン

	β_1	β_2	β_3	備考		β_1	β_2	β_3	備考
Ag^+	2.34	4.09		$0.5\ mol\ L^{-1}\ KNO_3$	Hg^{2+}	6.9	13.08		$0.5\ mol\ L^{-1}$
Cd^{2+}	2.70	4.60	5.21		Ni^{2+}	2.76	6.36		
Co^{2+}	2.25				Pb^{2+}	3.39	3.86		
Cu^{2+}	4.07	$K(CuL+OH)$ $=8.37$			Zn^{2+}	2.05	3.28	4.51	

f. ピリジン

	β_1	β_2	β_3	β_4	備考		β_1	β_2	β_3	β_4	備考
Ag^+	2.20	4.26				Hg^{2+}	5.1	10.0	10.3	10.6	
Cd^{2+}	1.28	2.02			$0.5\ mol\ L^{-1}\ KNO_3$	Mn^{2+}	1.86	3.45	4.35	4.95	$1.0\ mol\ L^{-1}\ Na$
Co^{2+}	1.25					Ni^{2+}	1.87				
Cu^+	3.9	6.6	7.9	8.7		Pd^{2+}	8.4	16.10	22.7	28.6	$1.0\ mol\ L^{-1}\ Na$
Cu^{2+}	2.52	4.38	5.69	6.54	$0.3\ mol\ L^{-1}$	Zn^{2+}	0.98	1.45	1.60	1.4	$0.5\ mol\ L^{-1}\ Na$
Fe^{2+}	0.6	0.9			$0.5\ mol\ L^{-1}\ KNO_3$						

g. ビピリジン (bpy)

	β_1	β_2	β_3	備考		β_1	β_2	β_3	備考
Ag^+	3.44	6.78			Mn^{2+}	2.97			$0.2\ mol\ L^{-1}\ NaCl$
Cd^{2+}	4.25	7.77	10.45		Nd^{3+}	0.9			$0.5\ mol\ L^{-1}\ NaN$
Co^{2+}	6.06	11.42	16.02		Ni^{2+}	7.13	14.01		
Cu^+		14.2			Pb^{2+}	3.08			
Cu^{2+}	8.11	13.66			Pr^{3+}	0.9			$0.5\ mol\ L^{-1}\ NaN$
Dy^{3+}	0.9			$0.5\ mol\ L^{-1}\ NaNO_3$	Sm^{3+}	0.9			
Fe^{2+}	4.20	7.90	9.55		Th^{3+}	4.29	7.26		
Gd^{3+}	0.8			$0.10\ mol\ L^{-1}\ KCl$	Tl^{3+}	9.40	16.10		$1.0\ mol\ L^{-1}$
Hg^{2+}	8.30	16.33	19.04		UO_2^{2+}	3.77	6.92		
In^{3+}	4.75	8.0		$1.0\ mol\ L^{-1}$	VO^{2+}	5.08	8.65		
La^{3+}	0.8			$0.5\ mol\ L^{-1}$	Zn^{2+}	5.04	9.60	3.6	
Mg^{2+}	0.32			$0.2\ mol\ L^{-1}\ KCl$					

h. 1,10-フェナントロリン (1,10-phen)

	β_1	β_2	β_3	備考		β_1	β_2	β_3	備考
Ag^+	5.02	12.07			Lu^{3+}	2.93			
Ca^{2+}	1.11				Mg^{2+}	1.45			
Cd^{2+}	5.65	10.49			Mn^{2+}	4.50	8.65	12.70	KCl
Co^{2+}	7.25	13.95	19.90		Ni^{2+}	8.65	17.08	24.91	$0.5\ mol\ L^{-1}\ NaN$
Cu^{2+}	9.25	16.00	21.35		Pb^{2+}	4.8	7.8	10.3	
Fe^{2+}	5.84	11.20	16.45	$0.15\ mol\ L^{-1}\ K_2SO_4$	Sr^{2+}	0.82			$0.25\ mol\ L^{-1}\ KCl$
Fe^{3+}	14.10				Tl^{3+}	11.57	18.30		$1.0\ mol\ L^{-1}$
Hg^{2+}	9.85	19.04	23.13	$1.0\ mol\ L^{-1}\ NaNO_3$	VO^{2+}	5.48	10.25		
In^{3+}	5.51	10.10	14.49		Zn^{2+}	6.55	12.35	17.55	

(iii) 環状配位子

(a) [2.2.1]クリプタンド

(b) 18 C 6

(c) [14]aneN₄

a. [2.2.1]クリプタンド

	β_1	β_2	$\beta(MHL)$	備考		β_1	β_2	$\beta(MHL)$	備考
$^+$	12.43			R₄NX	K^+	4.2			R₄NX
$^{2+}$	6.30			R₄NX	Li^+	2.50			0.05 mol L⁻¹ R₄NX
$^+$	9.65			R₄NX	Na^+	5.40			0.05 mol L⁻¹ R₄NX
$^{2+}$	10.04			R₄NX	Ni^{2+}	4.28			R₄NX
$^{2+}$	5.4			R₄NX	Pb^{2+}	13.12			R₄NX
$^+$	<2.0			R₄NX	Rb^+	2.55			0.05 mol L⁻¹ R₄NX
$^{2+}$	7.56		12.70	R₄NX	Sr^{2+}	7.35			0.05 mol L⁻¹ R₄NX
$^{3+}$	3.4	9.4		0.5 mol L⁻¹ NaClO₄	Zn^{2+}	5.41			R₄NX
$^{2+}$	19.97			R₄NX					

b. 18-クラウン-6-エーテル

	β_1	備考		β_1	備考
$^+$	1.6	0 mol L⁻¹	Na^+	0.57	0.1 mol L⁻¹ R₄NX
$^{2+}$	3.75	R₄NX	Pb^{2+}	3.58	0.1 mol L⁻¹ R₄NX
$^{2+}$	0.45	R₄NX	Rb^+	1.4	0.1 mol L⁻¹ R₄NX
$^+$	0.92	0.1 mol L⁻¹ R₄NX	Sr^{2+}	2.8	R₄NX
$^{2+}$	2.42	0.1 mol L⁻¹ R₄NX	Tl^+	2.27	R₄NX
	2.04	0.1 mol L⁻¹ R₄NX	UO_2^{2+}	2.1	R₄NX

c. [14]aneN₄

	β_1	備考		β_1	備考
$^{2+}$	28.09	KCl	Pb^{2+}	10.83	
$^{2+}$	23.0	0.2 mol L⁻¹ NaClO₄	Zn^{2+}	15.28	
$^{2+}$	22.2	R₄NX			

(iv) その他の配位子

a. アセチルアセトン

	β_1	β_2	β_3	β_4	備考		β_1	β_2	β_3	β_4	備考
$^{3+}$	8.2	15.7	21.4			Dy^{3+}	5.74	10.22			2.0 mol L⁻¹ NaClO₄
$^{2+}$	7.48	14.08				Er^{3+}	5.7	10.08			2.0 mol L⁻¹ NaClO₄
$^{2+}$	3.48	6.26				Eu^{3+}	5.41	9.71			2.0 mol L⁻¹ NaClO₄
$^{3+}$	5.30	9.27	12.65		20 ℃	Fe^{2+}	5.07	8.67			0 mol L⁻¹, 30 ℃
$^{2+}$	5.10	9.08				Fe^{3+}	9.25	18.0	24.5		0 mol L⁻¹
$^{2+}$	8.0	14.8				Gd^{3+}	5.42	9.81			2.0 mol L⁻¹ NaClO₂

45

	β_1	β_2	β_3	β_4	備考		β_1	β_2	β_3	β_4	備考
Hg^{2+}	12.9	20.1				Sm^{3+}	5.32	9.72			2.0 mol L⁻¹ NaC(
Ho^{3+}	5.95	10.56	14.01		KCl	Tb^{3+}	5.79	10.30	13.74		KCl
In^{3+}	8.20				0.5 mol L⁻¹ NaClO₄	Th^{4+}		15.57	21.72	25.9	0.01 mol L⁻¹
La^{3+}	4.71	8.16			2.0 mol L⁻¹ NaClO₄	Ti^{3+}	10.43	18.82	26.64		
Lu^{3+}	5.98	10.76			2.0 mol L⁻¹ NaClO₄	Tm^{3+}	6.03	10.75			2.0 mol L⁻¹ NaC(
Mg^{2+}	3.34	5.86				UO_2^{2+}	7.1	13.4			
Mn^{2+}	3.91	6.82				V^{2+}	5.38	10.19	14.7		1.0 mol L⁻¹ KC
Nd^{3+}	5.38	9.48	12.64		KCl	V^{3+}	10.19	19.18	26.1		
Ni^{2+}	5.71	10.16				VO^{2+}	8.59	16.10			
NPO_4^+	4.08	7.00				Y^{3+}	5.57	10.16			2.0 mol L⁻¹ NaC(
Pr^{3+}	5.01	8.84			2.0 mol L⁻¹ NaClO₄	Yb^{3+}	6.05	10.74	3.57		KCl
Sc^{3+}	8.3					Zn^{2+}	4.70				

b. タイロン

	β_1	β_2	その他	備考
Al^{3+}	16.65	30.25		0.2 mol L⁻¹ NaClO₄
Be^{2+}	12.88	22.25	$K(Be+HL)=4.2$,	20 °C
			$K(BeL+HL)=2.3$	
Cd^{2+}	8.76	14.74		
Co^{2+}	9.37	13.74	$\beta(CoHL)=15.74$	
Cu^{2+}	14.28	25.42		
Dy^{3+}	12.39	21.96	$\beta(DyHL_2)=29.69$	0.50 mol L⁻¹ NaClO₄
Er^{3+}	12.89	22.4		0.50 mol L⁻¹ NaClO₄
Eu^{3+}	12.54	20.92	$\beta(EuHL_2)=28.80$	0.50 mol L⁻¹ NaClO₄
Fe^{3+}	20.4	35.5	$\beta_3=46.3$	
Ga^{3+}	19.24	34.90	$\beta_3=45.6$	
Gd^{3+}	12.50	21.14	$\beta(GdHL_2)=29.01$	
Hg^{2+}	19.86			0.50 mol L⁻¹ NaClO₄
Ho^{3+}	12.88	22.36	$\beta(HoHL_2)=30.00$	0.20 mol L⁻¹ NaClO₄
In^{3+}	17.30	14.56	11.75	
La^{3+}	14.0			
Lu^{3+}	14.0		$K(LuL+H)=5.8$	
Mn^{2+}	8.30	13.74	$\beta_3=17.57$	
Nd^{3+}	11.88	19.63		0.50 mol L⁻¹ NaClO₄
Ni^{2+}	9.76	16.73		
Pb^{2+}	12.24	19.23		
Pr^{3+}	11.8	19.6	$\beta(PrHL_2)=28.00$	0.50 mol L⁻¹ NaClO₄
Sb^{3+}	14.5			
Sc^{3+}	18.07		$K(ScL+H)=1.92$	
Sm^{3+}	12.37	20.71		0.50 mol L⁻¹ NaClO₄
Tb^{3+}	12.69	21.69		0.50 mol L⁻¹ NaClO₄
UO_2^{2+}			$K(UO_2^{2+}+HL)=6.5$	20 °C
VO^{2+}	16.74	30.94		
Y^{3+}	12.54	21.71		0.50 mol L⁻¹ NaClO₄
Yb^{3+}	13.25	22.76		0.50 mol L⁻¹ NaClO₄
Zn^{2+}	10.14	18.22	$\beta(ZnHL)=15.84$	

	β_1	β_2	β_3	β_4	備考		β_1	β_2	β_3	β_4	備考
²⁺	7.70	14.2				Mn²⁺	5.67	10.72			
³⁺	6.05	11.05	14.95		$0\ \mathrm{mol\ L^{-1}}$	Nd³⁺	6.30	11.60			$0\ \mathrm{mol\ L^{-1}}$
³⁺	8.11	15.06	20.42			Ni²⁺	9.02	16.77	22.93		
³⁺	11.92	21.87				Pb²⁺	7.77				
²⁺		15.7	21.75		$0.3\ \mathrm{mol\ L^{-1}}$ NaCl	Pr³⁺	6.17	11.37	15.67		$0\ \mathrm{mol\ L^{-1}}$
³⁺	11.6	22.8	$K(\mathrm{FeL(OH)+H})=3.02$,			Sm³⁺	6.58	12.28	17.04		$0\ \mathrm{mol\ L^{-1}}$
			$K(\mathrm{FeL(OH)_2+H})=3.94$			Sr²⁺	2.75				$0\ \mathrm{mol\ L^{-1}}$
³⁺	11.97	23.44	33.39			Th⁴⁺	9.56	18.29	25.91	32.03	
³⁺	6.64	12.37			$0\ \mathrm{mol\ L^{-1}}$	UO₂²⁺	8.52	15.68	$K(\mathrm{UO_2L_2+OH+H})=6.68$		
³⁺	5.63	19.13	22.83		$0\ \mathrm{mol\ L^{-1}}$	VO²⁺	11.79		$K(\mathrm{VO(OH)L+H})=6.45$		
²⁺	4.06	7.63				Zn²⁺	7.54	14.32			

2・3 無機配位子の安定度定数

a. OH⁻

	β_1	$\beta_{qp}(q, p)$			備考
c³⁺	5.28				
g⁺	2.30	3.55(1, 2)			$0\ \mathrm{mol\ L^{-1}}$
l³⁺	8.67	16.65(1, 2)	42.0(3, 4)	333(13, 32)	NaNO₃
m³⁺	10.7	20.9(1, 2)			$0.01\ \mathrm{mol\ L^{-1}}$ R₄NX
a²⁺	0.37				
e²⁺	10.3	16.28(1, 2)	10.8(2, 1)	32.6(3, 3)	$1.0\ \mathrm{mol\ L^{-1}}$ NaClO₄
i³⁺	12.36	25.4(1, 2)	31.9(1, 3)	32.9(1, 4)	NaClO₄
a²⁺	1.30				$0\ \mathrm{mol\ L^{-1}}$
d²⁺	3.90	7.20(1, 2)	8.99(1, 3)	8.71(1, 4)	$0\ \mathrm{mol\ L^{-1}}$
e³⁺	6.61	11.79(1, 2)			$1.0\ \mathrm{mol\ L^{-1}}$ NaCl
m³⁺	10.6	18.9(1, 2)			$0.01\ \mathrm{mol\ L^{-1}}$ R₄NX
o²⁺	6.16	4.32(2, 1)	40.0(6, 6)		$0.25\ \mathrm{mol\ L^{-1}}$ NaClO₄
o³⁺	12.36				$0\ \mathrm{mol\ L^{-1}}$
r²⁺	8.5				$1.0\ \mathrm{mol\ L^{-1}}$
r³⁺	10.0	18.3(1, 2)	24.0(1, 3)	28.6(1, 4)	$0\ \mathrm{mol\ L^{-1}}$
u²⁺	6.56	16.57(2, 2)	34.0(3, 4)		
y³⁺	5.66				$0.3\ \mathrm{mol\ L^{-1}}$ NaClO₄
r³⁺	5.77				$0.3\ \mathrm{mol\ L^{-1}}$ NaClO₄
e²⁺	7.29	16.1(1, 2)			$1.0\ \mathrm{mol\ L^{-1}}$ NaClO₄
e³⁺	10.72	21.2(1, 2)	24.6(2, 2)		$0.15\ \mathrm{mol\ L^{-1}}$ NaCl
m³⁺	9.98				
a³⁺	11.13	21.4(1, 2)	30.9(1, 3)		NaClO₄
d³⁺	5.33	11.74(1, 2)			NaClO₄
f⁴⁺	14.05	27.6(1, 2)	40.8(1, 3)	53.3(1, 4)	
g²⁺	10.20	21.2(1, 2)			
g₂²⁺	9.32	11.52(2, 1)			$3.0\ \mathrm{mol\ L^{-1}}$ NaClO₄
o³⁺	5.72				$0.3\ \mathrm{mol\ L^{-1}}$ NaClO₄
₁³⁺	9.47	18.21(1, 2)	47.8(4, 4)	59.7(5, 5)	

	β_1		$\beta_{qp}(q, p)$		備 考
Ir^{3+}	9.43	18.03(1, 2)			$1.0\ mol\ L^{-1}\ NaClO_4$
La^{3+}	3.84	10.66(2, 2)			$3.0\ mol\ L^{-1}\ NaClO_4$
Li^+	−0.08				$0\ mol\ L^{-1}$
Lu^{3+}	5.86				$0.3\ mol\ L^{-1}\ NaClO_4$
Mg^{2+}	2.21	1.7(2, 1)	17.2(4, 4)		$0\ mol\ L^{-1}$
Mn^{2+}	3.3	3.9(2, 1)	16.0(2, 3)		$1.0\ mol\ L^{-1}$
Mn^{3+}	13.92				$1.9\ mol\ L^{-1}\ NaNO_3$
Na^+	−0.70				$0\ mol\ L^{-1}$
Nd^{3+}	4.8	14.47(2, 2)			$3.0\ mol\ L^{-1}\ NaClO_4$
Ni^{2+}	4.3	4.28(2, 1)	26.9(4, 4)		$NaClO_4$
Np^{3+}	7.0				$0\ mol\ L^{-1}$
Np^{4+}	11.67				$2.0\ mol\ L^{-1}\ NaClO_4$
Pb^{2+}	6.2	10.3(1, 2)	13.3(1, 3)		$0.3\ mol\ L^{-1}$
Pd^{2+}	12.4	26.5(1, 2)			$0\ mol\ L^{-1}$
Pm^{3+}	10.4	19.8(1, 2)			$0\ mol\ L^{-1}\ R_4NX$
Po^{4+}	13.32	24.4(1, 2)			$1.0\ mol\ L^{-1}\ NaClO_4$
Pr^{3+}	4.64	12.1(2, 2)			$3.0\ mol\ L^{-1}\ NaClO_4$
Pu^{3+}	7.05				$0\ mol\ L^{-1}$
Pu^{4+}	12.14				$0.5\ mol\ L^{-1}\ NaClO_4$
Rh^{3+}	10.68				$2.5\ mol\ L^{-1}\ NaClO_4$
Sc^{3+}	9.31	21.7(2, 2)			
Sn^{2+}	10.50	50.0(3, 4)			$3.0\ mol\ L^{-1}\ NaClO_4$
Sn^{4+}	11.14	19.8(1, 2)	23.0(2, 2)	32.9(2, 3)	$0\ mol\ L^{-1}$
Sr^{2+}	0.85				$0\ mol\ L^{-1}$
Tb^{3+}	7.41	14.3(1, 2)			$1.0\ mol\ L^{-1}\ NaCl$
Th^{4+}	9.5	19.9(1, 2)			$1.0\ mol\ L^{-1}\ NaClO_4$
Ti^{3+}	12.71				$0\ mol\ L^{-1}$
Ti^{4+}	14.15	27.9(1, 2)	41.2(1, 3)		$0\ mol\ L^{-1}$
Tl^+	0.85				$0\ mol\ L^{-1}$
Tl^{3+}	12.82	25.2(1, 2)	37.4(1, 3)		$NaClO_4$
Tm^{3+}	5.81				$0.3\ mol\ L^{-1}\ NaClO_4$
U^{4+}	13				$0\ mol\ L^{-1}$
UO_2^{2+}	8.28	21.6(2, 2)	42.8(3, 4)		
V^{3+}	11.10	24.4(2, 2)	34.5(2, 3)		$3.0\ mol\ L^{-1}$
VO^{2+}	8.33	21.3(2, 2)			$0\ mol\ L^{-1}$
Y^{3+}	10.5				$0.01\ mol\ L^{-1}$
Yb^{3+}	5.6	15.08(2, 2)			$3.0\ mol\ L^{-1}\ NaClO_4$
Zn^{2+}	6.19	10.90(1, 2)	14.3(1, 3)		
Zr^{4+}	14.1	27.8(1, 2)			$NaClO_4$

(q, p) を付したものは錯体 $[M_q(OH)_p]$ の $\log\beta_{qp}$.

b. F^-

	β_1	β_2	β_3	β_4	備 考		β_1	β_2	β_3	β_4	備 考
Ag^+	−0.32				$1.0\ mol\ L^{-1}$	H_3BO_3	−0.36				$1.0\ mol\ L^{-1}$
Al^{3+}	6.46	11.44	15.16	17.83	$0.2\ mol\ L^{-1}$	Ba^{2+}	−0.15				$1.0\ mol\ L^{-1}$
H_3AsO_3	3.51				$1.0\ mol\ L^{-1}$, 22 °C	Be^{2+}	4.90	8.66	11.45	12.88	$1.0\ mol\ L^{-1}$
						Bi^{3+}	4.7	8.3			$1.9\ mol\ L^{-1}$

48

	β_1	β_2	β_3	β_4	備 考		β_1	β_2	β_3	β_4	備 考
$^{2+}$	0.63				1.0 mol L⁻¹	Mn²⁺	1.2				1.0 mol L⁻¹
$^{2+}$	0.46				3.0 mol L⁻¹	Mn³⁺	2.6	4.42	4.95		3.0 mol L⁻¹
$^{3+}$	2.72				1.0 mol L⁻¹	Nd³⁺	3.09				1.0 mol L⁻¹
$^{3+}$	0.64				3.0 mol L⁻¹	Ni²⁺	1.1				0.1 mol L⁻¹
$^{3+}$	4.36	7.70	10.18		0.5 mol L⁻¹	Pb²⁺	1.46	2.52			1.0 mol L⁻¹
$^{2+}$	0.84				1.0 mol L⁻¹	Pr³⁺	3.01				1.0 mol L⁻¹
$^{3+}$	3.46				1.0 mol L⁻¹	Sc³⁺	6.18	11.52	15.8		0.5 mol L⁻¹
$^{3+}$	3.54				1.0 mol L⁻¹	Sm³⁺	3.12				1.0 mol L⁻¹
$^{3+}$	3.19				1.0 mol L⁻¹	Sn²⁺	4.00	6.85			1.0 mol L⁻¹
$^{2+}$	0.83				1.0 mol L⁻¹	Sr²⁺	0.11				1.0 mol L⁻¹
$^{3+}$	5.30	9.53	12.5		0 mol L⁻¹, 20 °C	Tb³⁺	3.42				1.0 mol L⁻¹
$^{3+}$	4.5					Tm³⁺	3.56				1.0 mol L⁻¹
						UO₂²⁺	4.54	7.88	10.45	11.79	1.0 mol L⁻¹, 20 °C
	3.31				1.0 mol L⁻¹						
$^{3+}$	3.52				1.0 mol L⁻¹	VO²⁺	3.38	5.75	7.31	8.0	1.0 mol L⁻¹
$^{3+}$	3.70	6.36			3.0 mol L⁻¹	Y³⁺	3.60				1.0 mol L⁻¹
	2.67				1.0 mol L⁻¹	Yb³⁺	3.58				1.0 mol L⁻¹
$^{3+}$	3.61				1.0 mol L⁻¹	Zn²⁺	0.75				1.0 mol L⁻¹
$^{2+}$	1.38				1.0 mol L⁻¹						

c. Cl⁻

	β_1	β_2	β_3	β_4	備 考		β_1	β_2	β_3	β_4	備 考
$^+$	3.23	5.15	5.04	3.64	0 mol L⁻¹	Ni²⁺	−0.83	−1.2			0 mol L⁻¹
$^{3+}$					K_4=4.9 0 mol L⁻¹, 20 °C	Pb²⁺	1.18	1.18	1.90		1.0 mol L⁻¹
						Pd²⁺	4.47	7.76	10.2	11.5	1.0 mol L⁻¹
$^{3+}$	2.82	4.44	5.45	6.23	0.5 mol L⁻¹	Pt²⁺					K_3=3.3 K_4=1.8 0.32 mol L⁻¹
$^{2+}$	1.98	2.60	2.40	1.70	1.0 mol L⁻¹	Zn²⁺	−0.19	−0.19	−0.22		3.0 mol L⁻¹
$^{2+}$	0.0	−0.3			0 mol L⁻¹						

d. Br⁻

	β_1	β_2	β_3	β_4	備 考		β_1	β_2	β_3	β_4	備 考
$^+$	4.69	7.65	8.70	8.78	18 °C	Pb²⁺	1.34	2.33	2.92	3.19	3.0 mol L⁻¹, 5 °C
$^{2+}$	5.94	8.56			1.0 mol L⁻¹						
$^{3+}$	3.70	6.70	7.74	8	70 °C	Pd²⁺	5.17	9.42	12.7	14.9	1.0 mol L⁻¹
$^{2+}$	2.15	3.00	3.00	2.90	0 mol L⁻¹	Tl⁺	0.62	1.14			0 mol L⁻¹

e. I⁻

	β_1	β_2	β_3	β_4	備 考		β_1	β_2	β_3	β_4	備 考
$^+$	6.59	11.74	13.75	14.36	0 mol L⁻¹, 20 °C	I₂	2.87				
						In³⁺	1.97	2.25	2.0		4.0 mol L⁻¹
$^{3+}$	2.91	6.56	9.90	12.36	3.0 mol L⁻¹	Pb²⁺	1.29	1.8	3.0	3.9	1.0 mol L⁻¹
$^{3+}$	2.30	3.43	4.38	5.20		Sn²⁺	0.76	1.15	2.10		1.0 mol L⁻¹
$^+$		8.68	10.43	9.40	5.0 mol L⁻¹	Tl⁺	1.52	1.94	1.72	1.24	
	1.30					Zn²⁺	−0.57	−1.22	−1.80		3.0 mol L⁻¹
$^{2+}$	12.87	23.82	27.60	29.83	0.5 mol L⁻¹						

f. CN⁻

f. CN^-

	β_1	β_2	β_3	β_4	備考		β_1	β_2	β_3	β_4	備考
Ag^+	13.23	20.9	21.8		0.04 mol L⁻¹	Ni^{2+}				30.5	
Au^+		38.3			0 mol L⁻¹	Pd^{2+}				51.6	
Cd^{2+}	5.76	10.75	15.72			Pt^{2+}				41.0	1.0 mol L⁻¹,
Cu^+		21.7	26.8	27.9	0 mol L⁻¹						18 ℃
Hg^{2+}		35.3	38.9	42.0	0.01 mol L⁻¹,	Zn^{2+}	5.3	11.02	16.68	21.57	3.0 mol L⁻¹
					22 ℃						

g. SCN⁻

g. SCN^-

	β_1	β_2	β_3	β_4	備考		β_1	β_2	β_3	β_4	備考
Ag^+	4.4	7.9	9	9.7	0.4 mol L⁻¹	In^{3+}	2.56	3.7	4.8		2.0 mol L⁻¹
Bi^{3+}	1.28	2.67	3.74	5.2	3.0 mol L⁻¹	Mn^{2+}	1.23				0 mol L⁻¹
Cd^{2+}	1.33	2.09	2.11	2.24	2.0 mol L⁻¹	Ni^{2+}	1.1	1.6			1.0 mol L⁻¹
Co^{2+}	1.2	1.65			1.5 mol L⁻¹,	Pb^{2+}	0.48	0.72	0.77	0.71	2.0 mol L⁻¹
					27 ℃	Pd^{2+}		16.2		25.2	30 ℃
Cu^{2+}	1.74	2.54	2.69	2.99	1.0 mol L⁻¹	Sn^{2+}	1.03	1.58			1.0 mol L⁻¹
Fe^{2+}	0.95	0.07			0 mol L⁻¹	Tl^+	0.56	0.37	-0.3		0 mol L⁻¹
Fe^{3+}	2.18	3.6	5.0	6.3	3.0 mol L⁻¹	V^{2+}	1.43				1.0 mol L⁻¹
Ga^{3+}	1.54				0.26 mol L⁻¹	V^{3+}	2.2				
Hg^{2+}	9.08	16.86	19.7	21.67	1.0 mol L⁻¹	Zn^{2+}	1.33	1.91	2	1.63	0 mol L⁻¹

h. CO₃²⁻

h. CO_3^{2-}

	β_1	β_2	β_3	β_4	備考		β_1	β_2	β_3	β_4	備考
Am^{3+}	5.81	9.72			1.0 mol L⁻¹	La^{3+}	5.67			1.40	3.0 mol L⁻¹
Ca^{2+}	4.48				0 mol L⁻¹	Mg^{2+}	3.40			1.16	3.0 mol L⁻¹
Cd^{2+}	4.71	6.49			0.01 mol L⁻¹	Mn^{2+}	3.54			0.32	3.0 mol L⁻¹
Ce^{3+}	5.27	9.37			0.7 mol L⁻¹	Pb^{2+}	6.1				
Co^{2+}	4.70					Sr^{2+}	1.28	1.60	1.70		1.0 mol L⁻¹
Co^{3+}	1.4	2.6	3.5			Tb^{3+}	5.79	10.25		1.84	0.7 mol L⁻¹
Cu^{2+}	5.73	9.3			0.7 mol L⁻¹	Tl^+	0.51	0.11			3.4 mol L⁻¹
Eu^{3+}	5.81	10.14			0.7 mol L⁻¹						20 ℃
Fe^{2+}	4.13	5.73			0 mol L⁻¹	UO_2^{2+}	10.1	17.1	21.4		0 mol L⁻¹
Fe^{3+}		7.40			0.2 mol L⁻¹	Y^{3+}	6.02			1.29	3.0 mol L⁻¹
Gd^{3+}	5.68	10.09		1.83	0.7 mol L⁻¹	Yb^{3+}	6.19	10.95		1.55	0.7 mol L⁻¹
Hg^{2+}	11.01	14.50		5.21	2.5 mol L⁻¹	Zn^{2+}	3.9			1.40	

i. SO₄²⁻

i. SO_4^{2-}

	β_1	β_2	備考		β_1	β_2	備考		β_1	β_2	備考
Ag^+	1.3		18 ℃	Er^{3+}	3.58			La^{3+}	3.50	5.35	
Al^{3+}	3.01	4.90		Eu^{3+}	3.66			Lu^{3+}	3.54		
Ba^{2+}	2.3		20 ℃	Fe^{2+}	2.20			Mg^{2+}	2.2		0 ℃
Ca^{2+}	2.35			Fe^{3+}	4.12		0 ℃	Mn^{2+}	2.08		10 ℃
Cd^{2+}	2.7			Ga^{3+}	2.77	5.06		Nd^{3+}	3.68		
Ce^{3+}	2.92		20 ℃	Gd^{3+}	3.67			Ni^{2+}	2.27		
Co^{2+}	2.47			Ho^{3+}	3.38	4.98		Pb^{2+}	2.75		
Cu^{2+}	2.22			In^{3+}	3.04	5.00		Pr^{3+}	3.67		

	β_1	β_2	備考		β_1	β_2	備考		β_1	β_2	備考
³⁺	4.04	5.70		Tb³⁺	3.47	5.37		Zn²⁺	2.33		
³⁺	3.68			Tl⁺	1.44						
²⁺	2.31			Tm³⁺	3.41	5.21					

イオン強度はすべて 0 mol L⁻¹.

PO₄³⁻

	M+L	M+HL	M+H₂L	M+H₃L	備 考		M+L	M+HL	M+H₂L	M+H₃L	備 考
³⁺	15.32	6.31	2.8		0.15 mol L⁻¹, 37 °C	Fe³⁺	10	4.0	0.2		0 mol L⁻¹
²⁺	6.46	2.74	1.41		0 mol L⁻¹	Gd³⁺	3.89	1.70			0.68 mol L⁻¹
		2.91	2.24			Mg²⁺	2.85	0.61			0 mol L⁻¹
		2.18				Ni²⁺	2.08				
²⁺		3.2	1.2			Pb²⁺	3.1	1.5			0 mol L⁻¹
²⁺		3.6	2.7		0 mol L⁻¹	Zn²⁺	2.4	1.2			

2・4 マスキング剤

マスキング剤	マスキングされる金属イオン	条 件	備 考
アン化カリウム	Ag⁺, Cd²⁺, Co²⁺, Cu²⁺, Fe²⁺, Hg²⁺, Ni²⁺, Zn²⁺, 白金族	塩基性	Cd²⁺, Zn²⁺ のシアノ錯体はホルマリンまたはクロラールによって分解される
リエタノールアミ	Al³⁺, Fe³⁺, Mn³⁺	塩基性	Mn²⁺ はマスクされない
セチルアセトン	Al³⁺, Be²⁺, Fe³⁺, Pd²⁺, UO₂²⁺		Al, Be 以外は着色する
3-ジメルカプトプパノール（BAL）	As³⁺, Bi³⁺, Cd²⁺, Hg²⁺, Pb²⁺, Sb³⁺, Sn⁴⁺, Zn²⁺	アンモニア塩基性	弱酸性溶液中では沈殿生成
オ尿素	Cu²⁺, Pb²⁺, Pt² Cu⁺	pH 5〜6 pH 2.5〜3.5	Zn²⁺ を滴定するとき Sn⁴⁺ を Th⁴⁺ で逆滴定するとき
エチルジチオカルミン酸ナトリウム	Cd²⁺, Cu²⁺, Pb²⁺		
メルカプトプロピン酸	Bi³⁺, Co²⁺, Cu²⁺, Hg²⁺, Fe³⁺	pH 10	Ni²⁺, Mn²⁺ などの滴定
アミノエタンチール	Cd²⁺, Co²⁺, Cu²⁺, Hg²⁺, Zn²⁺	pH 10	Mn²⁺ などの滴定
オグリコール酸	Cu²⁺, Pb²⁺, Zn²⁺	塩基性	
ニチオール	Hg²⁺, Zn²⁺, Pb²⁺, Cd²⁺, Ni²⁺, Mn²⁺	pH 10	アルカリ金属の滴定
ュウ酸, チオシュ酸	Sn⁴⁺		
石酸	Sb³⁺, UO₂²⁺	pH 5〜6	

51

マスキング剤	マスキングされる 金属イオン	条　件	備　考
クエン酸	Th^{4+}, Zr^{4+}	pH 5〜6	
サリチル酸	Al^{3+}		
タイロン	Al^{3+}, Ti^{4+}	塩基性	Al^{3+}, Ti^{4+} が少量のとき
アスコルビン酸	Cu^{2+}, Fe^{3+}, Hg^{2+}, Tl^{3+}		酸化還元反応
ヨウ化カリウム	Cd^{2+}, Hg^{2+}		Cd^{2+} のマスクには大過剰を加える
チオ硫酸ナトリウム	Bi^{3+}, Cu^{2+}, Cu^+	Cu^{2+} のマスクは pH 5〜6	
硫化水素，硫化ナトリウム	Co^{2+}, Cu^{2+}, Ni^{2+}		
フッ化アンモニウム	Mg^{2+}, Al^{3+}, Ca^{2+}, Fe^{3+}, Ti^{4+}, 希土類		フッ化アンモニウム溶液はポリエチレン容器に保存
リン酸アンモニウム	Fe^{3+}, Ce^{4+}		
ヒドロキシルアミン	Cu^{2+}, Hg^{2+}		酸化還元反応
1,10-フェナントロリン	Cd^{2+}, Zn^{2+}	pH〜5	Pb^{2+} はマスクされない
過酸化水素	TiO^{2+}, UO_2^{2+}, V		
EDTA	多くの金属イオンと安定な錯体を生成するので，pH などの調整による選択的なマスキングが可能		例えば，Al, Co, Cu, Fe, Mn, Ni, Ti, Zr をマスクて，Be を定量する
Ba-EGTA	Cd^{2+}	NH_3-NH_4Cl	ポーラログラフィーによる Cd 中の Zn の定量

3・2・5　HSAB（ルイス酸塩基の硬さ，軟らかさ）

硬い酸は硬い塩基と，軟らかい酸は軟らかい塩基とそれぞれの親和性があり，安定な化合物を生成する．酸と塩基の硬さ，軟らかさの一覧表を表に示す．

ルイス酸の分類	ルイス塩基の分類
〈硬い酸〉 H^+, Li^+, K^+, Be^{2+}, Mg^{2+}, Ca^{2+}, Sr^{2+}, Mn^{2+}, Al^{3+}, Sc^{3+}, Ga^{3+}, In^{3+}, La^{3+}, N^{III}, Cl^{III}, Gd^{3+}, Lu^{3+}, Cr^{3+}, Co^{3+}, Fe^{3+}, As^{III}, CH_3Sn^{3+}, Si^{IV}, Ti^{4+}, Zr^{4+}, Th^{4+}, U^{4+}, Ru^{4+}, Ce^{4+}, Hf^{4+}, WO^{4+}, Sn^{4+}, UO_2^{2+}, $(CH_3)_2$ Sn^{2+}, VO^{2+}, MoO^{3+} $B(CH_3)_3$, BF_3, $B(OR)_3$, $Al(CH_3)_3$, AlH_3, RH_3, RPO_2^+, RSO_2^+, $ROSO_2^+$, SO_3, I^{VII}, I^V, Cl^{VII}, Cr^{VI}, RCO^+, CO_2, NC^+, HX （水素結合する化合物）	**〈硬い塩基〉** H_2O, OH^-, F^-, CH_3COO^-, PO_4^{3-}, SO_4^{2-}, CO_3^{2-}, ClO_4^-, NO_3^-, ROH, RO^-, R_2O, NH_3, RNH_2, N_2H_4
	〈中間に属するもの〉 $C_6H_5NH_2$, C_5H_5N, N_3^-, Br^-, NO_2^-, SO_3^{2-}, N_2
	〈軟らかい塩基〉 R_2S, RSH, RS^-, I^-, SCN^-, $S_2O_3^{2-}$, R_3P, R_3As, $(RO)_3P$, CN^-, RNC, CO, C_2H_4, C_6H_6, H^-, R^-

52

ルイス酸の分類	ルイス塩基の分類
〈中間に属するもの〉	
$\cdots^{2+}$, Co^{2+}, Ni^{2+}, Cu^{2+}, Zn^{2+}, Pb^{2+}, Sn^{2+},	
$\cdots^{3+}$, Bi^{3+}, Rh^{3+}, Ir^{3+}, $B(CH_3)_3$,	
$\cdots)_2$, NO^+, Ru^{2+}, Os^{2+}, R_3C^+, $C_6H_5^-$, GaH_3	
〈やらかい酸〉	
$\cdots a^+$, Ag^+, Au^+, Tl^+, Hg^+, Pd^{2+}, Cd^{2+},	
$\cdots^{3+}$, Hg^{2+}, CH_3Hg^+, BH_3, RS^+, I^+, Br^+,	
$\cdots O^+$, I_2, Br_2, M^0 (金属原子), トリニト	
$\cdots$ベンゼン, キノン, テトラシアノエチレ	
$\cdots$, カルベンなど	

$\cdots$ はアルキル基を示す.

・3 溶 解 度 積

3・1 溶 解 度 積

$\cdots$溶性塩 A_nB_m の溶解度積は $K_{sp}=[A]^n[B]^m$ で表される.

	pK_{sp}		pK_{sp}		pK_{sp}
Ag^+		CdC_2O_4	6.47	$Cu(IO_3)_2$	7.13
AgN_3	8.58	CdS	27.8	$Cu_3(PO_4)_2$	36.9
$AgBrO_3$	4.27	Ce^{3+}		$Cu_2P_2O_7$	15.08
$AgBr$	12.30	CeF_3	15.1	CuS	35.2
Ag_2CO_3	11.09	$Ce(IO_3)_3$	9.50	Dy^{3+}	
Ag_2CrO_4	11.89	$Ce_2(C_2O_4)_3$	25.5	$Dy(IO_3)_3$	10.92
$AgCN$	16.08	$CePO_4$	18.53	Fe^{2+}	
$Ag_4[Fe(CN)_6]$	40.81	Ce_2S_3	10.22	$FeCO_3$	10.50
$AgIO_3$	7.52	Co^{2+}		$Fe_3(PO_4)_2$	36.0
AgI	16.08	$Co_3(AsO_4)_2$	28.12	FeS	17.3
$AgNO_2$	3.22	$CoCO_3$	9.98	Fe^{3+}	
Ag_3PO_4	15.84	$Co_2[Fe(CN)_6]$	14.74	$FeAsO_4$	20.24
Ag_2SO_4	4.84	$Co(IO_3)_2$	5.64	$Fe_4[Fe(CN)_6]_3$	40.52
Ag_2SO_3	13.86	CoS	22.10	$FePO_4$	21.89
Ag_2S	49.2	$CoHPO_4$	6.7	Ga^{3+}	
$AgSCN$	12.0	$Co_3(PO_4)_2$	34.7	$Ga_4[Fe(CN)_6]_3$	33.82
Al^{3+}		Cr^{3+}		Hg^{2+}	
$AlPO_4$	10.41	$CrAsO_4$	20.11	HgS ブラック	51.52
Bi^{3+}		$CrPO_4$ バイオレット	17.00	In^{3+}	
$BiAsO_4$	9.36	Cu^{2+}		$In_4[Fe(CN)_6]_3$	43.72
$BiPO_4$	22.89	$Cu_3(AsO_4)_2$	35.12	In_2S_3	73.24
Cd^{2+}		$Cu(N_3)_2$	9.2	La^{3+}	
$Cd_3(AsO_4)_2$	32.66	$CuCO_3$	9.86	LaF_3	15.3
$CdCO_3$	12.00	$CuCrO_4$	5.44	$La(IO_3)_3$	10.92
$Cd_2[Fe(CN)_6]$	16.49	$Cu_2[Fe(CN)_6]$	15.89	$La_2(MoO_4)_3$	20.66

	pK_{sp}		pK_{sp}		pK
LaPO$_4$	22.43	NiS	20.7	**Sn^{2+}**	
La$_2$S$_3$	12.70	**Pb^{2+}**		SnS	26.
Mg^{2+}		Pb$_3$(AsO$_4$)$_2$	35.39	**Th^{4+}**	
MgCO$_3$	7.46	Pb(N$_3$)$_2$	8.59	Th(C$_2$O$_4$)$_2$	21.
MgF$_2$	8.19	PbBr$_2$	4.56	Th(IO$_3$)$_4$	14.
Mg$_3$(PO$_4$)$_2$	23.77	Pb(BrO$_3$)$_2$	5.10	**UO$_2$$^{2+}$**	
Mn^{2+}		PbCO$_3$	13.24	UO$_2$HAsO$_4$	10.
Mn$_3$(AsO$_4$)$_2$	28.72	PbCl$_2$	4.79	UO$_2$CO$_3$	11.
MnCO$_3$	10.74	PbCrO$_4$	12.55	(UO$_2$)$_2$[Fe(CN)$_6$]	13.
Mn$_2$[Fe(CN)$_6$]	12.10	Pb$_2$[Fe(CN)$_6$]	14.46	UO$_2$C$_2$O$_4$	8.
MnS	12.64	PbF$_2$	7.57	(UO$_2$)$_3$(PO$_4$)$_2$	46.
Ni^{2+}		PbI$_2$	8.15	**Zn^{2+}**	
Ni$_3$(AsO$_4$)$_2$	25.51	PbMoO$_4$	12.80	Zn(AsO$_4$)$_2$	27.
NiCO$_3$	6.87	Pb$_3$(PO$_4$)$_2$	42.10	ZnCO$_3$	10.
Ni$_2$[Fe(CN)$_6$]	14.89	PbSO$_4$	7.82	Zn$_2$[Fe(CN)$_6$]	15.
Ni(IO$_3$)$_2$	5.06	PbS	27.15	Zn(IO$_3$)$_2$	5.
NiC$_2$O$_4$	9.4	Pb(SCN)$_2$	4.70	Zn$_3$(PO$_4$)$_2$	35.
Ni$_3$(PO$_4$)$_2$	30.3	PbS$_2$O$_3$	6.40	ZnS	21.
Ni$_2$P$_2$O$_7$	12.77	PbWO$_4$	16.07		

3・3・2 水酸化物沈殿

水酸化物結晶が水溶液と平衡にあるとき,

$$\{M(OH)_n\}_S = M^{z+} + n\ OH^-$$
$$K_{S0} = [M^{z+}][OH^-]^n$$

の関係が成立する. また,

$$\{M(OH)_n\}_S + n\ H^+ = M^{z+} + n\ H_2O$$
$${}^*K_{S0} = [M^{z+}]/[H^+]^n = K_{S0}/K_w{}^n$$

ここで, K_{S0} は水酸化物結晶の溶解度積, また K_w は水のイオン積 (自己解離定数) で ある. 表には ${}^*K_{S0}$ の対数値と金属イオンの濃度が $10^{-2}\ mol\ L^{-1}$ のとき, 水酸化物沈殿が じるおおよその pH (計算値) を示す. 上記の式から導びかれる $\log {}^*K_{S0} = \log[M^{z+}$ n pH より, その pH (計算値) を容易に得られる.

水酸化物結晶が析出する pH (モノヒドロキソ錯体のみの生成を考慮したおおよその値

M^{z+}	log $^*K_{S0}$	pH	M^{z+}	log $^*K_{S0}$	pH	M^{z+}	log $^*K_{S0}$	pH
Ag$^+$	6.16	8.2	Dy^{3+}	16.1	6.0	Lu^{3+}	15.35	5.8
Al^{3+}	8.3	3.4	Er^{3+}	15.29	5.8	Mg^{2+}	16.85	9.4
Be^{2+}	2.3	2.2	Eu^{3+}	15.46	5.8	Mn^{2+}	15.2	8.6
Bi^{3+}	4.71	2.6	Fe^{2+}	13.61	7.8	Nd^{3+}	18.1	6.7
Cd^{2+}	13.61	7.8	Fe^{3+}	2.51	1.5	Ni^{2+}	13.3	7.7
Ce^{3+}	20.8	7.6	Ga^{3+}	2.9	1.6	Pb^{2+}	8.04	5.0
Ce^{4+}	5.4	2.2	Gd^{3+}	15.11	5.7	Pd^{2+}	-2.35	-0.2
Co^{2+}	13.5	7.8	Hg^{2+}	1.72	1.9	Pr^{3+}	19.92	7.3
Cr^{2+}	8.3	5.2	Ho^{3+}	16.3	6.1	Pu^{3+}	22.3	8.7
Cr^{3+}	11.7	4.8	In^{3+}	5.08	2.4	Rh^{3+}	2.56	1.5
Cu^{2+}	8.11	5.1	La^{3+}	19.24	7.1	Sb^{3+}	0.5	1.6

M^{Z+}	$\log {}^*K_{S0}$	pH	M^{Z+}	$\log {}^*K_{S0}$	pH	M^{Z+}	$\log {}^*K_{S0}$	pH
${}^{3+}$	12.3	4.9	Th^{4+}	10.3	3.1	Yb^{3+}	16.94	6.3
${}^{3+}$	18.11	6.7	Ti^{3+}	−2.15	−0.04	Zn^{2+}	10.95	6.5
${}^{2+}$	−0.1	1.0	$UO_2{}^{2+}$	7.13	4.6	Zt^{4+}	7.8	3.5
${}^{3+}$	16.2	6.1	Y^{3+}	17.5	6.5			

・4 標準酸化還元電位（水溶液）*

電極反応	$E°$ [V $vs.$ NHE]	$E°$ [V $vs.$ SCE]
$Li^+ + e = Li$	−3.045	−3.29
$K^+ + e = K$	−2.925	−3.17
$Ba^{2+} + 2e = Ba$	−2.906	−3.15
$Sr^{2+} + 2e = Sr$	−2.888	−3.13
$Ca^{2+} + 2e = Ca$	−2.84	−3.09
$Na^+ + e = Na$	−2.714	−2.96
$Mg^{2+} + 2e = Mg$	−2.363	−2.61
$Al^{3+} + 3e = Al$	−1.662	−1.90
$Mn^{2+} + 2e = Mn$	−1.180	−1.42
$Zn^{2+} + 2e = Zn$	−0.7628	−1.01
$Cr^{3+} + 3e = Cr$	−0.744	−0.99
$Ga^{3+} + 3e = Ga$	−0.53	−0.78
$CO_2(g) + 2H^+ + 2e = H_2C_2O_4(aq)$	−0.49	−0.73
$S + 2e = S^{2-}$	−0.447	−0.69
$Fe^{2+} + 2e = Fe$	−0.4402	−0.68
$Cr^{3+} + e = Cr^{2+}$	−0.408	−0.65
$Cd^{2+} + 2e = Cd$	−0.4029	−0.65
$Hg(CN)_4{}^{2-} + 2e = Hg + 4CN^-$	−0.37	−0.61
$In^{3+} + 3e = In$	−0.338	−0.58
$O_2 + e = O_2{}^-$	−0.284	−0.53
$Co^{2+} + 2e = Co$	−0.277	−0.52
$V^{3+} + e = V^{2+}$	−0.256	−0.50
$Ni^{2+} + 2e = Ni$	−0.250	−0.49
$Sn^{2+} + 2e = Sn$	−0.136	−0.38
$Pb^{2+} + 2e = Pb$	−0.126	−0.37
$HgI_4{}^{2-} + 2e = Hg + 4I^-$	−0.038	−0.28
$2H^+ + 2e = H_2$	0.0000	−0.24
$UO_2{}^{2+} + e = UO_2{}^+$	0.05	−0.19
$AgBr + e = Ag + Br^-$	0.0713	−0.17
$HgO(赤) + H_2O + 2e = Hg + 2OH^-$	0.098	−0.15
$S + 2H^+ + 2e = H_2S(aq)$	0.142	−0.10
$Sn^{4+} + 2e = Sn^{2+}$	0.15	−0.09
$Cu^{2+} + e = Cu^+$	0.153	−0.09
$Sn^{4+} + 2e = Sn^{2+}$	0.154	−0.09
$AgCl + e = Ag + Cl^-$	0.2222	−0.02
$IO_3{}^- + 3H_2O + 6e = I^- + 6OH^-$	0.26	+0.01
$Hg_2Cl_2 + 2e = 2Hg + 2Cl^-$	0.2676	0.02

電極反応	$E°$ [V $vs.$ NHE]	$E°$ [V $vs.$ SCE]
$Cu^{2+}+2\,e=Cu$	0.337	0.09
$Fe(CN)_6^{3-}+e=Fe(CN)_6^{4-}$	0.36	0.12
$O_2+2\,H_2O+4\,e=4\,OH^-$	0.401	0.16
$4\,H_2SO_3+4\,H^++6\,e=S_4O_6^{2-}+6\,H_2O$	0.51	0.27
$Cu^++e=Cu$	0.521	0.28
$I_2+2\,e=2\,I^-$	0.5355	0.29
$MnO_4^-+e=MnO_4^{2-}$	0.564	0.32
$BrO_3^-+3\,H_2O+6\,e=Br^-+6\,OH^-$	0.61	0.37
$Q+2\,H^++2\,e=H_2Q$ （Q：キノン）	0.69976	0.46
$PtCl_4^{2-}+2\,e=Pt+4\,Cl^-$	0.73	0.49
$Fe^{3+}+e=Fe^{2+}$	0.771	0.53
$Hg_2^{2+}+2\,e=2\,Hg$	0.788	0.54
$Ag^++e=Ag$	0.799	0.55
$2\,Hg^{2+}+2\,e=Hg_2^{2+}$	0.920	0.68
$NO_3^-+4\,H^++3\,e=NO+2\,H_2O$	0.96	0.72
$Br_2(l)+2\,e=2\,Br^-$	1.0652	0.82
$IO_3^-+6\,H^++5\,e=^1/_2\,I_2+3\,H_2O$	1.195	0.95
$O_2+4\,H^++4\,e=2\,H_2O(l)$	1.229	0.98
$Cr_2O_7^{2-}+14\,H^++6\,e=2\,Cr^{3+}+7\,H_2O$	1.33	1.09
$Cl_2+2\,e=2\,Cl^-$	1.3595	1.12
$MnO_4^-+8\,H^++5\,e=Mn^{2+}+4\,H_2O$	1.51	1.27
$BrO_3^-+6\,H^++5\,e=^1/_2\,Br_2(l)+3\,H_2O$	1.52	1.28
$Bi_2O_4+4\,H^++2\,e=2\,BiO^++2\,H_2O$	1.593	1.35
$Ce^{4+}+e=Ce^{3+}$	1.61	1.37
$HClO+H^++e=^1/_2\,Cl_2+H_2O$	1.63	1.39
$PbO_2+SO_4^{2-}+4\,H^++2\,e=PbSO_4+2\,H_2O$	1.682	1.44
$MnO_4^-+4\,H^++3\,e=MnO_2+2\,H_2O$	1.695	1.45
$H_2O_2+2\,H^++2\,e=2\,H_2O$	1.776	1.53
$CO^{3+}+e=Co^{2+}$	1.808	1.56
$S_2O_8^{2-}+2\,e=2\,SO_4^{2-}$	2.01	1.77
$O(g)+2\,H^++2\,e=H_2O$	2.42	2.18
$F_2(g)+2\,e=2F^-$	2.87	2.63

* 電極反応 $O+n\,e \rightleftarrows R$ の平衡電位は $E_e=E°+0.0592\,\log\,[a_O/a_R]$ で与えられる．ここで は活量．$a_O=a_R=1$ のときの E_e は $E°$ に等しく，これを標準酸化還元電位という．$a_O>a_R$ の とき $E_e>E°$，$a_O<a_R$ のとき $E_e<E°$ であることに注意せよ．

また，(g) は気体，(l) は液体，(aq) は水溶液を示す．

試料の前処理

分析を行うとき，多くの場合，固体試料の溶液化，分析対象のマトリックス
□らの分離（クリーンアップ），前濃縮などの試料の前処理が不可欠である．
□ら前処理のほとんどは，化学的手法に基づいている．本章では，代表的な
□法およびそれらに関するデータをまとめるが，9章なども参考にしてほしい．

1　無機分析のための前処理

　溶液化・希酸抽出

□体分析法を用いて固体試料の無機元素を分析する場合の溶液化法としては，酸分解（含
□溶解），乾式灰化，アルカリ溶解，アルカリ融解に大別され，酸分解は，さらに解放系
□ートブロック加熱など）と密閉系（マイクロ波加熱分解など）とに分類される．解放系
□の場合，酸と水の共沸点以上に分解液の温度が上がらないのに対し，密閉系酸分解では
□容器内圧力上昇に伴い，分解液温度を上げることができるので，短時間で高効率な分解
□能である．また，密閉系酸分解では作業環境からの汚染の低減，揮発性元素の揮散抑制
□効果がある．一方，難溶性化合物が溶解残査として残る場合には，残査を回収して
□カリ溶融する，あるいは最初からアルカリ融解を用いる．また溶液化（分解）効率を高め
□ためには，溶液化前に試料を凍結乾燥，粉砕などによって微粉末化することが望ましい．
□液化法における留意点は，目的元素を完全に溶液化できるか，溶液化操作（含む試薬・
□）において汚染が分析値に影響を及ぼさないか，溶液化操作および溶液保管時において
□，吸着，沈殿生成などを含む損失が生じないか（溶液の安定性を保てるか）である．
□たがって，溶液化に用いる試薬を決める際には，酸およびアルカリに対する各元素の溶解
□違い，使用する試薬の純度に十分留意する必要がある．また，溶液化後，加水分解など
□って溶液が不安定化する場合は，錯形成剤を添加する．
□出の場合，密栓できるふた付き遠沈管などに希塩酸などの抽出液と試料を浸し，振と
□　加温，超音波照射などを併用して抽出効率を高める．錯形成剤の併用も効果的である．
□化同様，抽出効率を高めるためには，抽出前に試料を凍結乾燥，粉砕などによって微粉
□することが望ましい．

1）　酸と水との共沸点

	HCl	HNO₃	HClO₄	H₂SO₄	HF
共沸点／°C	109	123	203	317	112
組成（wt%）	20.2	69.8	72.4	98.5	38.3

2）　各種の酸などによる元素単体の溶解性

HCl	HNO₃	H₂SO₄	HF	その他		HCl	HNO₃	H₂SO₄	HF	その他
N	N	C	-		Bi	N	C	C		王水，HCl＋H₂O₂
C	C	C	S	KOH，NaOH，王水	Cd	D	D	D	D	王水
C	C	C		HCl＋H₂O₂，王水	Co	D	D	C		王水
N	N	N		王水	Cr	N	N	D		
D	D			H₂O，KOH，NaOH	Cu	N	N	D		王水，HCl＋H₂O₂

	HCl	HNO₃	H₂SO₄	HF	その他		HCl	HNO₃	H₂SO₄	HF	その他
Fe	S	D	S	—	王水	Sb	N	pptn	H, C	—	HF+H₂O₂ または H…
Ga	S	H, C	S	—	KOH, NaOH, 王水						HCl+H₂O₂, 王水, KOH, N…
Ge	N	pptn	—	—	H₂O₂, 王水	Sc	S	S	S	—	
Hf	—	C	H, C	S	HF+H₂O₂ または HNO₃	Se	N	S	S	C	KOH, NaOH, 王…
Hg	N	C	H, C	—	王水	Si	N	N	N	N	HF+HNO₃
In	S	S	—	—	王水	Sn	N	pptn	H, C	—	HF+H₂O₂ または H…
Ir	N	N	N	—	H 王水?						HCl+H₂O₂, 王水, KOH, N…
La	S	S	S	pptn		Ta	N	N	N	S	HF+H₂O₂ または H…
Mn	S	D	D	—		Te	N	C	—	—	KOH, 王水
Mo	N	D	D	—	H₂O₂, 王水	Th	—	C	—	—	HF+HNO₃ または …
Nb	N	N	N	S	HF+H₂O₂ または HNO₃	Ti	S	C	S	S	HF+H₂O₂ または 王…
Ni	—	D	—	—	王水	Tl	N	D	—	—	HCl+H₂O₂, 王水
Os	N	C	H, C	—	王水, HCl+H₂O₂	U	—	C	—	—	HF+HNO₃, 王水
P	N, H, C	H, C	—	—		V	N	S	—	H, C	H₂O₂, 王水
Pb	H, C	D	pptn	—		W	N	N	—	—	H₂O₂
Pd	—	C	D	—	王水, HCl+H₂O₂						HF+H₂O₂ または H…
Pt	N	N	N	—	王水	Y	D	D	D	D	
Re	N	C	—	—	H₂O₂	Zn	D	D	D	D	KOH, NaOH
Rh	N, H, C	H, C	—	—	王水	Zr	N	D	—	C	S	KOH, HNO₃
Ru	N	N	—	—	王水?						

N：不溶，S：可溶，H：要加熱，C：濃酸に可溶，D：希酸に溶解，pptn：沈殿生成．

（3）代表的な抽出・溶液化法と対象試料

方　法	概要，注意点	容器材質	試　薬	対象試料
希酸抽出	希酸を加え，加熱，超音波，振とうなどにより抽出（密閉容器使用可），多検体向き，抽出率の事前確認必要，HFを用いる場合はガラス製容器使用不可，抽出液はフィルターろ過，遠心分離などで試料マトリックスから分離	ガラス類(ホウケイ酸，石英)，PP，フッ素樹脂（PFA，PTFEなど）	HNO₃，HCl，HF（組合せも可）	食品試料，動植物試…
酸溶解	希酸，混酸などで溶解（密閉容器使用可），一部元素は揮発損失と不動態生成に注意（参照），HFを用いる場合はガラス製容器使用不可	ガラス類(ホウケイ酸，石英)，PP，フッ素樹脂（PFA，PTFEなど）	HNO₃，HCl，HF，王水 HClO₄，H₂O₂（組合せも可）	金属，合金
TMAH* 溶解 *tetramethyl-ammonium hydroxide	TMAHを加え，加熱，超音波，振とうなどにより溶解（密閉容器使用可），溶解液は希釈が必要，溶解残渣による装置試料導入部目詰まり注意	PP，フッ素樹脂（PFA，PTFEなど）	(CH₃)₄NOH	生体試料，動植物試…

方法		概要，注意点	容器材質	試薬	対象試料
式灰化		<450℃で加熱灰化，加熱方式はバーナー直接加熱，電気炉加熱，マイクロ波加熱など，一部元素の揮散損失の可能性あり，灰化補助剤を使用する場合は，試薬からの汚染，溶液化後の沈殿損失に注意	磁製，ガラス類（ホウケイ酸，石英）	（灰化補助にアルカリ金属類あるいはアルカリ土類金属の硝酸塩，硫酸塩を用いる場合あり）	生体試料食品試料動植物試料
	開放系	多検体向き，多量の分解試薬と長時間加熱が必要，冷却還流器などを用いると揮散損失を避けることができる，有機物の残存が多いときにHClO₄のみで加熱すると爆発の恐れあり（HNO₃を共存させること），ケイ酸塩を含む場合，W，Mo，TiなどをHF安定化させる場合はHFを使用	ガラス類（ホウケイ酸，石英），PP，フッ素樹脂（PFA，PTFEなど）	HNO₃+HClO₄(+HF) HNO₃+H₂O₂(+HF) HNO₃(+HF)	食品試料動植物試料
				HNO₃+HClO₄ HNO₃+H₂O₂ HNO₃+H₂SO₄ HNO₃+HF	有機材料試料
				HNO₃+HClO₄(+HF) HNO₃+H₂SO₄(+HF，HCl)	土壌，岩石試料
	密閉系（オープン加熱式）	少量試料向き，分解試薬は少量だが加熱および冷却時間が長い，汚染および揮散少，内側容器の熱変形による酸蒸気漏れに注意	外側容器：ステンレス，内側容器：フッ素樹脂（PFA，PTFEなど）	HNO₃+HClO₄(+HF) HNO₃+H₂SO₄+HF(+HCl)	土壌，岩石試料
				1:1〜2 H₂SO₄	230℃(Al₂O₃, ZrO₂)
				HF+HCl	150℃(ZrO₂), 170℃(BN)
				HF+HNO₃	160℃(Si₃N₄)
	密閉系（マイクロ波加熱式）	装置によって分解可能試料量や最高加熱温度などが異なる，汚染および揮散少，ケイ酸塩を含む場合，W，Mo，Tiなどを安定化させる場合はHFを使用	外側容器：耐圧ジャケット，内側容器：フッ素樹脂（PFA，PTFEなど）	HNO₃+HClO₄(+HF) HNO₃+H₂O₂(+HF) HNO₃(+HF)	食品試料動植物試料
				HNO₃+HClO₄(+HF) HNO₃+H₂SO₄+HF(+HCl)	土壌，岩石試料
				1:1〜2 H₂SO₄	230℃(Al₂O₃, ZrO₂)
				HF+HCl	150℃(ZrO₂), 170℃(BN)
				HF+HNO₃	160℃(Si₃N₄)
	酸蒸気	二重容器使用，汚染および揮散少極少	フッ素樹脂（PFA，PTFEなど）	HF(+HNO₃)	シリコーン基板
解	塩基性	1000℃，3〜10倍量の融剤	白金	Na₂CO₃(+K₂CO₃)	ケイ酸塩，SiC

59

方法		概要，注意点	容器材質	試薬	対象試...
融解	酸性	500〜800 ℃，銀るつぼ可	ジルコニウム	NaOH，KOH	ガラス，Z...
		300 ℃，徐々に昇温，るつぼ侵食	白金	KHSO₄(K₂S₂O₇)	酸化 Al，Ti，Zr，...
		500 ℃，徐々に昇温	白金	KHF₂	ジルコン...
	酸化性	600〜700 ℃，るつぼ侵食	ニッケル	Na₂O₂(+K₂CO₃)	クロム鉄...
		500 ℃，Si₃N₄，B₄C，BN	ジルコニウム	KOH+KNO₃+K₂CO₃	汎用
	その他	1000 ℃，(ZrO₂, AlN, BaTiO₃)	白金-金	LiBO₂	ケイ酸塩...
		Na，K の定量可，蛍光 X 線用に開発	グラファイト	(Li₂CO₃+H₃BO₃)	酸化物...
	半融	300 ℃，Sn，Sb，Bi の昇華分離	ガラス類（ホウケイ酸，石英）	NH₄I(Pt)	酸化 Sn，Sb，Bi...
		300 ℃，WO₃，WC，WS₂，W 系超合金		NH₄HSO₄	酸化 T...，Zr，Nb...
		300 ℃，強リン酸分解（酸化，還元）(Al₂O₃，グラファイト）		H₃PO₄(+KIO₄, K₂Cr₂O₇, SnCl₂)	ケイ酸塩鉱...硫酸塩鉱...

b.　固相抽出

　イオン交換能あるいはキレート形成能のある官能基が表面に固定化された有機化合物体ないし無機体の粒子（吸着材）を用いて，分析対象イオンを選択的に吸着捕集することで，分離濃縮する方法である.

　吸着捕集方法としては，① 試料液と吸着材をバッチ混合する方法，② カラムなどに充...あるいは固定化した吸着材に試料液を通液させる方法とがある. ①の場合，吸着材微...と試料液に混合・かくはんし，目的元素イオンを吸着捕集する. 吸着が平衡に達したのち，...過あるいは遠心分離によって吸着材を試料液から分離した後，目的成分を高濃度溶液など...溶離液によって溶出させて回収する. ②の場合，吸着材を充塡したカラムカートリッジあ...いは吸着材を固定化したフィルターに試料溶液を通して目的元素イオンを捕集し，次いで...濃度溶液などの溶離液を通して目的元素イオンを溶出させて回収する.

　吸着材については，多くのイオン交換材，キレート材が市販されているが，市販品の他...有機化合物体ないし無機体の粒子の表面にイオン交換能ないしキレート形成能を有する試...を担持あるいは化学結合させることで任意の吸着材を設計する方法，錯形成試薬と錯形成...に吸着材に捕集する方法が用いられている.

（1）　代表的なイオン交換材（樹脂）

	陽イオン交換樹脂		陰イオン交換樹脂	
	強酸性	弱酸性	強塩基性	弱塩基性
官能基	スルホン酸基 −SO₃⁻	カルボキシ基 −COO⁻	第四級アミン（I 型，II 型）−CH₂N⁺(CH₃)₃（I 型）−N⁺(CH₃)₂(C₂H₄OH)（II 型）	ポリアミンな...−N⁺HR₂
使用 pH	0〜14	5〜14	0〜14	0〜7
交換容量				
meq mL⁻¹	2	2.5〜4	1.1〜1.4	1.1〜1.6
meq g⁻¹	4〜5	〜4	〜3.5	

	陽イオン交換樹脂		陰イオン交換樹脂	
	強酸性	弱酸性	強塩基性	弱塩基性
販品ゲル型				
チレン系	・Diaion SK シリーズ、UBK シリーズ（均一粒径タイプ） ・Amberlite 120B, IR124 ・モノプラス S108, S108H, S1668 ・Dowex 50Wx1～8（数値は架橋度）（Bio-Rad AG シリーズも同じ） ・Muromac XSC-1614, C101, C1002		・Diaion SA シリーズ、UBA シリーズ（均一粒径タイプ） ・Amberlite IRA400 シリーズ ・モノプラス M500, M600, M800 ・Dowex 1x2～8（数値は架橋度）（Bio-Rad AG シリーズも同じ） ・Muromac XSA-2613, A202, A2004, A203T, A212, XSB2613	Dowex66
クリル系・タクリル系		・Diaion WK シリーズ ・Muromac WPC-6612, 6423		・Amberlite IRA 478RF, IRA67 ・モノプラス M500, M600, M800
販品多孔樹脂型				
チレン系	・Diaion PK シリーズ、RCP シリーズ（ハイポーラスタイプ） ・Amberlite 200CT, 252 ・モノプラス SP112 ・Muromac XMC-3614, C501		・Diaion PA シリーズ、HPA シリーズ（ハイポーラスタイプ） ・Amberlite IRA900 シリーズ、900J, 120B, IR124 ・Muromac XMA-4613, XMB4613	・Amberlite XE 583 ・Muromac WMT-7624LG, WMT-7411
クリル系・タクリル系		・Diaion WK シリーズ ・Amberlite FPC3500, IRC76 ・モノプラス CNP80WS		・Diaion WA シリーズ ・Amberlite IRA 96SB, IRA98
ートリッジ型・ディスク型				
ートリッジ／メタクリ／ート系	・NOBIAS ION-SC1 ・InertSep MC-1	InertSep MC-2	・NOBIAS ION-SA1 ・InertSep MA-1	InertSep MA-2
ィスク型スレン系（ディク材 PTFE ）％程度）	Empore CATION-SR		Empore ANION-SR	

（2） 代表的なキレート材（樹脂）

メーカーなど	3M	室町ケミカル	三菱ケミカル	日立ハイテクフィールディングス	ジーエルサイエンス	Bio-Ra
タイプ	樹脂固定ディスクおよびディスクカートリッジ	樹脂	樹脂	カートリッジ	カートリッジ	樹脂
製品名（官能基）	Empore ディスク（イミノ二酢酸）ラドディスク（分子認識）	ムロキレート, Muromac OT-71, WMC-5510, WMC-5424(イミノ二酢酸), XMS-5413(イソチオニウム), OT-65, XMS-5416（アミノリン酸）, XMS-4117(ビスピコリルアミン), XMS-5812(セミチオカルバミン酸)	Diaion CR 11 (イミノ二酢酸), CR20(ポリアミン), CRB03,05 (グルカミン)	NOBIUS CHELATE-PA1, PB1 (イミノ三酢酸)	MetaSEP AnaLig(分子認識), CH-1 (ポリアミノカルボン酸), CH-2 (多価アルコール), ME-1 (イミノ二酢酸), ME-2 (イミノ二酢酸＋アルキル)	Chelex （イミノ二酸）
基材	樹脂：スチレン-ジビニルベンゼン共重合体, フィルター材：PTFE	スチレン-ジビニルベンゼン共重合体	スチレン-ジビニルベンゼン共重合体	PA1：メタクリレート PB1：ジビニルベンゼン-メタクリレート共重合体	AnaLig：ポリアクリレート CH-1,2：セルロース繊維 ME-1,2：メタクリレート	スチレン-ビニルベンゼン共重合体
選択性など	イミノ二酢酸：アルカリ金属に選択性を有しない, ポリアミン, イミノ三酢酸：アルカリ金属, アルカリ土類金属に選択性を有しない, グルカミン基：半金属素を選択的に捕集. 分子認識：アルカリ金属, アルカリ土類金属, ハロゲン, しくは放射性元素に選択性がある（官能基により異なる）. イソチオニウム：金属, 水銀を選択的に捕集. アミノリン酸：塩水の脱カルシウムなど, pH で択性が大きく変化. ビスピコリルアミン：銅, ニッケルを選択的に捕集. セミオカルバミン酸：水銀を選択的に捕集					

（3） 試薬を吸着材表面に担持させた例1：
多孔性網状樹脂（Amberlite XAD 樹脂, PTFE 樹脂）

目的成分	吸着材	試薬	pH		目的成分	吸着材	試薬（含浸
Ag, Cd, Fe^{II}	XAD-4	DDTC	3～6		Au	XAD-4	DMABR
Au, Cd, Cu	XAD-2, 4, 7	phen	HCl		Co, Cu, Fe, Ni	XAD-2	Lix-63
Cd, Co, Cu, Fe, Mn, Ni, Pb	XAD-4	APDC	>6		Co, Cu, Fe, Ni	XAD-2	Kelex-100
Cr^{VI}	XAD-2	DPC	0.05 mol L^{-1} H$_2$SO$_4$		Co, Cu, Fe, Ni, Zn	XAD-2	TPTZ
Cr^{III}	CHP20P	Ox	9.5		Hg, CH$_3$Hg$_2$$^+$	XAD-2	Dz
Cu, Fe^{III}, Zn	XAD-1, 2, 4		1.3～3.3		Hg	PS-DVB	Dz, STTA
Ag, Cd, Cu	PCTFE	BisII	<4		Pb, In	XAD-2	PV
Co	PCTFE	ニトロソR	5.5～8.5		U	XAD-2	Alamine 3

目的成分	吸着材	試薬	pH	目的成分	吸着材	試薬（含浸）
Fe, Mn, Ni, Zn	PCTFE	Ox, SOx	3~6.7		Levextrel	TBP
	PCTFE	PAR		Zn	XAD-2	DEHPA
I	PCTFE	フェロジン	4.8~7	Au, Cd, Cu, Fe, Hg, Mo, Zn	PTFE	DEHPA, TOA
				Zn	PTFE	DEHP

DTC：ジエチルジチオカルバミン酸，phen：フェナントロリン，APDC：ピロリジンジチオカルバミン酸アンモニウム，DPC：ジフェニルカルバゾン，Ox：8-ヒドロキシキノリン，II：ビス(2-メトキシエチル)エーテル，DMABR：ジメチルアミノベンジリデンローダニン，TZ：2,4,6-トリ(2-ピリジル)-1,3,5-トリアジン，Dz：ジチゾン，STTA：モノチオテノイルトリフルオロアセトン，PV：ピロカテコール バイオレット，Alamine 336：C_8~C_{16} の鎖状アルキル基からなるメチルトリアルキルアンモニウム塩化物の混合物，PTFE：ポリクロロトリフルオロエチレン，SOx：8-ヒドロキシキノリン-硫酸，PAR：4-(2-ピリジルアゾ)レゾルシノール，TBP：トリブチルリン酸，DEHPA：リン酸ビス(2-エチルヘキシル)，TOA：トリ-n-オクチルアミン，DEHP：フタル酸ビス(2-エチルヘキシル)

4) 試薬を吸着材表面に担持させた例2：試薬含浸ポリウレタンフォーム

目的成分	試料	吸着材	試薬	目的成分	試料	吸着材	試薬
Hg	水	Pet	Alamine 336	Cr	水	Pet	DPC
Cd, Co, Cu, Fe, Hg, Ni, Pb, Sn, Zn	水	Pet	Amberlite LA-2	Co, Fe, Mn, Cd, Au, Hg	水	Pet	PAN
	水	Pet	DMG, α-BDO	Sn	水	Pet	TDT
, Co, Fe, Ni	水	Pet	Aliquat	Hg, CH_3Hg^+, $PhHg^+$	水	Pet	DDTC
$)_3^-$	水	Pet	Am-Mo-TBP				

Pet：ポリエーテル系ポリウレタンフォーム，DMG：ジメチルグリオキシム，α-BDO：α-ベンジルオキシム，Am-Mo-TBP：モリブデン酸アミントリブチルリン酸，DPC：1,5-ジフェニルカルバジド，PAN：1-(2-ピリジル)-2-ナフトール，TDT：トルエン-3,4-ジチオール，DDTC：ジエチルジチオカルバミン酸ジエチルアンモニウム．

5) 試薬を吸着材表面に結合ないし担持させた例：
試薬結合形または試薬担持形シリカゲル（SG），多孔質ガラスビーズ（PGB）

試薬結合形			試薬担持形		
目的成分	吸着材	試薬	目的成分	吸着材	試薬
V^V, Cr^{VI}, Se^{VI}, Mn^{VII}, W, V	SG, PGB	DC-Z6020	Ag, Cd, Cu, Hg, Pb, Zn	SG, PGB	MBT
, Cu, Co, Fe, Ni, Pb, Zn	SG	DTC	Bi, Pd, Sb, As^{III}	SG	チオナリド
Co, Ce, Fe, Mo, Ni, Ti, V, W, Zr, Cd, Mn, Pb, Zn	SG	Ox	Cd, Co, Cu, Ni, Pb, Zn, Ag, Au, Pd	SG	DPAMTH
, Fe, U	SG	β-ジケトン	Co, Cu, Ni	SG	MPSP
, Cr, Cu, Fe, Mo, Ti, U, V	SG	DHB, THBA	Cd, Hg, Zn	SG	APTS
, Hg, Pd	SG	ACDTC	Cd, Cu	SG	TMSP
u, Pd	SG	APTS			

DTC：ジチオカルバミン酸，DHB：2,3-ジヒドロキシベンゾイル，THBA：3,4,5-ヒドロキシベンゾイルアミド，ACDTC：2-アミノ-1-シクロペンタン-1-ジチオカルボン酸，APTS：3-アミノプロピルトリエトキシシラン，MBT：2-メルカプトベンゾチアゾール，DPAMTH：2,2'-ビピリジル-4-アミノ-3-ヒドラジノ-5-メルカプト-1,2,4-トリアゾールヒドラゾン，MPSP：3-メチル-1-フェニル-4-ステアロイル-5-ピラゾロン，TMSP：3-(トリメトキシシリル)-1-プロパチオール

(6) 錯形成後に捕集した例：
オクタデシル化シリカゲル（ODS），オクタデシル化ガラスビーズ（ODG），メンブランフィルター（MF），活性炭（AC），ポリプロピレン（PP）

吸着材	錯形成試薬	目的成分	吸着材	錯形成試薬	目的成分
ODG	PADAP	Co, Cd, Cu, Zn, Pb	MF(mix)	PAN	Cd
	フェナントロリン	Fe^{II}, 全Fe		5-Cl-PADAP	Fe, Co, Zn, Ni, Mn

吸着材	錯形成試薬	目的成分	吸着材	錯形成試薬	目的成分
	モリブデン酸塩	P		モリブデン酸塩+DTMAB	P, As, Ge, Si
ODS	Ox	Cd, Cu, Fe, Mn, Ni, Pb, Zn		モリブデン酸塩+MG	P, Si
	DDTC	Cd, Cu, Ni, Pb, Cr^{III}, Cr^{VI}		B-phen	Fe^{II}
	TMDTC	Cd, Cu		B-cup	Cu
AC	DDTC, APDC	Cd, Co, Cu, Ni, Zn, Pb		Tiron	Ti, Fe
	KBr	Fe, Tl, Bi		PAN	Cd
	Dox	Ni, Pd, Co		5-Br-PADAP	Fe^{III}, Cu, Cd, Mn, Zn,
	Dz	Ag, Bi, Cd, Hg, Zn, Pb		DDTC+Zeph	Cu, Ni
	Ox	Mo, V		ttmapp	Cu
	BisII	Se^{IV}, Se^{VI}		フェニルフルオロン	Ge
PP	モリブデン酸塩	P	MF(PTFE)	CAB+Zeph	Al

MF(mix)：セルロース混合エステル製メンブランフィルター，MF(PTFE)：ポリテトラフ
オロエチレン製メンブランフィルター，PADAP：2-(2-ピリジルアゾ)-5-ジエチルアミノフ
ノール，5-Cl-PADAP：2-(5-クロロ-2-ピリジルアゾ)-5-ジエチルアミノフェノール，
TMDTC：テトラメチレンジチオカルバミン酸，DTMAB：臭化ドデシルトリメチルアンモニ
ム，MG：マラカイトグリーン，B-phen：バソフェナントロリン，B-cup：バソクプロイン，
Tiron：タイロン，5-Br-PADAP：2-(5-ブロモ-2-ピリジルアゾ)-5-ジエチルアミノフェ
ル，ttmapp：α,β,γ,δ-テトラキス(4-N-トリメチルアミノフェニル)ポルフィリン，Zeph：
フィラミン（塩化ベンジルジメチルテトラデシルアンモニウム）

c. 共沈殿

マトリックス成分の沈殿生成に伴い，微量元素がともに沈殿する現象を利用した分離濃
法．試料溶液に沈殿単体となる鉄やアルミニウムの塩を加え，pH を中性から塩基性に調
し，水酸化物，リン酸化物，フッ化物などを沈殿させる．このとき，微量の目的成分元素
吸着，吸蔵によって共沈殿する．フィルターろ過あるいは遠心分離によって共沈物を分
し，酸によって溶液化する．

代表的な共沈剤		共沈元素例*1
水酸化物	Fe^{III}	最適 pH レンジが広い元素：Be, Mg, Al, Sc, Ti, Mn, Co, Ni, Cu, Zn, Ga, Sr, Y, Zr, Nb, Tc, Ru, Rh, Pd, Ag, Cd, In, Sn, Ba, REEs*2, Hf, Ta, Tl, Pb, Bi, Th, U 最適 pH レンジが狭い元素：Si, P, V, Cr, Ge, As, Se^{IV}, Mo, Sb, Te^{IV}, I, W
	Fe^{II}	Mg, Mn, Co, Ni, Cu, Zn, Cd, Hg
	Al	Li, Mn, Cr, Cr, Fe, Co, Cu, Y, Mo, REEs, W
	Mn	V, Fe, Cu, Zn, Ga, Sr, Y, Zr, Mo, REEs, Cd, Sb, Sn, Tl, Pb, Bi
	Zr	Si, Al, Ca, Ti, Mn, V, Cr, Co, Fe, Ni, Cu, Zn, As, Cd, Y, Mo, Tc, Sn, Sb, REEs, Pb, Bi
	Ti	Co, Ni, Cu, Zn, Cd, Hg
	Pb	Cr, Cu, Ag
硫化物	Cu	Pd, Pt, Au, Hg
	Mo	Cu, Ge, As, Cd, In, Sn, Sb, Te, Tl, Pb, Bi
	Ba	K, Fe, REEs, U, Th, Po, Pb, Pu, Np, Pu, Am

代表的な共沈剤		共沈元素例*1
酸塩	Pb	Cr, Mn, Cu, Ag, Cd, Zr, Th, U
ン酸塩	Bi	Mn, Fe, Cu, Zn, Pb, Np, Pu, Am, Cm
ッ化物	Ca	Sc, Mn, Fe, Co, Ni, Cu, Zr, REEs
ユウ酸塩	Ca	Sc, Sr, Pd, REEs, Pb, Bi

*1 あくまで文献ベースなので，ここに記述されていない元素も共沈殿する可能性あり．共沈
するかどうかは，3・3節「溶解度積」から推定可能．
*2 REEs：希土類元素

1. 溶 媒 抽 出

水相と有機相間の物質の分配平衡，すなわち水・有機二相への溶解度の違いを利用した分
・濃縮法．試料液に測定対象金属イオンと疎水性の高い錯体を形成する試薬を加えたの
疎水性有機溶剤を加えて振とうすることで有機相に測定対象金属イオン錯体を抽出す
有機溶剤を水相と分離し，少量の酸溶液を加えて測定対象金属イオンを逆抽出する．

1） テノイルトリフルオロアセトン（TTA）を用いる金属イオンの抽出

属	抽出条件，TTA濃度と溶媒	金属	抽出条件，TTA濃度と溶媒
$^{3+}$	pH>5.5 ; 0.25 mol L^{-1} ベンゼン	Np^{4+}	pH 0.5 : 0.5 mol L^{-1} キシレン
$^{3+}$	pH 5.5（93 % 抽出）; 0.01 mol L^{-1} ベンゼン	Pa^{4+}	6 mol L^{-1} HCl : 0.5 mol L^{-1} ベンゼン
$^{3+}$	pH>3.5 ; 0.2 mol L^{-1} ベンゼン+トルエン	Pa^{5+}	
$^{2+}$	{pH~7（95 % 抽出）; 0.01 mol L^{-1} ベンゼン / pH<4 ; 0.5~1.0 mol L^{-1} キシレン	Pb^{2+}	pH~5 ; 0.25 mol L^{-1} ベンゼン
$^{2+}$	pH>2.5 ; 0.25 mol L^{-1} ベンゼン	Pd^{2+}	{pH 4.0~4.4 ; 0.15 mol L^{-1} 2-ペンタノン / pH 4.2~8.0 ; 0.15 mol L^{-1} ブタノール
$^{3+}$	pH~3.4（80 % 抽出）; 0.2 mol L^{-1} トルエン	Po^{4+}	pH 2.0 ; 0.25 mol L^{-1} ベンゼン
	無機酸+K$_2$Cr$_2$O$_7$; 0.5 mol L^{-1} キシレン	Pt^{2+}	3.4~7.6 mol L^{-1} HCl ;
	pH~8 : 0.05 mol L^{-1} ベンゼン-イソブチルメチルケトン		0.15 mol L^{-1} ブタノール-アセトフェノン(2:1)
$^{4+}$	1 mol L^{-1} H$_2$SO$_4$(K$_2$Cr$_2$O$_7$+BrO$_3^-$) ;	Pu^{3+}	0.5~1 mol L^{-1} HNO$_3$; 0.5~1.0 mol L^{-1} ベンゼン
	0.5 mol L^{-1} ベンゼン	Re^{7+}	3.5~4.5 mol L^{-1} H$_2$SO$_4$;
$^{2+}$	pH 3~6 ; 0.15 mol L^{-1} ベンゼン		0.10 mol L^{-1} イソペンチルアルコール-ベンゼン(2:1)
$^{3+}$	pH 3.5 ; 0.15 mol L^{-1} ベンゼン	Sc^{3+}	pH 5.5 ; 0.1 mol L^{-1} イソブチルメチルケトン
$^{2+}$	pH~2 ; 0.15 mol L^{-1} ベンゼン	Th^{4+}	pH>1 ; 0.50 mol L^{-1} ベンゼン
	0.35~3.5 mol L^{-1} HNO$_3$; 0.2 mol L^{-1} ベンゼン	Ti^{4+}	conc. HCl ; イソペンチルアルコール-ベンゼン(2:1)
$^{3+}$	pH 2.5~3.5 ; 0.15 mol L^{-1} ベンゼン	Tl^{3+}	pH~2 ; 0.15 mol L^{-1} ベンゼン
$^{3+}$	pH>3.5 ; 0.15 mol L^{-1} ベンゼン	U^{6+}	pH 3.5~7 ; 0.15 mol L^{-1} ベンゼン
$^{6+}$	0.5 mol L^{-1} HCl ; 0.15 mol L^{-1} ブタノール	W^{6+}	pH 5.5~4.1 ; 0.5 mol L^{-1} ブタノール
$^{5+}$	10 mol L^{-1} HNO$_3$（95 % 抽出）;		9~10 mol L^{-1} HCl（酒石酸）;
	0.5 mol L^{-1} キシレン		0.15 mol L^{-1} ブタノール
$^{2+}$	pH 5.5~8.0 ;	Zr^{4+}	{2~4 mol L^{-1} HClO$_4$; 0.5 mol L^{-1} キシレン
	0.15 mol L^{-1} ベンゼン-アセトン(1：3)		2 mol L^{-1} HNO$_3$; 0.5 mol L^{-1} キシレン

2） 8-ヒドロキシキノリン（オキシン）を用いる金属イオンの抽出

属	抽出条件，8-ヒドロキシキノリン濃度と溶媒	金属	抽出条件，8-ヒドロキシキノリン濃度と溶媒
$^+$	pH 8~9.5（90 % 抽出）; 0.1 mol L^{-1} CHCl$_3$	Co^{2+}	pH 4.5~10.5 ; 0.1 mol L^{-1} CHCl$_3$
$^{3+}$	pH 4.5~11 ; 0.1 mol L^{-1} CHCl$_3$	Cu^{2+}	pH 2.5~12 ; 0.01 mol L^{-1} CHCl$_3$
$^{3+}$	pH 6~10（87 % 抽出）; 0.1 mol L^{-1} CHCl$_3$	Fe^{2+}	pH 2~10 ; 0.01~0.1 mol L^{-1} CHCl$_3$
$^{4+}$	pH 4~5.2 ; 0.1 mol L^{-1} CHCl$_3$	Ga^{3+}	pH 2.2~12 ; 0.1 mol L^{-1} CHCl$_3$
$^{2+}$	pH>10.7 ; 0.1 mol L^{-1} CHCl$_3$	Hf^{4+}	{pH 2 ; 0.10 mol L^{-1} CHCl$_3$
$^{2+}$	pH 5.5~9.5 ; 0.1 mol L^{-1} CHCl$_3$		pH 4.5~11(8-ヒドロキシキノリン塩の沈殿)* ; CHCl$_3$

金属	抽出条件, 8-ヒドロキシキノリン濃度と溶媒	金属	抽出条件, 8-ヒドロキシキノリン濃度と溶媒
In³⁺	pH 3〜11.5: 0.01 mol L⁻¹ CHCl₃	Sr²⁺	pH>11.5: 0.5 mol L⁻¹ CH●
La³⁺	pH 7〜10: 0.10 mol L⁻¹ CHCl₃	Th⁴⁺	pH 4〜10: 0.10 mol L⁻¹ CH●
Mg²⁺	pH 9: 0.10 mol L⁻¹ CHCl₃	Ti⁴⁺	pH 2.5〜9.0: 0.10 mol L⁻¹ CH●
Mn²⁺	pH 6.5〜11: 0.10 mol L⁻¹ CHCl₃	Tl¹⁺	pH>11(85 % 抽出): 0.05 mol L⁻¹ イソブチルアルコー
Mo⁶⁺	pH 1.0〜5.5: 0.01 mol L⁻¹ CHCl₃	Tl³⁺	pH 3.5〜11.5: 0.01 mol L⁻¹ CH●
Ni²⁺	pH 3.5〜10.0: 0.10 mol L⁻¹ CHCl₃	U⁶⁺	pH 5〜9: 0.01 mol L⁻¹ CH●
Pb²⁺	pH 6〜10: 0.01〜0.1 mol L⁻¹ CHCl₃	V⁵⁺	pH 2〜6: 0.10 mol L⁻¹ CH●
Pd²⁺	pH 0〜10: 0.10 mol L⁻¹ CHCl₃	W⁶⁺	pH 2.5〜3.5(0.01 mol L⁻¹ EDTA): 0.01〜0.14 mol L⁻¹ CH●
Rh³⁺	pH 6〜10: 10 % CHCl₃	Y³⁺	pH 5.5〜7: 0.5 mol L⁻¹ CH●
Ru³⁺	pH 6.4(92 % 抽出): 5〜15 % CHCl₃	Zn²⁺	pH 4〜5: 0.10 mol L⁻¹ CH●
Sc³⁺	{ pH 4.5〜10: 0.10 mol L⁻¹ CHCl₃ { pH 9.7〜10.5: 0.002 mol L⁻¹ CHCl₃	Zr⁴⁺	pH 1.5〜4.0: 0.10 mol L⁻¹ CH●
Sn⁴⁺	pH 2.5〜5.5: 0.07 mol L⁻¹ CHCl₃		

* 水相中に 1 % 8-ヒドロキシキノリンを添加.

(3) ジフェニルチオカルバゾン(ジチゾン)を用いる金属イオンの抽出

金属	抽出条件, ジチゾン濃度と溶媒	金属	抽出条件, ジチゾン濃度と溶媒
Ag⁺	4 mol L⁻¹ H₂SO₄〜pH 7: (2.5〜5)×10⁻⁵ mol L⁻¹ CCl₄	Ni²⁺	pH 6〜9: 2.5×10⁻⁵ mol L⁻¹ C●
Bi³⁺	pH 3〜10: (2.5〜5)×10⁻⁵ mol L⁻¹ CCl₄	Pb²⁺	pH 8〜10: (2.5〜5)×10⁻⁵ mol L⁻¹ C●
Cd²⁺	pH 6.5〜14: 2.5×10⁻⁵ mol L⁻¹ CCl₄	Pd²⁺	強酸性: 5×10⁻⁵ mol L⁻¹ C●
Co²⁺	pH 5.5〜8.5: 2.5×10⁻⁵ mol L⁻¹ CCl₄	Po	1 mol L⁻¹ HBO₃(>95 % 抽出): 1×10⁻⁴ mol L⁻¹ C●
Cu⁺	1 mol L⁻¹ H₂SO₄〜pH 10: 5×10⁻⁵ mol L⁻¹ CCl₄	Pt²⁺	0.5〜5 mol L⁻¹ H₂SO₄(抽出可): 4×10⁻⁴ mol L⁻¹ ベンゼ
Cu²⁺	pH 1〜4: 5×10⁻⁵ mol L⁻¹ CCl₄	Se⁴⁺	6 mol L⁻¹ HCl: (4〜6)×10⁻⁵ mol L⁻¹ C●
Ga³⁺	pH 4.5〜6(90 % 抽出): 10⁻³ mol L⁻¹ CHCl₃	Te⁴⁺	1 mol L⁻¹ HCl(>95 % 抽出): 1.8×10⁻⁵ mol L⁻¹ C●
Hg²⁺	6 mol L⁻¹ H₂SO₄〜pH 4: (2.5〜5)×10⁻⁵ mol L⁻¹ CCl₄	Tl⁺	pH 10(クエン酸, CN⁻ 共存下抽出可): 1×10⁻³ mol L⁻¹ CH●
In³⁺	pH 2.5〜6.0: 10⁻³ mol L⁻¹ CHCl₃	Zn²⁺	pH 6〜9.5: 2.5×10⁻⁵ mol L⁻¹ C●
Mn²⁺	pH 9.7(3〜20 % ピリジン): (0.7〜1)×10⁻⁴ mol L⁻¹ CCl₄		

(4) ジエチルジチオカルバミン酸塩(DDTC)を用いる金属イオンの抽出

金属	抽出条件, DDTC 濃度と溶媒	金属	抽出条件, DDTC 濃度と溶媒
Ag⁺	10 mol L⁻¹ HCl〜pH 12: 1.8×10⁻³ mol L⁻¹ CCl₄	Ni²⁺	pH 2〜12: 5×10⁻³ mol L⁻¹ CC●
As³⁺	4 mol L⁻¹ HCl〜pH 7: 5×10⁻³ mol L⁻¹ CCl₄	Pb²⁺	0.5 mol L⁻¹ HCl〜pH 12: 5×10⁻³ mol L⁻¹ C●
As⁵⁺	6 mol L⁻¹ HCl(50 % 抽出): 5×10⁻³ mol L⁻¹ CCl₄	Pd²⁺	10 mol L⁻¹ HCl〜pH 12: 1.8×10⁻³ mol L⁻¹ C●
Au³⁺	pH 5〜8(90 % 抽出): 5×10⁻³ mol L⁻¹ CCl₄	Pt²⁺	10 mol L⁻¹ HCl〜pH 12: 1.8×10⁻³ mol L⁻¹ C●
Bi³⁺	5 mol L⁻¹ HCl〜pH 12: 5×10⁻³ mol L⁻¹ CCl₄	Sb³⁺	6 mol L⁻¹ HCl〜pH 9: 5×10⁻³ mol L⁻¹ C●
Cd²⁺	pH 2〜12: 5×10⁻³ mol L⁻¹ CCl₄	Se⁴⁺	8 mol L⁻¹ HCl〜pH 8: 5×10⁻³ mol L⁻¹ C●
Co²⁺	pH 4〜12: 5×10⁻³ mol L⁻¹ CCl₄	Se⁶⁺	9 mol L⁻¹ HCl(50 % 抽出): 5×10⁻³ mol L⁻¹ C●
Cr⁶⁺	pH 6〜8(90 % 抽出): 5×10⁻³ mol L⁻¹ CCl₄	Sn²⁺	0.5〜4 mol L⁻¹ HCl: 1.8×10⁻³ mol L⁻¹ C●
Cu²⁺	8 mol L⁻¹ HCl〜pH 12: 5×10⁻³ mol L⁻¹ CCl₄	Sn⁴⁺	pH 4〜5(抽出可): 1.8×10⁻³ mol L⁻¹ C●
Fe²⁺	pH 4〜8: 5×10⁻³ mol L⁻¹ CCl₄	Te⁴⁺	1 mol L⁻¹ HCl〜pH 8: 1.8×10⁻³ mol L⁻¹ C●
Fe³⁺	pH 4〜8: 5×10⁻³ mol L⁻¹ CCl₄	Tl⁺	pH 5〜12: 5×10⁻³ mol L⁻¹ C●
Ga³⁺	pH 5〜6: 1.8×10⁻³ mol L⁻¹ CCl₄	Tl³⁺	1 mol L⁻¹ HCl〜pH 12(90 % 抽出): 5×10⁻³ mol L⁻¹ CC●
Hg²⁺	6 mol L⁻¹ HCl〜pH 12: 5×10⁻³ mol L⁻¹ CCl₄	U⁶⁺	pH 7〜8: 1.8×10⁻³ mol L⁻¹ CHC●
In³⁺	0.5 mol L⁻¹ HCl〜pH 9: 1.8×10⁻³ mol L⁻¹ CCl₄	V⁵⁺	pH 4〜5: 5×10⁻³ mol L⁻¹ C●
Mn²⁺	pH 5〜9: 5×10⁻³ mol L⁻¹ CCl₄	Zn²⁺	pH 3〜12: 5×10⁻³ mol L⁻¹ C●
Mo⁶⁺	1 mol L⁻¹ HCl〜pH 4: 1.8×10⁻³ mol L⁻¹ CCl₄-1-ペンタノール(4:1)		

5) 金属ハロゲン化物の抽出

TBP（100 %）-HCl（6 mol L^{-1}）系における抽出例
（$D \geqq 10^{-2}$ の元素は D の大きいものから順に配列）

ほぼ定量的に抽出される元素 $D \geqq 10^2$	Au, Tl^{III}, Fe^{III}, Ga, Np^{VI}, Sb, Te^{IV}, Pa, Nb, Ta, Mo, In, W
中間領域 $10^2 > D \geqq 10^0$ の元素	Tc, U^{VI}, Ge, Hg, V, As^{III}, Zn, Os, Zr, Np^{IV}, Sc, Sn^{II}, Pd, Co, Pt, Cd
$10^0 > D \geqq 10^{-2}$	Cu, Hf, Ag, Bi, Se^{IV}, Se^{VI}, Ru, Pb, Np^V, Tl^I, Ti, Te^{VI}, Ir, Mn, Th, K
抽出されない元素 $D < 10^{-2}$	Ca, Mg, Cs, Rb, Na, La, Ni, Y, Cr, Ce^{III}, Ba, Sr, Al, Ra

5 % TOPO-トルエン-HCl（4 mol L^{-1}）系における抽出例
（$D \geqq 10^{-2}$ 以上の元素は D の大きいものから順に配列）

ほぼ定量的に抽出される元素 $D \geqq 10^2$	Au, U^{VI}, Ga, Mo, Tc, Zn, Sn, Zr
中間領域 $10^2 > D \geqq 10^0$ の元素	Nb, In, Hg, Os, Sc, Re, Fe, Pt, W, Th, Pa, Pd, Sb^{III}
$10^0 > D \geqq 10^{-2}$	V, Bi, As^{III}, Hf, Cu, Ta, Tl, Ru, Ti, As^V, Co, Se, Mg, Mn, Pb
抽出されない元素 $D < 10^{-2}$	Lu, Ir, Al, Ra, Dy, K, Eu, Y, Ce, Cr, Pr, Ca, Ba, Tm, Ni, Sr

0.20 mol L^{-1} Amberlite LA-1（N-ドデシニルアルキルメチルアミン）-キシレン-HCl（4 mol L^{-1}）系における抽出例（$D \geqq 10^{-2}$ 以上の元素は D の大きいものから順に配列）

ほぼ定量的に抽出される元素 $D \geqq 10^2$	Au, Ga, Re
中間領域 $10^2 > D \geqq 10^0$ の元素	Tc, Cd, Hg^{II}, Fe^{III}, Sn^{IV}, Pt, Os, Te^{IV}, W, Zn, In, Ag, Bi, Pd^{II}
$10^0 > D \geqq 10^{-2}$	V, Mo, Sb^{III}, Tl^I, Pb, Se^{IV}, Cu, Pa, Ru, Ge, Co, Ir, Nb, As^{III}, Ta, Ra
抽出されない元素 $D < 10^{-2}$	Ti, Zr, Y, Al, Mn, Np^{IV}, Lu, Ni, Mg, Hf, Tb, Ce^{III}, Ca, Ba, Na, Sc, La, As^V, Eu, Pm, K, Pr, Cs, Sr

TBP：リン酸トリブチル，TOPO：トリオクチルホスフィンオキシド．

・2　有機分析のための前処理

有機分析としての対象は多種多様であり，また媒体が異なれば分析法も異なる場合が多い．まず，対象物質の物理・化学的性質（物性）の調査，既存分析法の調査，検出方法・分離法の決定，試料採取方法・抽出・前処理方法の確立，実試料による検証などから分析法を構成される．特に対象物質のオクタノール／水分配係数 log P_{ow}（log K_{ow}）や極性，分子量などが重要な鍵となる．

・2・1　有機分析のための主な前処理操作法

兼々な試料の分析で，正確で精度の高い分析値を得るには前処理が非常に重要である．前処理の目的は，試料中の妨害物質の除去と分析種の濃縮であり，主にクロマトグラフィー的手法による分離精製が行われている．極微量の有害物質分析においては高性能の分析機器の性能を維持するためにも前処理が重要となる．特に LC／MS 分析では移動相に可溶な成

分はすべてイオン源に入るため夾雑成分の除去が不十分な場合は，イオン源および検出系の汚染やイオン化抑制による分析感度および精度の低下が生じる可能性がある．

操　作　法	用いる器具，手法など
乾　燥	風乾，熱風乾燥，減圧乾燥，真空乾燥，凍結乾燥
濃縮，蒸留	ロータリーエバポレーター，ガラスチューブオーブン，ミクロ蒸留，透析
粉砕，ホモジナイズ	乳鉢，ボールミル，凍結粉砕，ホモジナイザー
溶　解	加温，マイクロ波，超音波
ろ　過	ろ紙，ガラスフィルター，メンブランフィルター，限外ろ過
固-液分離	遠心分離，超遠心分離
抽　出	液-液溶媒抽出，固-液抽出，固相抽出，超臨界流体抽出（SFE），高速溶媒抽出（ASE），マイクロ波溶媒抽出，ソックスレー抽出，固相マイクロ抽出（SPME）
精製，クロマトグラフィー	カラムクロマトグラフィー，薄層クロマトグラフィー，イオン交換クロマトグラフィー，汎用カートリッジ型
分　解	化学分解，熱分解，低温灰化，加水分解
誘導体化	メチル化，トリメチルシリル（TMS）化，アセチル化，光誘導体化

4・2・2　樹脂の溶解性

a. 主な合成樹脂の性質と用途

名　称	変形温度 ℃	耐熱（連続） ℃	耐薬品性	その他
シリコーン樹脂[*1]	>482	>316	酸・アルカリ・有機溶剤には強くない	高・低温に耐え電気絶縁性・はっ水性良好．シリコーンゴムなど
ポリエチレン[*2] 低密度 (LDPE)	38～50	82～100	極めて良好．60 ℃以下の有機溶剤にはほとんど侵されない（温トリクロロエチレン×）．酸化性酸にはやや侵される．	柔軟・水より軽く耐薬品性・電気絶縁性良好．接着困難で溶接が必要
高密度 (HDPE)	60～88	121	低密度と同様で有機溶剤には一層強く80 ℃以下ではほとんど侵されない	低密度と同様であるが硬く機械的強度大．耐熱性も向上
ポリプロピレン[*2] (PP)	110～120	121～160	極めて良好．80 ℃以下の有機溶剤にはほとんど侵されない（キシレンなど×）．酸化性酸にはやや侵される	ポリエチレンより耐熱性よくオートクレーブ処理可能．接着困難で溶接が必要

名　称	変形温度 ℃	耐熱(連続) ℃	耐薬品性	その他
化ビニル樹脂*2 (VC)	57〜82	66〜79	酸・アルカリには極めて強いが，ケトン・エステルに侵され，芳香族炭化水素で膨潤（硬質）	可塑剤の少ない硬質から多量に含む軟質まである．安定剤の重金属に注意
化ビニリデン脂*2 (PVDC)	54〜66	71〜93	塩化ビニル樹脂よりも有機溶剤に強い	ガスバリヤー性に優れる．フィルム，網など
リカーボネート*2 (PC)	140〜155	135	強アルカリ・酸化性酸に侵される．芳香族および塩素化炭化水素に溶解	耐衝撃強度大．オートクレーブ処理可能
リアミド樹脂*2 (A)	150〜180	120〜150	ギ酸，フェノールに可溶．強酸で加水分解するがアルカリには強い	ナイロン6，66など．耐油性，吸水により物性，寸法変化
ッ素樹脂*2 リテトラフルオロエチレン (TFE)	126	290	最も耐薬品性に優れている	テフロン™成形困難で溶剤がほとんどなく接着も困難．機械的強度低
リクロロトリフ オロエチレン (CTFE)	121	177〜199	ポリテトラフルオロエチレンより若干劣り有機ハロゲン化物で少し膨潤	弾性あり機械的性質はポリテトラフルオロエチレンより良好．Kel-F®
タクリル樹脂*2 (MMA)	74〜107	60〜88	強アルカリ・高濃度酸化性酸に侵され，ケトン・エステル・芳香族および塩素化炭化水素に溶解	透明性大．強度大．アクリルなど
リエステル樹脂*2 (PET, PBT)	150		強酸・強アルカリ・ケトン・塩素化溶剤に弱い	マイラーフィルムなど．強度大
フェノール樹脂*1	分解開始温度 180		アルカリ・酸化性酸に弱い	強度大．素材により耐熱温度〜200 ℃．ベークライトなど
リメチルペンテ *2 (PMP)	90	121〜160	ポリプロピレンにほぼ近い耐薬品性	透明性が高い，その他の諸物性はポリプロピレンに近い
リスチレン*2 (PS)	87	66〜77	強酸・強アルカリにはかなり強いが，多くの有機溶媒に侵され溶解する	一般用（GPPS）は透明性・寸法安定性などに優れるが，耐衝撃性が低く脆いブタジエンを共重合した樹脂（HIPS，ABS 樹脂など）は耐衝撃性が改善（透明性は低下）

名　称	変形温度 ℃	耐熱(連続) ℃	耐薬品性	その他
ポリエーテルエーテルケトン*2 (PEEK)	315	260	濃硫酸，硝酸と一部の有機薬以外には高い耐薬品性をもつ．耐熱水性にも優れる	高耐熱性・高耐薬性に加えて非常に優れた機械的強度，摩耗性，摺動性，燃性

*1 熱硬化性．*2 熱可塑性．

b. 高分子（ポリマー）の溶解・膨潤一覧表（代表的ポリマー）

ポリマー名称	溶　剤
アセチレン	イソプロピルアミン，アニリン
アクリルアミド	モルホリン，水
アクリル酸エステル	芳香族炭化水素類，塩素化炭化水素類，テトラヒドロフラン（THF），エステル，ケトン類
アクリル酸	アルコール，水，アルカリ水溶液希薄
アクリロニトリル	フェニレンジアミン，エチレンカーボネート，硫酸
アルキルビニルエーテル	ベンゼン，ハロゲン化炭化水素，メチルエチルケトン（MEK）
アミド酸	ジメチルホルムアミド（DMF），ジメチルスルホキシド（DMSO），テトラメチル尿素
アリールスルホン酸塩	DMF
ブタジエン	炭化水素，THF，より高いケトン
ε-カプロラクタム(ナイロン6)	m-クレゾール，フェノール，ギ酸
セルロース	トリフルオロ酢酸，カプリエチレンジアミンの水溶液
セルロースエーテル	アルカリ水溶液
三酢酸セルロース	塩化メチレン，THF，エチレンカーボネート
クロロプレン	ベンゼン，塩素化炭化水素，ピリジン
エチレン	80℃以上：ハロゲン化炭化水素，高級脂肪族エステルおよびケトン類
エチレンフタルアミド	硫酸
エチレンテレフタレート	トリクロロアセトアルデヒド水和物，フェノール，クロロフェノール
エチレンオキシド	クロロホルム，アルコール，エステル
ホルムアルデヒド	高温時：フェノール，アニリン，エチレンカーボネート
ヘキサメチレンアジパミド(ナイロン66)	トリクロロエタノール，フェノール，硫酸
イソブテン	塩素化炭化水素，THF，脂肪族エーテル
イソプレン	炭化水素，THF，高級ケトン
乳酸	クロロホルム，ジオキサン
無水マレイン酸	ジオキサン，エーテル類，ケトン類
メタクリレートエステル	ベンゼン，塩化メチレン，MEK
メタクリル酸	アルコール類，水，希水酸化ナトリウム水溶液
1,4-フェニレンエチレン	ビフェニル，フェニルエーテル
フェニレンスルホン	塩化メチレン，DMSO
フェニルグリシジルエーテル	キシレン（高温），1,2-ジクロロベンゼン（高温）

ポリマー名称	溶　剤
ロピレン	80 °C 以上：ハロゲン化炭化水素，高級脂肪族エステルおよびケトン類
ロピレンオキシド	ベンゼン，クロロホルム，エタノール
ロメリトイミド	m-クレゾール，濃硫酸
ロキサン	芳香族および塩素化炭化水素，エステル
チレン	ベンゼン，塩素化脂肪族炭化水素，MEK，酢酸エチル
トラフルオロエチレン	ペルフルオロケロシン（350 °C）
オフェニレン	ビフェニル，ジクロロビフェニル
素	フェノール，m-クレゾール，ギ酸
レタン	フェノール，m-クレゾール，ギ酸
ニルアセタール	ベンゼン，クロロホルム，THF
酸ビニル	トルエン，クロロホルム，メタノール
ニルアルコール	グリコール（高温），水，ピペラジン
ニルブチラル	塩化メチレン，アルコール類，ケトン類
化ビニル	THF，メチルエチルケトン
ニルカルバゾール	クロロホルム，クロロベンゼン，ジオキサン
化ビニリデン	トリクロロエタン，THF（高温）
ッ化ビニリデン	シクロヘキサノン，エチレンカーボネート
ビニルピロリドン	クロロホルム，エタノール，ピリジン

[プラスチック素材辞典，https://www.plastics-material.com/]

・2・3　固相抽出・溶媒抽出

a. 溶媒抽出

複雑な試料マトリックスから目的とする分析種を抽出する方法で，固体試料から分析種を□媒中に抽出する方法と，相互に混ざり合わない2種の溶媒での分析種の分配の差に基づい□分離・抽出する液-液溶出法がある．後者は主に水試料からの非水溶性の有機溶媒による液-□振とう抽出法がある．分配係数が小さくて高い抽出効率が期待できない場合には，分配係数□高くする方法として別の分配係数の高い溶媒の選択，pH を変化させる，塩析効果を使□イオン対試薬を使う，誘導体化を行うなどの方法がある．

b. 固相抽出

液体と不溶性の固相で構成され，分析種の固相への親和力を利用して気体，液体中の化学□を抽出する方法で，液-液抽出に代わる抽出法として広く普及した．この方法は抽出目的□ほか，共存物質の除去，濃縮，精製にも利用される．
操作工程は，コンディショニング，試料負荷，洗浄，脱離（溶出），濃縮からなる．一般□，固相抽出剤に抽出・濃縮された成分を溶離液を用いて溶出後，その溶出液を必要に応じ□濃縮し測定溶液とする．一方，無機イオンや有機陰イオンなどイオン性化学種の測定では□の逆の方法で，疎水性物質を固相抽出剤に捕捉して除去し，固相を通過した試料溶液を測□溶液とする．

(1)　固相抽出法と液-液抽出法の比較

	固相抽出法	液-液抽出法
選択性	様々な固相が選択可能 逆相，順相，イオン交換，ミックス	溶媒の選択制限（2層に混じり合わないなど）

71

	固相抽出法	液-液抽出法
溶媒抽出	抽出液量が少なく，濃縮効果が期待できる	抽出液量が多い．溶媒の濃縮が必要
操　作	エマルションを形成しない 操作が簡便，自動化可能	エマルションを形成 操作が煩雑 抽出液の濃縮が必要
夾雑成分の除去	適切な固相の選択で精製効果もある	精製効果はない（抽出されるマトリックス成分の影響）

（2）　代表的な固相の種類

固相/相互作用	固　相
疎水性固相/ 疎水性相互作用	オクタデシル（C_{18}）基，オクチル（C_8）基，エチル（C_2）基，シクロヘキシル基，フェニル基，環状アミン，環状ケトンなど；シリカゲル材に C_{18} 基，C_8 基，フェニル基などを化学修飾した固相 ポリマー固相（スチレン，スチレン-ジビニルベンゼン，エチルビニルベンゼン-ジビニルベンゼンなど疎水性が高いポリマー，ビニルピロリドン，ビニルピリジン，エチレングリコールジメタクリレートなど極基を導入したポリマー） 活性炭系（グラファイト，カーボンモレキュラーシーブ，活性炭）
極性固相/ 極性相互作用	非イオン性固相（シリカゲル，ケイ酸マグネシウム（フロリジル），ルミナ）；水溶液中の化学種には適さず疎水性溶媒中の極性化学種の集，精製に使用
疎水性相互作用 /極性相互作用	シアノプロピル基，ジオール基などを化学修飾した固相
イオン交換系固相 /イオン交換相互 作用	陽イオン交換 エチレンジアミン-N-プロピル，カルボキシメチル，スルホニルプロル，プロピレンベンゼンスルホニル 陰イオン交換 アミノプロピル，ジエチルアミノプロピル，トリメチルアミノプロピ

　分配型の固相は水溶性の高い高極性物質の抽出には適さないが，最近では親油性のジビルベンゼンに親水性の N-ビニルピロリドンを共重合させて低極性から高極性物質まで幅広い化学物質の抽出に適した固相（Oasis HLB など）が開発され，適用範囲が広くなった。さらにイオン交換を導入したミックスモード固相（Oasis MCX，MAX など）が開発され，低極性から高極性のイオン性物質まで選択的に抽出することが可能となっている。

c.　殺虫剤，除草剤，可塑剤なのどの log P 値（1-オクタノール/水間の分配定数）

化合物名	log P	化合物名	log P
DDT	6.91	マラチオン	2.36
DDT 代謝物	6.0〜6.5	2,4,5-T	3.31
アルドリン	6.5	2,4-D	2.81
エンドリン	5.2	シマジン	2.18
ディルドリン	5.4	ニトロフェン	4.64
ヘプタクロル	6.1	ヘキサクロロベンゼン	5.73

化合物名	log P	化合物名	log P
スフェノール A	3.31	2,3,7,8-TCDD（テトラクロロジベンゾ-p-ジオキシン）	6.80
タル酸ジエチル	2.47	17β-エストラジオール（女性ホルモン）	3.32
タル酸ジ-2-エチルヘキシル	7.6	テストステロン（男性ホルモン）	4.01
タル酸ブチルベンジル	4.91		
ノニルフェノール	3.28		

属イオンの溶媒抽出平衡データは，溶媒抽出データベース SEDATA (http://sedatant.chem. saka-u.ac.jp) を参照．

ダイオキシン類・PCB 分析に用いられるクリーンアップ手法

クリーンアップ手法の例	主たる除去目的など
MSO/ヘキサン分配	油状試料からの芳香族化合物の選択的抽出と油の除去，脂肪族炭化水素，脂環式炭化水素
酸処理（液-液洗浄，H$_2$SO$_4$/シリカル）	大部分のマトリックスの分解除去，着色物質，PAHs（多環芳香族化合物） 不飽和炭化水素，フタル酸エステル，一部の有機塩素化合物
ルカリ処理（液-液洗浄，KOH/シリゲル）	フェノール類，酸性物質，脂質，タンパク質，単体硫黄
gNO$_3$/シリカゲル，AgO$_2$/シリカ，性化銅	含硫黄化合物（S$_8$），DDE（ジクロロジフェニルジクロロエチレン），脂肪族炭化水素類
リカゲルカラムクロマトグラフィー	強極性物質，着色物質，有機塩素系農薬
ルミナ（あるいはフロリジル）カラムロマトグラフィー	低極性物質，PCDDs（ポリクロロジベンゾ-p-ジオキシン），PCDFs（ポリクロロジベンゾフラン），有機塩素系農薬
ロリジルドライカラムクロマトグラフィー	アスファルテン，樹脂，高分子物質
性炭カラムクロマトグラフィー	平面構造化合物（異性体）の選択的分取
PLC（順相，逆相，GPC） 孔質グラファイトカーボン（PGC），YE，NPE など	高精度のクリーンアップ，分取

高菅卓三（中村洋 監修），"実務に役立つ 食品分析の前処理と実際"，日刊工業新聞社 20)，p. 203；高菅卓三（日本化学会 編），"第 5 版 実験化学講座 20-2 環境化学"，丸善（2007)，19]

e. イオン交換

1） 代表的なイオン交換樹脂

	陽イオン交換樹脂		陰イオン交換樹脂	
	強酸性	弱酸性	強塩基性	弱塩基性
換基	−SO$_3^-$	−COO$^-$	−CH$_2$N$^+$(CH$_3$)$_3$[*1]， −N$^+$(CH$_3$)$_2$(C$_2$H$_4$OH)[*2]	−N$^+$HR$_2$， ポリアミンなど
用 pH 範囲	0〜14	5〜14	0〜14	0〜7

	陽イオン交換樹脂		陰イオン交換樹脂	
	強酸性	弱酸性	強塩基性	弱塩基性
交換容量 $\{$ /meq mL^{-1}	2	2.5~4	1.1~1.4 ~3.5	1.1~1.6
/meq g^{-1}	4~5	~10		
耐用温度/℃	120	120	40~60 (OH 形) 80 (Cl 形)	60~100

市販品	ゲル型	ゲル型	ゲル型	ゲル型
(注) *1 I 型，*2 II 型， *3 SK 1 B は架橋度 8％標準品，末尾 2 桁が架橋度（DVB ％）．*4 120 B 架橋 度 8％，118（H）約 4.5，122 約 10％． *5 CG は分析用． *6 X は架橋度． *7 Bio-Rex 系は非 ポリスチレン樹脂． *8 マクロポーラス 型．*9 末尾 2 桁の 1/2 が架橋度．*10 ポリアミン．	Diaion SK 1 B, 104, 110, 112, 116*3 な ど Amberlite IR-120 B, 118(H), 122*4 ； CG-120*5 など Dowex 50 W, $X=$ 1~16*6 Bio-Rad AG 50 W, $X=1$~16*6 Muromac AG 50 W, $X=1$~16*6	Diaion WK 10, 11 Dowex CCR-2 Bio-Rex 70*7	Diaion SA 10 A, 11 A, 12 A*1, 20 A, 21 A*2 Amberlite IRA- 400, 440B；CG- 400 など*1, *5； IRA-410*2 Dowex 1*1，$X=$ 1~8*6；11*1； 2*2，$X=4$~8*6 その他†	Amberlite IRA-9 Dowex WGR Bio-Rad AG 3-X Muromac WGR
	MR 型*8	MR 型*8	MR 型*8	MR 型*8
	Diaion PK 208, 216, 228 など*9 Amberlite 252, 200 C など Dowex MSC-1 Bio-Rad AG MP-50 Muromac MSC-1	Diaion WK 20 Amberlite IRC-50 Dowex MWC-1	Diaion PA 306, 308, 316, 318 な ど*1, *9，408, 416, 418 など*2, *9 Amberlite IRA- 900*1 その他‡	Diaion WA 20, 21*10；WA 3 Amberlite IRA-9 Dowex MWA

(1) キレート樹脂［$-N(CH_2COONa)_2$］として Diaion CR-10, Amberlite IRC-718*
Dowex A-1, Bio-Rad Chelex 100, Muromac A-1 などがある．

(2) Bio-Rad AG-1*1, Muromac 1*1, Bio-Rad AG-2*2, Muromac 2*2.

(3) Dowex MSA-1*1, Bio-Rad MP-1*1, Muromac MSA-1*1. Diaion：三菱ケミカ／
Dowex：Dow Chemical Co., Bio-Rad：Bio-Rad Laboratories, Muromac：室町ケ三
ル（Bio-Rad, Muromac は Dowex 樹脂を精製したもの）．

（2） その他のイオン交換樹脂

	種類（官能基）	形 状	使用 pH	交換容量 meq g^{-1}	特性・用途
*1 セ ル ロ ー ス 系	陽イオン交換体 カルボキシメチル				
	CM 32	膨潤微顆粒	3~10	0.90~1.15	生体高分子の分離．荷重容量大
	CM 32	乾燥微顆粒	3~10	0.90~1.15	活性化の後は CM 52 に類似の性
	CM 23	乾燥繊維	3~10	0.55~1.15	陽電荷の生体高分子に高い結合ノ
	オルトリン酸				
	P 1	乾燥繊維	3~10	3.2(pH≤7)	バッチ分離用
	P 11	乾燥繊維	3~10	5.3(pH≥7)	カラム分離用
	陰イオン交換体 ジエチルアミノエチル				
	DE 51	膨潤微顆粒	2~9	0.20~0.25	除電荷の高い生化学物質の分離
	DE 52	膨潤微顆粒	2~9.5	0.88~1.08	生体高分子全般の分離

種類（官能基）	形　状	使用 pH	交換容量 meq g⁻¹	特性・用途
DE 53	膨潤微顆粒	2〜12	1.80〜2.20	一部第四級アンモニウム基を含む 活性化した後は DE 52 と類似の性能 陰イオン性生体高分子に適
DE 32	乾燥微顆粒	2〜9.5	0.88〜1.08	
DE 23	乾燥繊維	2〜9.5	0.88〜1.08	

種　類	官能基	総交換容量 μmol mL⁻¹	特性・用途
DEAE Sephadex A-25	ジエチルアミノエチル	500	架橋デキストラン Sephadex G-25 または同 G-50 に解離基を導入したもの. 親水性で非特異的吸着が少なく, 生体高分子に適. 分子量 (MW)<3万および MW>10万では A(C)-25 タイプ, 3万<MW<10万では A(C)-50 タイプが高い 有効交換容量を示す
A-50		175	
QAE Sephadex A-25	ジエチル(2-ヒドロキシプロピル)アミノエチル	500	
A-50		100	
CM Sephadex C-25	カルボキシメチル	550	
C-50		170	
SP Sephadex C-25	スルホプロピル	300	
C-50		90	

種　類	官能基	総交換容量 μmol mL⁻¹	特性・用途
DEAE Sepharose CL-6 B	ジエチルアミノエチル	130〜170	CL-6 B タイプは大網目構造の大型ビーズ状. 架橋度を高めた物理的化学的に安定な FF タイプは高流速で使用でき, 工業プロセスに適す. HP タイプは粒径が小さく形が均一で, カラム効率が高い
CM Sepharose CL-6 B	カルボキシメチル	100〜140	
DEAE Sepharose Fast Flow	ジエチルアミノエチル	110〜160	
CM Sepharose Fast Flow	カルボキシメチル	90〜130	
Q Sepharose Fast Flow	$-CH_2-N^+(CH_3)_3$	180〜250	
S Sepharose Fast Flow	$-CH_2-SO_3^-$	180〜250	
Q Sepharose High Perfomance	$-CH_2-N^+(CH_3)_3$	140〜200	
S Sepharose High Perfomance	$-CH_2-SO_3^-$	140〜200	

*1　ワットマン． *2　ファルマシア．

5 定性・簡易分析

5・1 陽イオンの系統的分析 (➡ QR コード)

5・2 陰イオンの分析

陰イオンは QR コードに示した塩化バリウムおよび硝酸銀との反応の差異を利用すると、ある程度の分属操作が可能であるが、分属後もイオン各個の確認反応が必要である。またイオンによっては原試料について確認反応を行う。

5・3 炎色反応

試料を塩化物または硝酸塩とした方がよい。白金線、グーチ用アスベストなどにつけて（あるいは霧状として）炎の外側、高さ 1/3 以下のところに乾かしながら近づける。揮発の大なるものから呈色（Na≫Ca, Li≫Sr）。H_2SO_4 共存ではさらに差がつきやすい（Tl Cu≫Ba）。(➡ QR コード)

5・4 簡易分析・試験紙法

目視比色分析法は、現場分析にも適した簡易検査技術として産業分野や臨床分野をはじめ広く活用されている。調合された発色試薬を備え、現地ですぐに使用できるよう工夫された検査器具が市販されている。

a. 器 具 形 態

種　類	特　徴	検　出
試験紙	ろ紙に試薬が担持されており、試料水に浸して用いる	標準色列の目視比較、また反射率や光度の測
液体試薬	試薬溶液を試料水に滴下して用いる。比色法のほか、ビュレットの代用として点眼容器やシリンジを用いた簡易滴定法にも適用できる	
錠剤・分包試薬	1 回分の試薬を錠剤または粉末として分包されており、所定量の試料水に投入して用いる	
溶液比色管（パックテストなど）	比色管をかねた可撓性樹脂容器やガラスアンプルに試薬が封入されており、試料水を吸入して用いる	

発色試薬には pH 調整剤や妨害成分のマスキング剤が添加されている場合が多い。前処理や複数の操作段数が必要な場合がある。

b. 水質検査用 (簡易水質検査キット)

2・6 節「無機分析用有機試薬」に記載のある試薬は〔 〕に番号を示す。

76

項	測定項目	発色試薬の例（一部略称を用いた）
	pH	メチルレッド，ブロモクレゾールグリーン，ブロモチモールブルー，チモールブルー，フェノールフタレイン
	全アルカリ度(炭酸塩硬度)	メチルレッド，ブロモクレゾールグリーン
	全硬度	エリオクロムブラック T，フタレインコンプレクソン (PC)，クロロホスナゾ III，カルマガイト
	カルシウム	HSNN，PC，グリオキサルビス(2-ヒドロキシアニル)
	マグネシウム	チタンイエロー，キシリジルブルー
	カリウム	ジピクリルアミン，テトラフェニルホウ酸 Na
	塩化物	AgNO₃，AgNO₃+フルオレセイン〔31〕，Ag₂CrO₄，Hg(SCN)₂+Fe(III)塩，Hg(NO₃)₂+ジフェニルカルバゾン
	硫 酸	BaCl₂，トリン-Ba 錯体，KMnO₄+BaCl₂+還元剤
	ケイ酸（シリカ）	Mo(VI)塩，Mo(VI)塩+還元剤
	COD	KMnO₄，K₂Cr₂O₇
	溶存酸素	インジゴカルミン，MnSO₄
	銀	1,10-フェナントロリン+テトラブロモフルオレセイン，カジオン 2B
	アルミニウム	エリオクロムシアニン R，クロムアズロール S〔8〕，アルミノン
	金	ローダミン B〔36〕
	カドミウム	ジチゾン〔12〕，カジオン，5-Br-PAPS
	コバルト	SCN⁻塩，1-(2-ピリジルアゾ)-2-ナフトール (PAN)〔27〕，5-Cl-PADAB
	クロム(VI)	ジフェニルカルバジド〔13〕〔酸化前処理により Cr(III, VI) が測定可〕
	銅(I)	バソクプロイン，クプロイン，ビシンコニン酸塩〔還元剤の添加で Cu(I, II) が測定可〕
	銅(II)	ジエチルジチオカルバミン酸 Na〔10〕，クプリゾン
	鉄(II)	1,10-フェナントロリン，バソフェナントロリン〔26〕，2,2'-ビピリジン，フェロジン〔還元剤の添加で Fe(II, III) が測定可〕
	鉄(III)	スルホサリチル酸
	マンガン	KIO₄，ホルムアルドキシム，PAN〔27〕
	モリブデン	ジチオール，チオグリコール酸，カテコール誘導体
	ニッケル	ジメチルグリオキシム〔14〕，ニオキシム，PAN〔27〕
	鉛	ピリジルアゾレゾルシノール〔28〕，ジチゾン〔12〕，ロジゾン酸
	ス ズ	ジチオール，フェニルフルオロン〔30〕
	亜 鉛	ジチゾン〔12〕，ジンコン〔15〕，PAN〔27〕，5-Br-PAPS

分類	測定項目	発色試薬の例（一部略称を用いた）
栄養塩	アンモニウム	塩素化剤＋フェノール誘導体，HgI₂＋KI，NH₃透過＋pH指示薬
	亜硝酸	芳香族アミン＋ナフチルエチレンジアミン〔20〕
	硝酸	還元剤＋芳香族アミン＋ナフチルエチレンジアミン〔20〕
	無機態窒素	還元剤＋塩素化剤＋フェノール誘導体
	リン酸	Mo(VI)塩＋還元剤，プリンヌクレオシドホスホリラーゼ＋キサンチンオキシダーゼ＋ペルオキシダーゼ＋色体*
有害成分	シアン	塩素化剤＋ピリジン誘導体＋ピラゾロン誘導体/バルツール酸誘導体，ピクリン酸塩
	セレン	ジアミノベンジジン〔9〕
	ヒ素	還元剤（気化分離）＋HgCl₂，Mo(VI)塩＋還元剤
	フェノール類	4-アミノアンチピリン，4-ニトロアニリン
	フッ素（フッ化物）	La-アリザリンコンプレクソン〔2〕，SPANDS-Zr体
	ホウ素（ホウ酸）	アゾメチンH，クルクミン〔7〕
	ホルムアルデヒド	MBTH，AHMT，クロモトロープ酸
消毒剤	遊離残留塩素	ジエチル-p-フェニレンジアミン（DPD），シリンガダジン，テトラメチルベンジジン，スルホベンジルトジン
	総残留塩素	KI，DPD＋KI，ミヒラーチオケトン
	過酢酸	KI，芳香族アミン，フェノール誘導体
	過酸化水素	KI，ペルオキシダーゼ＋色原体*
	二酸化塩素	グリシン＋DPD
	オゾン	インジゴトリスルホン酸K，ペルオキシダーゼ＋色原
その他	陰イオン界面活性剤	メチレンブルー〔34〕，クリスタルバイオレット
	陽イオン界面活性剤	ブロモフェノールブルー，エリオクロムシアニンR-A錯体
	非イオン界面活性剤	テトラブロモフェノールフタレインエチルエステル
	亜硫酸	HIO₃，ジチオビスニトロ安息香酸，K₄Fe(CN)₆，ZnSO₄＋ニトロプルシドNa
	ヒドラジン	4-ジメチルアミノベンズアルデヒド
	硫化物	FeCl₃＋ジメチル-p-フェニレンジアミン
	アスコルビン酸	モリブドリン酸
	エタノール	アルコールオキシダーゼ＋ペルオキシダーゼ＋色原体*
	EDTA	Bi塩＋キシレノールオレンジ〔6〕

* 色原体（クロモゲン）：o-トリジン，テトラメチルベンジジン，KI，4-アミノアンチピリン＋Trinder試薬など.

測定項目	測定原理	発色試薬の例
レコース（尿糖）	酵素法	グルコースオキシダーゼ＋ペルオキシダーゼ＋色原体*
トン体	ニトロプルシド Na 法	ニトロプルシド Na
	pH 指示薬法	メチルレッド＋ブロモチモールブルー
ンパク質	pH 指示薬のタンパク誤差法	テトラブロモフェノールブルー
モグロビン（尿潜血）	ペルオキシダーゼ活性測定法	クメンヒドロペルオキシド＋色原体*
硝酸塩（細菌尿）	Griess 法	芳香族アミン＋ナフチルエチレンジアミン〔20〕
重（尿中陽イオン）	陽イオン抽出法	H$^+$ 型高分子電解質＋ブロモチモールブルー
	メタクロマジー法	メチレンブルー〔34〕＋デキストラン硫酸 Na
リルビン	ジアゾカップリング法	ジアゾニウム塩
ロビリノーゲン	ジアゾカップリング法	ジアゾニウム塩
	Ehrlich 法	4-ジエチルアミノベンズアルデヒド
血球	エステラーゼ活性測定法	3-(N-トルエンスルホニル-L-アラニロキシ)-インドール＋ジアゾニウム塩

* 色原体（クロモゲン）：o-トリジン，テトラメチルベンジジン，KI，4-アミノアンチピリ＋Trinder 試薬など．

考文献
.）太田宜秀，ぶんせき，2001，661．
2）金子恵美子，磯江準一，ぶんせき，2002，360．
3）金井正光 監修，"臨床検査法提要"，改訂第 34 版，金原出版（2015）．
4）水質検査器具の製品一覧は，各製造元のカタログまたは Web サイトより閲覧できる．

・5 有機化合物の官能基分析：有機定性分析に用いる 簡易な呈色反応

官能基	反　応	備　考
ジド（−N$_3$)	アルカリ加水分解により生成する N$_3^-$ を Fe^{3+} によって鉄アジドに導き検出	赤色
アゾニオ（−N$^+$≡N)	ArN$^+$≡NX$^-$ ＋ （2-ナフトール OH） ⟶ （N=NAr，OH ＋ HX）	芳香族ジアゾニウム塩が被分析物質．赤橙〜赤色

官能基	反 応	備 考
アミド (−CO−N=)	$R-\underset{\underset{O}{\parallel}}{C}NH_2 + NH_2OH \longrightarrow R-\underset{\underset{O}{\parallel}}{C}NHOH + NH_3$ $R-\underset{\underset{O}{\parallel}}{C}NHOH \xrightarrow{Fe^{3+}} [R-\underset{\underset{O}{\parallel}}{C}NHO^-]_3 \cdot Fe^{3+}$	赤紫色
アミノ (=NH, −NH₂)	$R-NH_2 + F-\overset{NO_2}{\underset{}{\bigcirc}}-NO_2 \longrightarrow$ $R-HN-\overset{NO_2}{\underset{}{\bigcirc}}-NO_2 + HF$	黄色
アミノ (第三級, 第四級)	ドラーゲンドルフ試液中の BiI_4^- が，アミノ基など と錯形成して呈色	橙色　T
アルキニル (−C≡C−)	アンモニア性 Cu(I) イオンによって，アセチレンは 赤褐色，メチルアセチレンは黄色，ジアセチレンは赤 紫色，ビニルアセチレンは黄緑色に呈色	化合物によっ 発色が異なる
アルケニル (−HC=CH−)	$\overset{}{\underset{}{>}}C=C\overset{}{\underset{}{<}} \xrightarrow{CH_3COOH} \overset{}{\underset{}{>}}C(OH)-C\overset{}{\underset{OCOCH_3}{<}} \xrightarrow{NH_2OH}$ $\overset{}{\underset{}{>}}C(OH)-C\overset{}{\underset{OH}{<}} + CH_3CONHOH$ 生成するヒドロキサム酸を Fe^{3+} キレートにする	赤紫色
イソシアナト (−N=C=O)	NH_2OH でヒドロキサム酸とし，Fe^{3+} キレートによ る呈色	赤紫色
イソチオシアナト (−N=C=S)	$R-NCS + 3H_2 \longrightarrow R-NHCH_3 + H_2S$	H_2S の黒色
ウレイド (−NH−CO−NH₂)	$R-NH\underset{\underset{O}{\parallel}}{C}NH_2 + 2\overset{NHNH_2}{\underset{}{\bigcirc}} \longrightarrow$ $\bigcirc-NHNH\underset{\underset{O}{\parallel}}{C}NHNH-\bigcirc + NH_3 + R-NH_2$ 生成するカルバジドを $Ni(II)$ キレートにする	紫色
カルボキシ (−COOH)	$R-COOH \xrightarrow{NH_2OH}{DCC} R-CONHOH \xrightarrow{FeCl_3}{HCl}$ $\underset{O}{\overset{R-C-NH}{\underset{Fe/3}{\bigcirc}}}$	赤紫色　T
カルボニル (−CO−)	$R^1-CO-R^2 + H_2NNH-\overset{NO_2}{\underset{}{\bigcirc}}-NO_2$ $\xrightarrow{H^+} \xrightarrow{OH^-} \overset{R_1}{\underset{R_2}{>}}C=N-N=\overset{NO_2}{\underset{}{\bigcirc}}=N\overset{O^-}{\underset{O}{<}}$	赤色　T

官能基	反応	備考
アノ C≡N)	高沸点の溶媒中 NH₂OH と加熱してアミドオキシムを形成. これを Fe³⁺ キレートとして呈色	赤紫色
ルフィン SO₂H)	$Ar-SOH + $ $NaNO_2 + H_2N-$ $-SO_3H \xrightarrow{H^+}$ $N≡N^+-$ $-SO_3^-$ $N≡N^+-$ $-SO_3^- + $ →	亜硫酸塩の検出 Griess 試薬 赤色
ルホン SO₃H)	$R-SO_3H \xrightarrow{SOCl_2} R-SO_2Cl \xrightarrow{NH_2OH} R-SO_2NHOH$ $\xrightarrow{CH_3CHO} CH_3CONHOH + R-SO_2H$ アセトヒドロキサム酸を生成し, Fe³⁺ キレートとして呈色	赤色
オール SH)	$R-SH + O_2N-$ $-S-S-$ $-NO_2 \xrightarrow{pH\ 8}$ $R-S-S-$ $-NO_2 + \ ^-S-$ $-NO_2$	黄色
トロソ NO)	$R-NO + Na_3[Fe(CN)_5NH_3] \longrightarrow$ $Na_3[Fe(CN)_5(R-NO)] + NH_3$	緑色～赤紫色 T
ドラジド CONHNH₂) ドラジノ NHNH₂)	$R-C-NHNH_2 + $ → 	青～緑の蛍光
ドロキシ OH)	$R-OH + [Ce(NO_3)_6]^{2-} \longrightarrow$ $[Ce(NO_3)_5(O-R)]^{2-} + HNO_3$	赤色　T

Tは薄層クロマトグラフィーの検出に利用されることを示す（9・4節参照）.

6 重量・容量分析

古典的な湿式の定量分析法であるが，化学分析のトレーサビリティにおいて一次標準法である．いずれの方法も酸塩基，錯形成，酸化還元，および沈殿生成反応などのよく知られた化学平衡の化学量論に基づいており，重量分析においては質量の測定，容量分析においては体積の測定のみで，有効数字が 4 ～ 6 桁に及ぶ正確な定量ができる絶対定量法である．

6・1 重量分析

6・1・1 実用分析に用いられる重量分析

通常は常量分析に用いられ，定量下限は沈殿反応の溶解度積とてんびんの感度に依存する．したがって，できるだけ難溶性の沈殿を生成する反応を用いる．大学・高専の化学実験などで取り上げられることの多い代表的な分析法を表に示す．秤量形が無機塩の場合は，質量を得るのに高温で加熱することが多いが，キレート化合物の場合は比較的低温でよい．（→ QR コード）

分析対象	沈殿剤（添加時の液性など）	加熱温度/℃	ひょう量形〔 〕内は沈殿形	重量分析係数
Al	NH₃ (→ pH 6.7～7.5)	1200	Al₂O₃	×0.5293 → Al
	8-ヒドロキシキノリン(→ pH 5～5.5)	130	Al(C₉H₆NO)₃	×0.058 73 → Al
Ni	ジメチルグリオキシム(NH₃ 弱アルカリ性)	110	Ni(C₄H₇N₂O₂)₂	×0.2032 → Ni
P (PO₄³⁻)	MgCl₂+NH₄Cl+NH₃(pH 約 10.5)	>600	Mg₂P₂O₇ [MgNH₄PO₄·6 H₂O]	×0.2783 → P
S(SO₄²⁻)	BaCl₂ (HCl 微酸性)	800	BaSO₄	×0.1374 → S

6・1・2 均一沈殿法

均一沈殿法（precipitation from homogeneous solution：PFHS）は，試料溶液中から適当な化学反応によって沈殿剤を発生させながら目的の沈殿を生成させる方法である．尿素加水分解法では，加熱によってアンモニアが生じ溶液の pH が上昇する．沈殿剤溶液を試料溶液に加える通常の沈殿剤生成法では，沈殿剤濃度の局所的な濃化を防ぐことはできないが，PFHS では過飽和度を低く抑えてゆっくり沈殿させるため，共沈現象が起こりにくく，ろ過しやすい結晶性の沈殿が得られる．（→ QR コード）

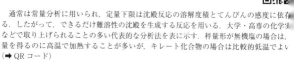

沈殿形	反応の種類	試薬	沈殿するイオン
水酸化物，塩基性塩	尿素加水分解法	尿素	Al, Be, Bi, Ca, Fe, Ga, Sn, Th, Ti, Zr, 希土類
	加水分解法	アセトアミド	Ti, Zn, Zr, 希土類
	熱分解法	過酸化物	Nb, Ta, Ti, W
	カチオン遊離法	ギ酸塩+H₂O₂	Fe

・2 容量分析

2・1 酸・塩基滴定

中和反応の当量点の前後で試料溶液の pH が急激に変化する．終点検出には pH の直接
定のほか，pH 変化に伴って色が変わる酸塩基指示薬が用いられる．酸塩基指示薬はそれ
が弱酸であり弱塩基である．

酸・塩基指示薬

名　称	酸性色	変色範囲 (pH)	塩基性色	調製法（エタノール：95 %）
モールブルー（酸性側）	赤	1.2～2.8	黄	0.1 g をエタノール 20 mL に溶解，水で 100 mL
ジニトロフェノール	無	2.4～4.0	黄	0.1 g をエタノール 50 mL に溶解，水で 100 mL
ロモフェノールブルー	黄	3.0～4.6	青紫	0.1 g をエタノール 20 mL に溶解，水で 100 mL
チルオレンジ	赤	3.1～4.4	橙黄	0.1 g を水 100 mL に溶解
ロモクレゾールグリーン	黄	3.8～5.4	青	0.04 g をエタノール 20 mL に溶解，水で 100 mL
チルレッド	赤	4.2～6.3	黄	0.2 g をエタノール 20 mL に溶解，水で 100 mL
ニトロフェノール	無	5.0～7.0	黄	0.2 g を水 100 mL に溶解
ロモチモールブルー	黄	6.0～7.6	青	0.1 g をエタノール 20 mL に溶解，水で 100 mL
ェノールレッド	黄	6.8～8.4	赤	0.1 g をエタノール 20 mL に溶解，水で 100 mL
レゾールレッド	黄	7.2～8.8	赤	0.1 g をエタノール 20 mL に溶解，水で 100 mL
モールブルー（塩基性側）	黄	8.0～9.6	青	0.1 g をエタノール 20 mL に溶解，水で 100 mL
ェノールフタレイン	無	8.3～10.0	紅	1.0 g をエタノール 90 mL に溶解，水で 100 mL
モールフタレイン	無	9.3～10.5	青	0.1 g をエタノール 90 mL に溶解，水で 100 mL
リザリンイエロー GG	黄	10.0～12.0	褐	0.1 g を水 100 mL に溶解

・2・2 酸化還元滴定

酸化還元反応の当量点の前後で反応に与る酸化剤および還元剤濃度が急激に変化すること
ら対応する電極電位も変化する．終点検出には滴定剤の目視（MnO_4^-）や電位差測定の
か，電位の変化に伴って酸化還元反応を起こし色が変わる酸化還元指示薬が用いられる．

a. 酸化還元指示薬

指　示　薬	変色点の電極電位/V(pH=0)	還元形の色	酸化形の色	調　製　法
ンジゴスルホン酸	+0.29	無	青	0.05 % カリウム塩水溶液
チレンブルー	+0.53	無	緑青	0.05 % 塩化物水溶液
フェニルアミン	+0.76	無	紫	1 % 濃硫酸溶液
リオグラウシン A	+1.00	緑	赤	0.1 % 水溶液
ニトロジフェニルアミン	+1.06	無	紫	0.1 % 水溶液
リス（1,10-フェナントロリン）鉄(II)錯体	+1.14	赤	青	フェナントロリン 1.485 g，$FeSO_4$・$7H_2O$ 0.695 g を水 100 mL に溶解
リス（5-ニトロ-1,10-フェナントロリン）鉄(II)錯体	+1.25	赤	青	ニトロフェナントロリン 1.688 g，$FeSO_4$・$7H_2O$ 0.695 g を水 100 mL に溶解

b. 酸化還元滴定法

滴定法 (滴定液)	酸化還元反応	標定に用いられる物質	電位差以外の終点検出法	応用例
KMnO₄による酸化滴定法 (KMnO₄より調製)	強酸性液で $MnO_4^- + 8H^+ + 5e^- \rightarrow Mn^{2+} + 4H_2O$	<u>Na₂C₂O₄</u> <u>H₂C₂O₄·2H₂O</u> <u>As₂O₃</u> <u>Fe(NH₃)₂(SO₄)₂·6H₂O(モール塩)</u>	KMnO₄の紫色	$5Fe^{2+} + MnO_4^- + 8H^+ \rightarrow 5Fe^{3+} + Mn^{2+} + 4H_2O$ $5NO_2^- + 2MnO_4^- + 6H^+ \rightarrow 5NO_3^- + 3$... $5H_2O_2 + 2MnO_4^- + 6H^+ \rightarrow 2Mn^{2+} + 5O_2 + 8H_2O$ その他, HCOOH, シュウ酸塩, インジゴカルミン...
K₂Cr₂O₇による酸化滴定法 (K₂Cr₂O₇より調製)	酸性液で $Cr_2O_7^{2-} + 14H^+ + 6e^- \rightarrow 2Cr^{3+} + 7H_2O$	<u>Fe(NH₄)₂(SO₄)₂·6H₂O(モール塩)</u>	ジフェニルアミン	$6Fe^{2+} + Cr_2O_7^{2-} + 14H^+ \rightarrow 6Fe^{3+} + 2Cr^{3+} + 7H_2O$ その他, グリセリン, メタノール, 乳酸, 酒石酸な...
CeⅣによる酸化滴定法 (Ce(SO₄)₂より調製)	$Ce^{4+} + e^- \rightarrow Ce^{3+}$	<u>Na₂C₂O₄</u> <u>As₂O₃</u> KI-Na₂S₂O₃	1,10-フェナントロリン鉄(II)錯体	$Fe^{2+} + Ce^{4+} \rightarrow Fe^{3+} + Ce^{3+}$ その他, ヒドロキノン, メナジオン (ビタミンK₃), トコフェロール (ビタミンE) など
臭素による酸化滴定法 (KBr に強酸性で KBrO₃を加え調製)	$Br_2 + 2e^- \rightarrow 2Br^-$	KI-Na₂S₂O₃	デンプン溶液	（フェノール）–OH + 3Br₂ →（2,4,6-トリブロモフェノール）+ 3H... （ピリジン）–CONHNH₂ + 2Br₂ + H₂O →（イソニアジド） （ピリジン）–COOH + 4HBr + ... その他, 8-ヒドロキシキノリン錯体, ヒドラジド類
ヨウ素酸化滴定法 (昇華したヨウ素より調製)	$I_2 + 2e^- \rightarrow 2I^-$	<u>As₂O₃</u> Na₂S₂O₃	デンプン溶液	$SO_3^{2-} + I_2 + H_2O \rightarrow SO_4^{2-} + 2I^- + 2H^+$ $2S_2O_3^{2-} + I_2 \rightarrow S_4O_6^{2-} + 2I^-$ $HAsO_2 + I_2 + 2H_2O \rightarrow H_3AsO_4 + 2I^- + 2H^+$ $Sn^{2+} + I_2 \rightarrow Sn^{4+} + 2I^-$ $S^{2-} + I_2 \rightarrow S + 2I^-$ その他, アスコルビン酸 (ビタミンC), メチオニン, ホルマリンなど
ヨウ素還元滴定法 (KI および Na₂S₂O₃ 溶液)	$2I^- \rightarrow I_2 + 2e^-$ $I_2 + 2S_2O_3^{2-} \rightarrow S_4O_6^{2-} + 2I^-$	<u>KIO₃</u>	デンプン溶液	$2Cu^{2+} + 4I^- \rightarrow 2CuI + I_2$ $2MnO_4^- + 10I^- + 16H^+ \rightarrow 2Mn^{2+} + 5I_2 + 8H_2O$ $H_2O_2 + 2I^- + 2H^+ \rightarrow 2H_2O + I_2$ その他, さらし粉, ソルビトール, キシリトールな...

アンダーラインは容量分析用標準物質であることを示す.

6·2·3 沈殿滴定

沈殿反応では, 当量点の前後で反応に与るイオンの濃度が急激に変化する. 終点検出には試料溶液中の目的イオンあるいは沈殿剤イオンのいずれかの濃度変化を捉える. 塩化物イオンの銀滴定では, 終点検出法として Mohr 法, Volhard 法, Fajans 法が知られている.

的 オン	滴定反応	終点決定法
$^+$	$Ag^+ + SCN^- \rightarrow AgSCN$ $Ag^+ + Cl^- \rightarrow AgCl$	鉄ミョウバンを指示薬として KSCN で滴定,無色 → 赤(Volhard 法) 銀電極を用いる電位差滴定
$^-$	$Cl^- + Ag^+ \rightarrow AgCl$	K_2CrO_4 を指示薬として $AgNO_3$ で滴定.無色 → 赤(Mohr 法) フルオレセインなど吸着指示薬を用いる銀滴定,赤(ピンク)色の発生 (Fajans 法)
$^-$	$Cl^- + Ag^+ \rightarrow AgCl$ $Ag^+ + SCN^- \rightarrow AgSCN$ $Cl^- + Ag^+ \rightarrow AgCl$	過剰の $AgNO_3$ を加え,鉄ミョウバンを指示薬として KSCN で逆滴定 (Volhard 法) 銀電極を用いる電位差滴定
$^-$	$CN^- + Ag^+ \rightarrow AgCN$ $Ag^+ + SCN^- \rightarrow AgSCN$	Cl^- の銀滴定と同じ
$^{3-}$	$PO_4^{3-} + 3\,Ag^+ \rightarrow Ag_3PO_4$	pH 7.5〜8 のホウ酸塩緩衝液を加え,$AgNO_3$ で電位差滴定
$^-$	$S^{2-} + Pb^{2+} \rightarrow PbS$	塩基性で硫化物イオン選択性電極を用い電位差滴定
$^{2-}$	$SO_4^{2-} + Ba^{2+} \rightarrow BaSO_4$	カルボキシアルセナゾを指示薬として $Ba(ClO_4)_2$ で滴定,赤紫 → 青

・2・4 キレート滴定

EDTA などのキレート試薬を用いる錯滴定であり,当量点の前後で遊離の目的金属イオ
農度が急激に減少する.試料溶液に目的金属イオンと錯形成して色が変化する金属指示薬
加えておくと,終点で金属イオンが解離して色が変わる.金属指示薬はそれ自身がキレー
試薬であり,金属イオンと有色の錯体を形成する.(➡ QR コード)

a. EDTA によるキレート滴定一覧

金属は生成定数の大きい順に並べた.したがって,一般に先に現れる金属は
低い pH で滴定可能であり,他の金属の妨害も少ない.

属	滴定法	指 示 薬	滴定条件(緩衝液,pH,温度など)	終点の変色
	直接 逆 (Cu^{2+})	XO PAN	$1 \text{ mol L}^{-1} HNO_3$,90 ℃ 以上 EDTA を加えて HCl で pH 1〜1.5 として煮沸後, 酢酸アンモニウムで pH 3〜4 として滴定	赤紫 → 黄 黄 → 赤
$^{3+}$	直接	XO	HNO_3,pH 1〜3	赤紫 → 黄
	直接	バリアミンブルー B	酢酸,pH 1.7〜2.8,40〜50 ℃	青灰 → 黄
	直接 直接	PAC XO	0.1〜0.5 mol L^{-3} 酢酸-酢酸ナトリウム,pH 3.5〜5 酢酸-酢酸ナトリウム,pH 3〜4.5,50〜60 ℃	赤紫 → 黄 赤紫 → 黄
	直接	XO	HNO_3,pH 2.5〜3.5	赤 → 黄
	直接 直接	XO Cu-TAR	酢酸-酢酸ナトリウム,pH 2〜3 酢酸-酢酸ナトリウム,pH 3.5〜5	赤紫 → 黄 赤 → 黄(緑)
$^{3+}$	逆 (Bi^{3+})	XO	弱酸性溶液に EDTA を加え煮沸後,pH 2〜3 として滴定	黄 → 赤
$^{3+}$	直接	XO	酢酸-酢酸ナトリウム,pH 4〜5,50〜60 ℃	赤紫 → 黄
$^{2+}$	直接 直接 直接	Cu-PAN XO Cu-TAR	酢酸-酢酸ナトリウム,pH 3〜3.5,煮沸 ヘキサミン,pH 6 ヘキサミン,pH 5.5〜6.5	赤 → 黄 赤紫 → 黄 赤 → 黄(緑)

金属	滴定法	指 示 薬	滴定条件（緩衝液，pH，温度など）	終点の変
Ga	直接	Cu-PAN	酢酸-酢酸ナトリウム，pH 3～3.5，煮沸	赤 → 黄
Hf	逆（Bi³⁺）	XO	HNO₃，pH 1～2	黄 → 赤
	逆（Cu²⁺）	PAN	酢酸アンモニウム，pH 3	黄 → 赤
Ti⁴⁺	逆（Bi³⁺）	XO	酢酸，pH 2，H₂O₂添加，20 ℃以下	黄 → 赤
	逆（Cu²⁺）	PAN	酢酸-酢酸ナトリウム，pH 4～5，H₂O₂添加	黄 → 赤
Sn⁴⁺*	逆（Th⁴⁺）	XO	酢酸-酢酸ナトリウム，pH 2.5～3.5（塩酸酸性）	黄 → 赤
	逆（Zn²⁺）	PV	酢酸ナトリウム，pH 5，70～80 ℃（酸性）	黄 → 青
希土類	直接	XO	pH 5～5.5，Ce³⁺の酸化を防ぐため，アスコルビン酸添加	赤紫 → 黄
Pd²⁺	逆（Bi³⁺またはTh⁴⁺）	XO	酢酸-酢酸ナトリウム，pH 3	黄 → 赤
Cu	直接	TAR または TAN	酢酸-酢酸ナトリウム，pH 4～6	赤 → 黄
	直接	XO，1,10-フェナントロリン添加	酢酸-酢酸ナトリウム，pH 5～6	赤紫 → 黄
VO²⁺	直接	Cu-PAN	酢酸-酢酸ナトリウム，pH 3.5～4.5，アスコルビン酸添加	赤橙 → 緑
	逆（Mn²⁺）	BT	アンモニア-塩化アンモニウム，pH 10，アスコルビン酸添加	青 → 赤
	逆（Th⁴⁺）	XO	酢酸-酢酸ナトリウム，pH 3	黄緑 → 赤
Ni	直接	TAC	酢酸-酢酸ナトリウム，pH 6，80 ℃	青 → 黄
	直接	Cu-TAR	酢酸-酢酸ナトリウム，pH 4～6，終点付近で80 ℃に加熱	赤 → 黄
	直接	TAMSMB	酢酸-酢酸ナトリウム，pH 5，40～50 ℃	赤紫 → 黄
Pb	直接	XO	酢酸-酢酸ナトリウム，pH 5	赤紫 → 黄
	直接	BT	アンモニア-塩化アンモニウム，pH 8～10，酒石酸塩，トリエタノールアミン添加	赤 → 青
Co²⁺	直接	XO，1,10-フェナントロリン添加	酢酸-酢酸ナトリウム，pH 5～6，アスコルビン酸添加，50 ℃	赤紫 → 黄
	直接	Cu-TAR	酢酸-酢酸ナトリウム，pH 4～5，アスコルビン酸添加，80 ℃	赤 → 黄
Cd, Zn	直接	XO	酢酸-酢酸ナトリウム，pH 5～6	赤紫 → 黄
	直接	BT または カルマガイト	アンモニア-塩化アンモニウム，pH 9～10	赤 → 青
Al	逆（Bi³⁺）	XO	EDTA を加えて煮沸後，pH 3.5 とし，室温で滴定	黄 → 赤
	逆（Cu²⁺）	PAN または TAN	EDTA を加えて煮沸後，pH 4～5 とし，PAN の場合は 70 ℃，TAN の場合は室温で滴定	黄 → 赤
Mn²⁺	直接	BT	アンモニア-塩化アンモニウム，pH 10，アスコルビン酸，酒石酸塩添加，70～80 ℃	赤 → 青
	直接	TPC	アンモニア-塩化アンモニウム，pH 10，塩化ヒドロキシルアンモニウム，トリエタノールアミン添加	青 → 無色
Ca	直接	NN または HNB	水酸化カリウム，pH 12～13（Mg は水酸化物として沈殿，Ca のみが滴定される）	赤 → 青
	直接	カルセイン+MTB	水酸化カリウム，pH 13（Mg については上と同様，Ca が少量の場合に適している）	緑色蛍光 → 褐色(蛍光消失)
UO₂²⁺	逆（Th⁴⁺）	XO	EDTA，アスコルビン酸添加煮沸，pH 2～3	緑 → 赤橙
Mg	直接	BT または カルマガイト	アンモニア-塩化アンモニウム，pH 10（Ca が共存する場合は Ca と Mg の合量が得られる．pH 13 で Ca のみを滴定し，差より Mg を求める）	赤 → 青
Sr, Ba	直接	PC	アンモニア，pH 10.5，終点付近でメタノール添加	紅 → 無色
	直接	BT，Zn-EDTA 添加	アンモニア-塩化アンモニウム，pH 10	赤 → 青

属	滴定法	指示薬	滴定条件（緩衝液，pH，温度など）	終点の変色
	間接 $(K_2Ni(CN)_4)$	MX	アンモニア–塩化アンモニウム，pH 10〜12	黄 → 紫
$^{5+}$	逆 (Bi^{3+})	XO	無機酸，pH 2（塩化ヒドロキシルアンモニウム添加）	黄 → 赤

＊ Sn^{4+}-EDTA キレートの生成定数は未確定.

陰イオンの間接滴定

イオン	反応	指示薬	滴定条件	
$_4{}^{2-}$	既知量の $BaCl_2$ で $BaSO_4$ として沈殿，過剰の Ba^{2+} を EDTA 滴定	PC	アンモニア，pH 11，同量のメタノール添加	
$_4{}^{3-}$	pH 10 で既知量の $MgSO_4$，NH_3 で $MgNH_4PO_4$ として沈殿，過剰の Mg^{2+} を EDTA 滴定	BT	アンモニア–塩化アンモニウム，pH 10	沈殿ろ別再溶解後 Mg を EDTA 滴定してもよい
	pH 5.8〜7.5 で既知量の $ZnCl_2$，NH_3 で $ZnNH_4PO_4$ として沈殿，沈殿を溶解後 EDTA 滴定	BT	アンモニア–塩化アンモニウム，pH 10	
$^-$	HNO_3 酸性で $AgNO_3$ を加え AgX として沈殿，ろ別後 NH_3 共存下に $K_2Ni(CN)_4$ で再溶解，遊離した Ni^{2+} を EDTA 滴定	MX	アンモニア–塩化アンモニウム，pH 10	
N^-	既知量の $NiSO_4$ により $Ni(CN)_4{}^{2-}$ を生じさせ過剰の Ni を EDTA 滴定	MX	アンモニア–塩化アンモニウム，pH 10〜12	

). 金属指示薬（➡ QR コード）

名称	調製法	滴定できる金属	備考
リオクロムブラック （BT）	BT 0.5 g および塩化ヒドロキシルアンモニウム（安定剤）4.5 g をアルコールに溶解して 100 mL にする	Ca, Cd, Hg, Mg, Mn, Pb, Sr, Zn など	乾燥状態で NaCl 粉末と混合しておき，滴定に際してこの粉末を添加してもよい．水溶液は不安定
tton Reeder 指示薬 (N) またはヒドロシナフトールブルー NB)	K_2SO_4 で 1：200 に粉砕希釈する	Ca	アルコール溶液は不安定
シレノールオレンジ O)	0.1 % 水溶液	Bi, Cd, Co, Cu, Hg, In, Pb, Th, Tl, Zn, Zr, 希土類など	Cu, Co の滴定には変色速度を大きくするため指示薬と同量程度の 1,10-フェナントロリンを加える．XO 水溶液は 1 年は安定

87

7 光 分 析

7・1 光分析の波長とエネルギーの換算

　光は電磁波であり，波動性をもった粒子である光子（フォトン）の集合である．光子のエネルギー E (eV) は波長 λ (nm) と以下の関係がある．

$$E = hc/\lambda = (1.24 \times 10^3)/\lambda$$

　1 eV の光子の波長は 1240 nm であり，波長が短いほど，光子がもつエネルギーは大きい．エネルギーの大小によって物質との相互作用が異なるため，光子はエネルギーの大きさで分類されている．図 a にエネルギーおよび波長別に光子の呼称を記す．

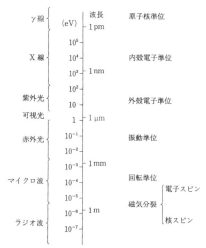

図 a　電磁波のエネルギーおよび波長別の呼称

　可視光は目に見える波長の電磁波であり，その波長範囲は狭く，物質への作用は紫外光と同等であることが多いため，光分析では紫外・可視光として両者を区別せずに扱う．

　γ線は原子核の準位，X 線は内殻電子の準位に相当する高いエネルギーをもつのに対し，紫外・可視光は外殻の電子軌道の準位に相当するエネルギーの大きさであるため，外殻軌道の電子と相互作用し，その電子遷移（励起・失活）に伴って吸光・発光が起こる．赤外光は振動準位，マイクロ波では回転準位が励起されるが，各準位のエネルギー間隔は小さくなっていく（図 b 参照）．

　分子の吸光や発光は各振動準位や回転準位への電子遷移により，一般にエネルギー幅が大きくなるのに対し，原子状態では振動準位や回転準位が存在しないため，エネルギーの

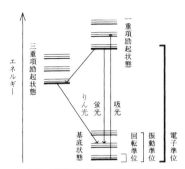

図b 外殻電子の遷移に伴う吸光と発光

線スペクトルになる．安定な分子の多くは外殻電子が対になっており（一重項基底状態），スピンが保存されたまま電子励起され，一重項励起状態に遷移する．その状態から基底状態へ戻るとき発光が起こるのが蛍光である．スピンが反平行の一重項状態からスピンが平行で，よりエネルギー的に安定な三重項励起状態に変化（系間交差）した後で，そこからの発光が起これば，りん光となる．

室温では圧倒的多数の分子が最もエネルギーの低い基底状態にある．そこから吸光によって振動準位や回転準位も励起された状態に遷移するため，吸収スペクトルのピーク位置は電子軌道準位間のエネルギーよりも大きくなる．一方，発光では励起準位の振動準位や回転準位の緩和後，基底準位に遷移し，かつ，振動準位や回転準位が励起された一重項基底状態に電子遷移するため，電子軌道準位間のエネルギーよりも小さくなる．

・2　原子スペクトル分析

a.　原子吸光分析の検出限界

元素	波長 nm	FAAS*1			GFAAS*2
		フレーム*3	検出限界 µg mL^{-1}		検出限界 pg
Ag	328.1	A/A	0.003		0.3
Al	309.3	N/A	0.03		1
As	193.7	A/A, Ar/H	0.05(0.1)*4		4
Au	242.8	A/A	0.02		1
B	249.8	N/A	2		200
Ba	553.6	N/A	0.03		6
Be	234.9	N/A	0.002		0.03
Bi	223.1	A/A	0.005(0.2)*4		5
Ca	422.7	A/A, N/A	0.002		0.4
Cd	228.8	A/A	0.001		0.08
Co	240.7	A/A	0.008		1
Cr	357.9	A/A	0.005		1

元素	波長*1 /nm	軸方向観測検出限界*2 ng mL^{-1}	横方向観測検出限界*2 ng mL^{-1}	元素	波長*1 /nm	軸方向観測検出限界*2 ng mL^{-1}	横方向観測検出限界 ng mL
Cd	I 228.802	0.15	0.32	K	I 766.491	1.6	20
Ce	II 413.747	2.4	5	K	I 769.896	2.3	40
Ce	II 418.660	2	3	La	II 333.749	0.8	3
Cl	I 133.573	50	150	La	II 379.477	1.1	4
Cl	I 134.724	30	60	Li	I 670.784	0.05	1
Cl	I 135.166	60	100	Lu	II 261.542	0.04	0.
Co	II 228.616	0.3	0.8	Lu	II 291.139	1.1	5
Co	II 238.892	0.2	0.5	Mg	II 279.079	0.6	1
Cr	II 205.552	0.1	0.5	Mg	II 279.553	0.009	0.
Cr	II 267.716	0.24	0.6	Mg	II 280.270	0.9	0.
Cs	I 455.536	1500	10 000	Mn	II 257.610	0.02	0.
Cu	I 324.754	0.23	1	Mn	II 259.373	0.2	0.
Cu	I 327.396	0.6	2	Mo	II 202.030	0.35	0.
Dy	II 353.171	0.3	2	Mo	II 203.909	0.3	1.5
Dy	II 394.468	1.9	5	Na	I 588.995	2.5	50
Er	II 323.059	0.9	3.5	Na	I 589.592	0.1	5
Er	II 337.275	0.7	2	Nb	II 269.706	0.25	0.8
Er	II 349.910	1.1	3	Nb	II 309.417	0.5	2
Eu	II 381.966	0.1	0.09	Nb	II 316.340	11	20
Eu	II 412.974	0.1	0.5	Nd	II 401.225	1	2.3
Eu	II 420.505	0.2	0.7	Nd	II 406.109	3.7	18
F	I 685.602		350 ng*3	Ni	II 221.647	0.2	0.6
Fe	II 238.204	0.07	0.3	Ni	II 231.604	0.2	1
Fe	II 259.940	0.19	0.4	Os	II 225.585	0.9	4.5
Ga	I 141.444	1	3	Os	II 290.906	1	4
Ga	I 294.364	5.7	19	P	I 177.440	7	30
Gd	II 335.047	1.5	4.5	P	I 177.495	0.9	3.3
Gd	II 342.247	1	3	P	I 178.287	1.6	4.9
Ge	I 164.919	2.9	8.7	P	I 213.620	1	5
Ge	I 265.118	0.6	2.5	Pb	II 168.215	1.1	5.2
Hf	II 264.141	0.15	0.6	Pb	II 220.351	0.9	3.4
Hf	II 277.336	0.5	1	Pb	I 283.305	7.7	18
Hg	I 184.950	0.6	1.2	Pd	II 324.270	4.1	16
Hg	I 253.652	5.3	12	Pd	I 340.458	6.6	18
Ho	II 339.898	0.5	2	Pr	II 390.843	0.9	2
Ho	II 345.600	0.3	1	Pr	II 422.533	4.5	10
I	I 142.549	14	50	Pt	II 177.709	0.4	2
I	I 178.276	2	15	Pt	I 214.423	0.8	2.8
In	II 158.637	0.2	1	Pt	II 224.552	11	25
In	II 230.606	0.8	2.4	Rb	I 420.185	21	70
In	I 325.609	5.7	15	Rb	I 780.023	20	100
Ir	II 212.681	0.6	3	Re	II 197.313	2	10
Ir	II 224.268	0.4	2	Re	II 227.525	0.3	1.5

素	波長*1 nm	軸方向観測検出限界*2 ng mL⁻¹	横方向観測検出限界*2 ng mL⁻¹	元素	波長*1 nm	軸方向観測検出限界*2 ng mL⁻¹	横方向観測検出限界*2 ng mL⁻¹
Ⅱ	233.477	3	9	Th Ⅱ	283.730	1.3	5
Ⅱ	249.077	0.5	2	Th Ⅱ	339.204	0.7	3
Ⅰ	343.489	2.7	14	Th Ⅱ	401.914	1.9	5
Ⅱ	240.272	0.3	1	Ti Ⅱ	334.941	0.3	0.3
Ⅱ	267.876	0.2	1	Tl Ⅱ	132.172	19	70
Ⅰ	142.510	12	30	Tl Ⅱ	190.864	0.8	4
Ⅰ	180.731	2	10	Tl Ⅰ	377.572	15	58
Ⅰ	182.034	4	30	Tm Ⅱ	313.126	0.4	2
Ⅰ	206.833	1.4	4.4	Tm Ⅱ	346.220	0.5	1
Ⅰ	217.589	3.4	12	Tm Ⅱ	384.802	0.3	1
Ⅰ	231.147	2	9	U Ⅱ	385.958	8.1	12
Ⅱ	361.384	0.09	0.2	U Ⅱ	424.167	3	8
Ⅰ	196.090	1.9	7.7	V Ⅱ	292.403	0.4	1.5
Ⅰ	251.612	1.7	5	V Ⅱ	309.311	0.4	0.3
Ⅰ	288.158	4	11	V Ⅱ	311.071	0.29	1.2
Ⅱ	359.260	0.9	1	W Ⅱ	207.911	3	5
Ⅱ	140.045	3	15	W Ⅱ	239.709	4.3	10
Ⅱ	147.501	3	15	Y Ⅱ	371.029	0.15	0.5
Ⅱ	189.991	0.44	1.7	Y Ⅱ	324.228	0.2	0.7
Ⅱ	283.999	3	15	Yb Ⅱ	328.937	0.06	0.3
Ⅱ	407.771	0.03	0.05	Yb Ⅱ	369.420	0.05	0.2
Ⅱ	421.552	0.05	0.4	Zn Ⅱ	202.551	0.8	1.5
Ⅱ	240.063	1.4	4	Zn Ⅱ	206.191	0.3	0.6
Ⅱ	350.917	0.7	0.8	Zn Ⅰ	213.856	0.06	0.18
Ⅰ	367.635	1.4	5	Zr Ⅱ	339.198	0.6	2
Ⅰ	170.00	4	10	Zr Ⅱ	343.823	0.4	1
Ⅰ	214.275	6	10				

*1 Ⅰ：中性原子線，Ⅱ：イオン線．*2 バックグラウンドの標準偏差の 3σ のシグナルを
濃度を検出限界とした．*3 ガス試料導入のため絶対量で表した検出限界．

・3　吸光光度法

ここには比較的よく使われている吸光光度法を記載する．各分析法の詳細あるいはここに
載されていない分析法に関しては，日本分析化学会 編，"改訂六版 分析化学便覧"，丸善
11）；日本分析化学会 編，"環境分析ガイドブック"，丸善（2011）；H. Onishi, "Photo-
ric Determination of Traces of Metals", 4th ed., Part IIA, Part IIB, John Wiley & Sons
86, 1989），ならびに無機応用比色分析編集委員会 編，"無機応用比色分析"，共立出版
75）などを参照されたい．また，2・6 節（無機分析用有機試薬）に記載のある試薬は
］に番号を示す．

a. 金属元素

元素	定 量 法	測定波長 nm	定量範囲 μg mL^{-1}	妨害成分 (マスキング剤)
Ag	**ローダニン法**　酸性試料溶液 (0.05 mol L^{-1} HNO$_3$) に, *p*-ジメチルアミノベンジリデンローダニン溶液を加えて反応させ, 生成する難溶性コロイドの懸濁液 (赤紫色) の吸光度を測定. 強い光にさらさないこと	495	0.02〜1	Hg(I), Hg(II) Au(III), Pd(II) Pt(II)
Al	**アルミノン法**　微酸性試料溶液に塩酸, メルカプト酢酸, デンプン溶液, 酢酸アンモニウム溶液を加えた後水で希釈し, アルミノン溶液を添加してから沸騰水浴中で加熱, 室温まで冷却後, 直ちに吸光度を測定	525	0.04〜0.4	Be(II), Sc, Zr(IV), V(IV, V), Cu(II), Th(IV), Sn(IV)
Bi	**ヨウ化物法**　酸性試料溶液 (1 mol L^{-1} H$_2$SO$_4$) にアスコルビン酸溶液, Na$_2$SO$_3$ 溶液, KI 溶液を加え, 生成したヨード錯体の吸光度を測定	460	0.4〜4	Pt, Pd, Sb, S Pb, Tl(I)
Ca	**グリオキサールビス(2-ヒドロキシアニル)法**　試料溶液を全量フラスコにとり, 酒石酸ナトリウムカリウム溶液を加え, NaOH 溶液を滴下して中和 (pH 試験紙). グリオキサールビス(2-ヒドロキシアニル)メタノール溶液を加えて室温まで放冷. NaOH 溶液を加えた後, 10 分後に光路長 2 cm セルを用いて吸光度を測定	520	0.08〜0.64	Pb, Bi, Sn, S Be, Mg, U, S Ba
Co	**ニトロソR塩 [23] 法**　酸性試料溶液にニトロソR塩溶液と CH$_3$COONa 溶液を加え (pH 5.5 付近), 煮沸し, HNO$_3$ を加えて再度煮沸. 暗所で室温まで放冷後, 吸光度を測定	420	0.1〜1	Cu, Ni
Cr	① **クロム酸法**　Cr(III) を H$_2$O$_2$, Br$_2$ などして酸化して CrO$_4$$^{2-}$ (黄色) の吸光度を測定. 一般にアルカリ性条件を使用	366	0.2〜10	Ce(IV), Cu(II) V(V), U(VI)
	② **ジフェニルカルバジド [13] 法**　Cr(VI) を含む H$_2$SO$_4$ 酸性試料溶液にジフェニルカルバジド溶液を加え, 還元性物質を含まない水で定容とした後, 速やかに吸光度を測定	540	0.01〜0.4	Fe(III), V(V)

素	定　量　法	測定波長 nm	定量範囲 µg mL⁻¹	妨害成分（マスキング剤）
u	①　バソクプロイン法　Cu(II) を塩化ヒドロキシルアンモニウムで Cu(I) に還元し，バソクプロインを加え，生じる Cu 錯体をイソアミルアルコールなどで抽出して吸光度を測定．この試薬をスルホン化したバソクプロインスルホン酸を発色試薬に用いると有機溶媒による抽出操作が不要	480	0.1～5	少ない
	②　キューブリゾン法　アンモニアアルカリ性溶液中で Cu(II) とキューブリゾン（ビスシクロヘキサノンオキサリルジヒドラゾン）との水溶性錯体を生成させ，その吸光度を測定	600	0.1～1.6	Co(II)
e	①　チオシアン酸塩法　0.05～1 mol L⁻¹ の HNO₃ または HCl 溶液で Fe(III) と KSCN とを反応させ，生成する Fe(III) チオシアナト錯体の吸光度を測定	480	0.3～3	Cu(II), Bi, Ti, Ag, Hg(I), Hg(II), F⁻, ピロリン酸，シュウ酸
	②　1,10-フェナントロリン法　塩化ヒドロキシルアンモニウムまたはアスコルビン酸で Fe(III) を Fe(II) に還元し，pH 2～9 において 1,10-フェナントロリンを加えて生成した赤色錯体の吸光度を測定	510	0.1～2.5	Cu, Ni, Co, Sn, Cr
1g	キシリジルブルー法　キシリジルブルー I（またはキシリジルブルー II）エチルアルコール溶液に pH 9 に調整した試料溶液を加え，生成するピンク色錯体の吸光度を測定	510(I), 505(II)	0.04～0.4	Ca, Cd, Co, Cu, Fe(II, III), Mn(II), Ni, Pb, Zn
1n	①　過マンガン酸法　硫酸リン酸混合溶液（1.8 mol L⁻¹ H₂SO₄, 0.75～1.5 mol L⁻¹ H₃PO₄）中で Mn を KIO₄ で酸化，生じる MnO₄⁻（赤紫色）の吸光度を測定	525 または 545	1～10	Bi, Sn
	②　ホルムアルドキシム法　試料溶液にホルムアルドキシム溶液，次いでアンモニア水を加え，生成する赤褐色錯体の吸光度を測定	455	0.04～4	Cu, Fe, Co, Ni
Mo	チオシアン酸塩法　0.5～1 mg の Fe(II) が共存する HCl 酸性（0.8～1.2 mol L⁻¹）試料溶液に KSCN 溶液と SnCl₂ 溶液を加え，生成する橙赤色 Mo 錯体を酢酸ベンチルまたはジイソプロピルエーテルで抽出して吸光度を測定	酢酸ベンチル(470), ジイソプロピルエーテル(490)	0.1～5	W(VI), V(V)

元素	定　量　法	測定波長 nm	定量範囲 $\mu g\ mL^{-1}$	妨害成分 （マスキング剤）
Ni	**ジメチルグリオキシム〔14〕法** 酸性試料溶液に酒石酸溶液，飽和臭素水，濃アンモニア水，ジメチルグリオキシムエチルアルコール溶液，NaOH 溶液を順次加え，生成する赤色 Ni 錯体の吸光度を測定	530	0.5〜3	Cu, Co
Pb	**PAR〔28〕法** 試料溶液に pH 10 の緩衝液と PAR（4-(2-ピリジルアゾ)-レゾルシノール）溶液を加え，生成する赤色 Pb 錯体の吸光度を測定	530	0.3〜6	Co(II), Ni(II), Cu(II), Cd(II), Zn(II), Fe(III) など
Sb	① **ローダミンB〔36〕法** 試料溶液に HCl と H_2SO_4 を加えた後，$Ce(SO_4)_2$ 溶液を加えて Sb(III) を Sb(V) に酸化し，ジイソプロピルエーテルで抽出．抽出した Sb(V) にローダミンB溶液を加え，生成する赤紫色のローダミンBクロロ Sb(V) 錯体の吸光度を測定	550	0.03〜1	Au, Tl
	② **ヨウ化物法** 硫酸酸性溶液（$1\ mol\ L^{-1}$）で Sb(III) に KI-アスコルビン酸を加え，生成するヨード Sb(III) 錯体（黄色）の吸光度を測定	330 または 425	0.04〜0.8 (330 nm) 0.4〜6 (425 nm)	Hg, Pb, Bi, Tl
Sn	**フェニルフルオロン〔30〕法** 試料溶液にフタル酸水素カリウム-HCl 緩衝液，アラビアゴム溶液，フェニルフルオロン溶液を加え，生成する難溶性 Sn(IV) 化合物の吸光度を測定	510	0.2〜1	Ti, V, Fe(III) Ga, Ge, Zr, Mo Sb(III), Bi, Al Ta, H_3PO_4
Ti	① **ジアンチピリルメタン法** HCl 酸性（$1\sim3\ mol\ L^{-1}$）試料溶液にジアンチピリルメタン溶液を加え，生成する黄色 Ti 錯体の吸光度を測定	390	0.1〜2	Fe(III), V(V), Nb, Mo(VI)
	② **過酸化水素法** H_2SO_4 酸性（呈色時濃度は $0.75\sim1.75\ mol\ L^{-1}$ がよい）に H_2O_2 を加えて生じる黄色錯体の吸光度を測定	410	5〜60	V, Nb, Mo
V	**PAR〔28〕法** V(V) を含む試料溶液の pH を約 6.5 に調整してから PAR（4-(2-ピリジルアゾ)-レゾルシノール）溶液を加え，生成する赤色 V(V) 錯体の吸光度を測定	545	0.04〜0.8	Cu(II), Fe(III), Ni(II), Co(II)

素	定 量 法	測定波長 nm	定量範囲 μg mL^{-1}	妨害成分 （マスキング剤）
	チオシアン酸塩法　強塩酸酸性 (8.5〜9.5 mol L^{-1}) 試料溶液に NaSCN 溶液と SnCl$_2$ 溶液を加え，生成する黄色の W(V) チオシアナト錯体の吸光度を測定	400	0.5〜10	Mo, Cu, F$^-$, NO$_3^-$
	①　**5-Br-PAPS 法**　試料溶液を pH 7.5〜9.5 に調整し，5-Br-PAPS (2-(5-ブロモ-2-ピリジルアゾ)-5-[N-プロピル-N-(3-スルホプロピル)アミノ]フェノール) 溶液を加え，生成する赤色 Zn 錯体の吸光度を測定	552	0.01〜0.5	Cu(II), Fe(II), Ni(II), Co(II)
	②　**ジンコン [15] 法**　試料溶液を最適 pH 9 (H$_3$BO$_3$-KCl-NaOH 溶液) に調整し，ジンコン溶液を加え，生成する青色 Zn 錯体の吸光度を測定	620	0.1〜2.4	Al(III), Cd(II), Co(II), Cr(III), Cu(II), Fe(III), Mn(II), Ni(II)

．非金属元素とイオン

元 素 イオン	定 量 法	測定波長 nm	測定範囲 μg mL^{-1}	妨害成分
s	**モリブデンブルー法**　試料溶液に H$_2$SO$_4$ と KMnO$_4$ を加え，As をすべて As(V) とした後，(NH$_4$)$_6$Mo$_7$O$_{24}$ 溶液，次いで硫酸ヒドラジン溶液を加え，沸騰水浴中で加熱．生成したモリブドヒ酸ブルーの吸光度を測定 (AsCl$_3$ または AsH$_3$ として As を蒸留分離後，適用)	840	0.1〜2	P(V), Si など
	①　**クルクミン法**　試料溶液にクルクミン-シュウ酸溶液を加え，55 ℃で蒸発乾固し，残査をエタノールで溶解した溶液の吸光度を測定	550	0.004〜0.08	F$^-$ など
	②　**メチレンブルー [34] 法**　試料溶液に H$_2$SO$_4$ と HF を加え，ホウ素化合物を BF$_4^-$ とし，これをメチレンブルーとのイオン会合体として 1,2-ジクロロエタンに抽出し，その吸光度を測定	660	0.01〜0.1	陰イオン界面活性剤（メチレンブルーを加え，1,2-ジクロロメタンで抽出除去）
r$^-$	**フェノールレッド法**　Br$^-$ をクロラミン T で BrO$^-$ に酸化し，生じた BrO$^-$ をフェノールレッドと反応させ，生成するブロモフェノールブルーの吸光度を測定	590	0.1〜1	I$^-$，強い酸化剤および還元剤

元素 イオン	定量法	測定波長 nm	測定範囲 μg mL^{-1}	妨害成分
CN$^-$	**ピリジン-ピラゾロン法** ほぼ中性試料溶液にクロラミンT溶液を，次いでピリジン-ピラゾロン溶液を加え，生成する青色化合物の吸光度を測定（酸性試料溶液から HCN として蒸留分離，NaOH 溶液に捕集後，適用）	620	0.012～0.12	Cl$_2$，S^{2-}
F$^-$	**ランタン-アリザリンコンプレキソン（ALC〔2〕）法** pH 4～5.2 に調整した試料溶液に La(III)-ALC キレート溶液（赤色）を加えて F$^-$ と複合錯体（青色）を生成させ，増感剤のアセトンを加えた後，吸光度を測定（H$_2$SiF$_6$ 蒸留法で F$^-$ を分離後，適用）	620	0.1～1	Al，Fe(III)，Co，Ni，Cu(II)，P
I$^-$	① **ヨウ素デンプン法** H$_2$SO$_4$ 酸性で H$_2$O$_2$ などの酸化剤を加えて I$^-$ を I$_2$ に酸化し，デンプン溶液を加えて発色させ，吸光度を測定	575	0.1～5.0	
	② **接触法** H$_2$SO$_4$ 酸性で I$^-$ は 2Ce(IV)+As(III) → 2Ce(III)+As(V) 反応に対して触媒作用を示し，Ce(IV) の黄色は速く退色，一定条件下で退色（420 nm における吸光度の減少）を測定	420	0.02～0.06 μg	CN$^-$，Cl$^-$，Br$^-$，Ag，Hg，Os
NH$_4^+$(NH$_3$)	**インドフェノール法** 塩基性試料溶液に NaClO 溶液を加えて NH$_2$Cl を生成させ，これにフェノール溶液を加えて生成するインドフェノール（青色）の吸光度を測定（ニトロプルシドナトリウムは増感剤として作用）	630	0.1～0.5 (N として)	S^{2-}，SO$_3^{2-}$，Cu(II)
NO$_2^-$ (または NO$_2$)	① **ザルツマン法** NO$_2^-$ を塩酸酸性または酢酸酸性でスルファニル酸と，次いで N-(1-ナフチル)エチレンジアミン〔20〕と反応させ，生成するアゾ染料の吸光度を測定	545	0.02～0.2 (N として)	Fe(III)，A，S^{2-}，S$_2$O$_3^{2-}$，SO$_3^{2-}$ など
	② **ナフチルエチレンジアミン法** ①におけるスルファニル酸の代わりにスルファニルアミドを使用	540	①と同じ	①と同じ
NO$_3^-$	**還元-ナフチルエチレンジアミン〔20〕法** 適当な還元剤（亜鉛，銅-カドミウム，または硫酸ヒドラジニウム）により NO$_3^-$ を NO$_2^-$ に還元後，上記ナフチルエチレンジアミン法を適用	540	0.02～0.2 (N として)	Fe(III)，A，S^{2-}，S$_2$O$_3^{2-}$，SO$_3^{2-}$ など

98

元　素 イオン	定　量　法	測定波長 nm	測定範囲 μg mL⁻¹	妨害成分
	① モリブドリン酸法　HCl または HNO₃ 溶液（約 1 mol L⁻¹ H⁺）においてオルトリン酸に (NH₄)₆Mo₇O₂₄ 溶液を加え, 生成したヘテロポリ酸（黄色）の吸光度を測定	380	5〜40	Ti, Zr, As, Si など
	② モリブデンブルー法　希 H₂SO₄, (NH₄)₆Mo₇O₂₄ 溶液, アスコルビン酸溶液, 酒石酸アンチモニルカリウム溶液を混合した発色液を試料溶液に添加し, 生成するリンモリブデン青の吸光度を測定	885	0.1〜1.2	Ti, Zr, Th, As, Si, V, W など
²⁻	メチレンブルー〔34〕法　Zn(CH₃COO)₂-CH₃COONa 溶液に S²⁻ を含む溶液を加え, 次いで p-アミノジメチルアニリン溶液, Fe(III) 溶液を加えて生成するメチレンブルーの吸光度を測定	667	0.05〜1	SO₃²⁻, S₂O₃²⁻, 強還元剤
O₃²⁻(SO₂)	p-ローズアニリン-ホルムアルデヒド法　SO₂ を Na₂HgCl₄ 溶液に吸収させ, p-ローズアニリン塩酸溶液およびホルマリン溶液を加えて発色させ, 吸光度を測定	560	0.02〜2.5	NO₂, H₂S, など
O₄²⁻	クロム酸バリウム法　CH₃COOH (0.5 mol L⁻¹) と HCl (0.01 mol L⁻¹) の混酸に BaCrO₄ を懸濁させた溶液を加え, BaSO₄ を沈殿させた後, Ca(II) を含むアンモニア水とエタノール (40 %) を添加し遠心分離, SO₄²⁻ と置換した CrO₄²⁻ の吸光度を測定. さらに, 溶液中の Cr(VI) を HCl 酸性でジフェニルカルバジド〔13〕で発色, その吸光度を測定	370	5〜50	P, As, V, Pb, Cu(II) など
Si	① モリブドケイ酸黄法　HCl 酸性にした試料溶液に (NH₄)₆Mo₇O₂₄ 溶液を加え, 生成するモリブドケイ酸（黄色）の吸光度を測定	410	0.3〜10	As, Ge, Ti, Fe(III), SO₃²⁻ など. P の妨害は酒石酸などを添加して排除
	② モリブドケイ酸青法　上記① の方法で調製したモリブドケイ酸溶液にアスコルビン酸溶液を加え, 生成する青色溶液の吸光度を測定	815	0.1〜1	①と同じ

7・4 蛍光分析・化学発光

a. 環境測定用（水質分析）蛍光指示薬

試　薬	測定成分	備　考
カルセイン	Al	pH 7.2, Em 495 nm
	Mg	pH 7.4, Em 490 nm
	Ca	pH 12, Em 495 nm
カルセインブルー	Cr	
	Fe, Zn, F⁻(消光)	
DAB*	Se	Em 520 nm(シクロヘキサン)
DAN*	Se^{IV}	Em 520 nm(トルエン),
		Em 538 nm(シクロヘキサン)
2,2′-ジヒドロキシアゾベンゼン	Al	pH 6.2～6.4
	Mg	pH 10.2～11.4, Em 580 nm
ルモガリオン	Al, Ga, In, Mo, Nb, Sc, Zr	
SABF*	Ga, Mg	
SAPH*	Al, Ga	
スチルベンフルオブルーS	Cu, Fe(消光)	
タイロン*	希土類元素	

* Dojindo laboratories 第 31 版総合カタログ, 平成 30 年, （株）同仁化学研究所.
Em：蛍光波長

b. 有機化合物の蛍光分析

（1）標準物質の蛍光（補正後のスペクトル）

物　質　名	溶　媒	励起極大波長 nm	蛍光波長 nm	蛍量子収
2-ナフトール	0.02 mol L⁻¹ AcOH-AcONa 緩衝液 (pH 4.62)	313	355 (第2極大 420)	
アントラセン	エタノール	252	399	0.22
硫酸キニーネ	0.1 mol L⁻¹ H₂SO₄	250	461	0.55
5-ジメチルアミノナフタレン-1-スルホン酸	0.1 mol L⁻¹ NaHCO₃	320	515	0.36
フルオレセイン	0.1 mol L⁻¹ NaOH	490	515	0.85
ローダミンB		544	571	0.76
ポンタクロムブルーブラックR Al キレート	95 % エタノール	570	638	

（2）芳香族炭化水素の蛍光（環境分析の際よく測定される）

物質名	溶媒 1-ペンタン		濃 H₂SO₄	
	励起極大波長/nm	蛍光極大波長 nm	励起極大波長/nm	蛍光極大波長 nm
フェナントレン	252, 274, 282	348, 362, 382	306, 338, 353	357, 374
3-メチルコラントレン	297, 315, 360, 378, 392	393, 418, 441	460	579
ピレン	239, 269, 314, 330	382, 392	281, 351, 370, 389	392, 410
ベンゾ[a]ピレン	295, 345, 361, 380(403)	403, 427, 454	283, 385, 470, 493, 525	548
ペリレン	252, 408, 430	438, 464, 497	257, 347, 430, 460	468, 498
ジベンゾ[a,h]アントラセン	292, 319, 330, 342	394, 418, 440	304, 355	405, 430
アントアントレン	257, 304, 380, 400, 420	430, 457, 487	323, 400, 432, 469, 512, 563	582

c. 化学発光

発光試薬	略号	発光系	発光種	発光波長 nm
ルミノール	Lm	Lm-OH⁻-酸化剤-触媒	3-アミノフタル酸	350〜550
ルオレセイン	Fl	Fl-酸化剤-触媒	フルオレセイン	500〜600
シゲニン	Luc	Luc-OH⁻-酸化剤	N-メチルアクリドン	400〜600
ス(2,4,6-トリ クロロフェニル) キサレート	TCPO	TCPO-H₂O₂-蛍光物質	蛍光物質	蛍光物質に 依存

分析対象物質	反 応 系	検出下限
H₂O₂	Fl-HRP*¹	2.5×10^{-12} mol
Mn^II	Lm-H₂O₂	2.9×10^{-11} mol L⁻¹
Fe^II, Fe^III	Lm-V(IV)アセチルアセト錯体-クロロホルム- シクロヘキサン-HTAC*²	5 ng cm⁻²
Cu^II	Lm-システアミン (H₂O₂ 生成系)-HRP*¹	5.0×10^{-9} mol L⁻¹
アスコルビン酸	Luc-Fe^III-Brij 35	2×10^{-9} mol L⁻¹
アミノ酸	TCPO-H₂O₂-蛍光物質*³	0.4〜30 pmol
アドレナリン (エピネフリン)	Luc-IO₄⁻-陽イオン性ミセル	5.0×10^{-10} mol L⁻¹
ヘモグロビン	Lm-H₂O₂	1×10^{-10} mol L⁻¹

*1 西洋わさび由来ペルオキシダーゼ (*horseradish peroxidase*：HRP)，*2 塩化ヘキサデ ルトリメチルアンモニウム (HTAC)，*3 2,4,6,8-テトラチオモルホリノピリミド[5,4-*d*] リミジン.

分析対象物質	反 応 系	検出下限
ATP	ルシフェリン-ルシフェラーゼ-Mg²⁺-リポソーム	1.0×10^{-12} mol L⁻¹
HRP	ホモゲンチジン酸 γ-ラクトン-H₂O₂-DMSO	1.0×10^{-15} mol

[参考文献：日本分析化学会 編，"改訂五版 分析化学便覧"，丸善 (2001), p.712；今井一洋, 江谷克裕，"バイオ・ケミルミネセンスハンドブック"，丸善 (2006)]

・5　紫外・可視吸収スペクトル

a. 紫外吸収スペクトル測定溶媒 (セル厚 10 mm)

化 合 物	可測最短波長/nm	化 合 物	可測最短波長/nm
メタノール	200	ペルフルオロオクタン	180
エタノール	210	3-メチルペンタン	195
ジエチルエーテル	215	イソペンタン	177
水	187	メチルシクロヘキサン	210
ヘプタン	195		

b. 単独の原子団の吸収波長および強度

原子団	化合物例	λ_{max}/nm	ε_{max}	溶 媒
CH=CHR'	エチレン	165, 193	15 000, 10 000	気体

原子団	化合物例	λ_{max}/nm	ε_{max}	溶　媒
RC≡CR′	アセチレン	173	6000	気体
RR′=C=O	アセトン	192, 271	900, 12	エタノール
RHC=O	アセトアルデヒド	293	12	エタノール
—COOH	酢酸	204	60	水
>C=N	アセトオキシム	190	5000	水
—N=N—	ジアゾメタン	～410	～1200	気体
—N=O	ニトロソブタン	300, 665	100, 20	ジエチルエーテ
—NO₂	ニトロメタン	271	19	エタノール
—ONO₂	硝酸エチル	270	12	ジオキサン
—ONO	亜硝酸オクチル	230, 370	2200, 55	ヘキサン
>C=S	チオベンゾフェノン	620	70	ジエチルエーテ
>S → O	シクロヘキシルメチルスルホキシド	210	1500	エタノール

c. 共役系の吸収波長

A グループ：R+CH=CH+$_n$R, R+CH=CH+$_n$CHO,
R+CH=CH+$_n$CH=NR, R₂N+CH=CH+$_n$C

B グループ：R₂N+CH=CH+$_n$CH=N⁺R₂,
O⁻+CH=CH+$_n$CH=O

A グループの吸収位置と強度の例

化合物	λ_{max}/nm	ε_{max}
C=C　エチレン	165	15 000
C=C—C=C　ブタジエン	217	21 000
C=C—C=C—C=C ヘキサトリエン	263	52 500

縮合環芳香族化合物の吸収位置と強度

化合物（環数）	λ_{max} $(\log \varepsilon_{max})$	
ベンゼン　　（1）	{ 178(4.86)	200(3.65)
	255(2.35)	
ナフタレン　（2）	{ 220(5.05)	275(3.75)
	314(2.50)	
アントラセン（3）	250(5.20)	380(3.90)
ナフタセン　（4）	280(5.10)	480(4.05)
ペンタセン　（5）	310(5.50)	580(4.10)

7・6　偏光分光法

　偏光分光法は，光学活性な物質の立体化学解析に必須の方法である．直線偏光を利用し，光学活性物質がその偏光面を回転させる性質（旋光性）を測定する旋光度（optical rotation：OR）法と，左右円偏光に対する吸収の差を利用する円偏光二色（circular dichroism：CD）法がある．紫外・可視吸収における CD スペクトルを，電子遷移に基づく CD として electronic circular dichroism（ECD），また，赤外吸収における CD スペクトルを赤外円二色性または振動円二色性（vibrational circular dichroism：VCD）として区別している．

．旋光度

単位濃度（g/100 cm³）および単位透過距離（dm）当たりの旋光度を比旋光度として下のように表し，物質の旋光性の程度を表す尺度として用いる．

$$[\alpha]_t^\lambda = 100\alpha/(lc)$$

ここで，t：測定温度（℃），λ：波長（nm），α：実測された旋光角（度），l：セル長〔dm（10 cm）〕，c：濃度〔溶液100 cm³ 中に含まれる試料の質量（g）〕である．

波　長：ナトリウムのD線（589.3 nm）

使用セル：ガラスまたは石英製　標準セル（内径10 mm，光路長100 mm）ミクロセル（内径3.5 mm，光路長100，50，10 mm など）

測定溶媒：水，メタノール，エタノール，1,4-ジオキサン，クロロホルムなど

なお，旋光度は波長により変化する．この現象は旋光分散（optical rotatory dispersion：ORD）と呼ばれ，波長に対して旋光度をプロットして得られる曲線は旋光分散曲線（ORD）と呼ばれる．紫外・可視領域のORD曲線は，CDスペクトルとともに，光学活性物質の立体化学解析に用いられる．

．円二色性スペクトル（紫外・可視）

$$\Delta\varepsilon = \varepsilon^l - \varepsilon^r \qquad \Delta A = \Delta\varepsilon cl$$

ここで，$\Delta\varepsilon$：円二色性モル吸光係数（L mol⁻¹ cm⁻¹；ε^l，ε^r は，それぞれ左回り円偏光，右回り円偏光におけるモル吸光係数），ΔA：円二色性吸光度，c：モル濃度（mol 溶質／L），l：セル長（cm）である．

測定波長：170 nm～1100 nm（真空紫外（～180 nm），近赤外領域付近（～約1100 nm）の測定には，別途注意が必要）

使用セル：ガラス（可視部のみ）または石英製　角形（セル長20～1 mm），円筒形（セル長100～0.1 mm）

測定溶媒：n-ヘキサン（～185 nm（1 mm cell）），シクロヘキサン（～185 nm（1 mm cell）），1,4-ジオキサン（～210 nm（1 mm cell）），1,2-ジクロロエタン（～210 nm（1 mm cell）），メタノール（～195 nm（1 mm cell）），エタノール（～200 nm（1 mm cell）），水（～180 nm（1 mm cell）），クロロホルム（～230 nm（1 mm cell）），～220 nm（0.1 mm cell））

．円二色性スペクトル（赤外）

測定波長：4000 cm⁻¹～800 cm⁻¹

使用セル：BaF₂ 製（～750 cm⁻¹）または CaF₂ 製（～1000 cm⁻¹）はり合せセル（セル長0.2～0.05 mm）

測定溶媒：重水素化クロロホルム，四塩化炭素，重水素化ベンゼン，重水素化アセトニトリル，重水素化テトラヒドロフラン，重水素化ジメチルスルホキシド，重メタノール，重水，水

7.7 赤外吸収スペクトル

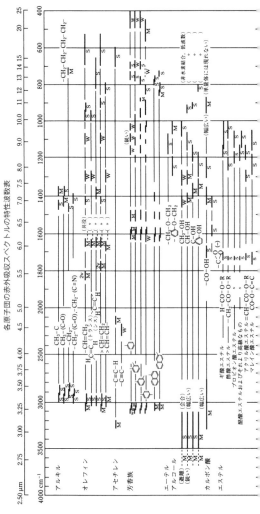

各原子団の赤外吸収スペクトルの特性波数表

S：強い吸収，M：中間の吸収
W：弱い吸収，2ν：倍音吸収

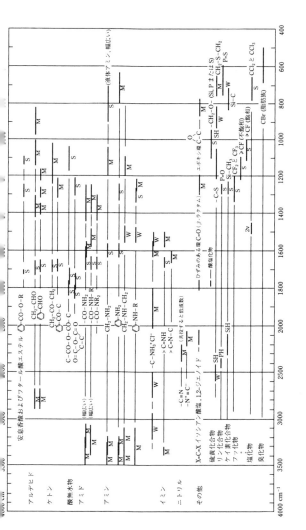

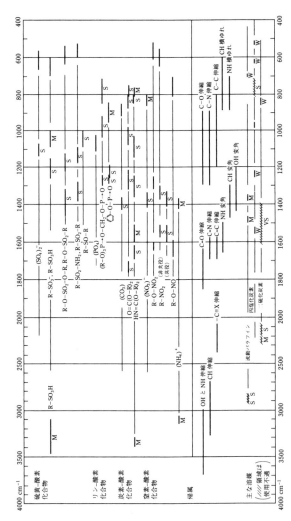

4000 cm⁻¹	3500	3000	2500	2000	1800	1600	1400	1200	1000	800	600	400

硫黄-酸素化合物

リン-酸素化合物

炭素-酸素化合物

窒素-酸素化合物

燐酸

R-SO₂H   M

(SO₄)²⁻, R-SO₃H
R-SO₂-O-R, R-O-SO₂-R
R-SO₂-NH₂, R-SO₂-R
R-SO-R

(PO₄)³⁻
(R-O)₃P→O-CH₂-O-P-O
-O-P-O-P-O

(CO₃)²⁻
O=C(O-R₂)
HN=C(O-R₂)

(NO₃)⁻
R-O-NO₂ (非共役)
R-NO₂ (共役)
R-O-NO

(NH₄)⁺

OH と NH 伸縮
CH 伸縮

C-O 伸縮
C-N 伸縮
C=C 伸縮
NH 変角

C-O 伸縮
C-N 伸縮
CH 変角
OH 変角

C-O 伸縮
C-N 伸縮
CH 横ゆれ
NH 横ゆれ
CH 横ゆれ

主な溶媒
(/////領域は使用不通)

流動パラフィン

四塩化炭素
三硫化炭素

-C≡X 伸縮

・8 ラマンスペクトル

ラマンスペクトルに現れる特性振動バンドは,多くの場合,赤外吸収スペクトルに現れる
ものと重複している.ただし,これら振動バンドのうち,赤外スペクトルには双極子モーメ
ントの変化するものが,ラマンスペクトルには分極率の変化するものが現れるので,両者の
スペクトルを相補的に利用することが望ましい.さらに以下の点を念頭におくとよい.

① 赤外法に比べ,ラマン法は試料形態に多様性が許容される
② 赤外法では使用困難な水その他の溶媒の使用が可能である
③ ラマン法においては等核結合の振動に対応するバンドが強く現れる
④ ラマン法は物質の電子状態と密接な関係をもっており,振動スペクトル法としてのみ
ならず,電子スペクトル法の一種としての側面もあわせもっている.それは,共鳴ラマン効
果の励起波長依存性に現れる.

一方,ラマン法の測定上の大きな障害は,レーザー照射によって試料から生じる蛍光によ
る強いバックグラウンドである.この問題を回避する方法として,近赤外レーザー光を励起
源とするラマン分光法や非線形ラマン分光法がよく利用されている.

化 合 物	波数/cm^{-1}	備　考
アセチレン誘導体		
二置換体	2300〜2190(s)	C≡C 伸縮,時に二重線
モノアルキル	2140〜2100(s)	C≡C 伸縮
アルケン類	1675〜1600(m-s)	C=C 伸縮
cis-アルケン	590〜570(m)	
	420〜400(m) }	骨格変角
	310〜290(m)	
trans-アルケン	500〜480(s) }	骨格変角
	220〜200(s)	
末端アルケン		
RCH=CH$_2$	500〜480(s)	骨格変角
RR′C=CH$_2$	440〜390(m)	骨格変角(2本)
	270〜250(m)	骨格変角
アレン類	2000〜1920(vw)	C=C=C 伸縮（ν_{as}）
	1080〜1060(vs)	C=C=C 伸縮（ν_s）
クムレン類	2070〜2030(s)	C=C=C=C 伸縮
ベンゼン置換体		
一置換	630〜610(s)	環伸縮と置換基-環伸縮とのカップル,IR に出ず
1,2-：1,2,4-置換	750〜700(s)	環伸縮と置換基-環伸縮とのカップル,IR に出ず
1,3-置換	750〜700(s)	環伸縮と置換基-環伸縮とのカップル,IR に出ず
1,2,3-置換	655〜645(s)	環伸縮と置換基-環伸縮とのカップル,IR に出ず
1,3,5-置換	570〜550(s)	環伸縮と置換基-環伸縮とのカップル,IR に出ず
シクロプロパン類	1210〜1180(s)	環息つき
	830〜810(s)	環変角
シクロブタン類	1000〜960(vs)	環息つき
	700〜680(s)	環変角
シクロペンタン類	900〜880(s)	環息つき
シクロヘキサン類	825〜815(s)	環振動(舟形)
	810〜795(s)	環振動(いす形)

化 合 物	波数/cm⁻¹	備 考
ピナン類	680〜630(vs)	環変角，1000〜350 cm⁻¹ に他の特性バンド 6
アルコール類	1160〜1120(w)	C-C-O 逆対称伸縮
	950〜850(s)	C-C-O 対称伸縮
環状エーテル類	820〜800(s)	環伸縮，六員環
	920〜900(s)	環伸縮，五員環
	1040〜1010(s)	環伸縮，四員環
ニトリル類	2260〜2240(s)	C≡N 伸縮，非共役
	2230〜2220(s)	C≡N 伸縮，共役
	1080〜1025(s〜vs)	C-C-C 伸縮
	840〜800(s〜vs)	C-C-CN 伸縮 (ν_s)
	380〜280(s〜vs)	C-C≡N 変角
イソシアネート	1440〜1400(vs)	N=C=O 伸縮 (ν_s)
シアナミド	1150〜1140(vs)	N=C=N 伸縮 (ν_s)
オキシム	1680〜1620(s)	C=N 伸縮
アジ化物	2170〜2080(s)	NNN 伸縮 (ν_{as})
	1345〜1175(vs)	NNN 伸縮 (ν_s)
アゾ化合物	1580〜1570(vs)	N=N 伸縮，非共役
	1420〜1410(vs)	N=N 伸縮，共役
	1060〜1030(vs)	C-N 伸縮，芳香族
ピリジン類	1620〜1560(m)	環伸縮
	1230〜550(vs)	環伸縮と環-置換基伸縮とのカップル
ピロール類	1570〜1360(vs)	環伸縮
硝酸エステル	1285〜1260(vs)	ONO 伸縮 (ν_s)
亜硝酸エステル	1660〜1620(s)	N=O 伸縮
過酸化物	900〜850(variable)	O-O 伸縮
チオール	2590〜2560(vs)	S-H 伸縮
	700〜550(vs)	S-S 伸縮
	340〜320(vs)	S-H 面外
スルフィド	705〜570(s)	C-S 伸縮
ジスルフィド	550〜500(vs)	S-S 伸縮
スルホン	1340〜1300(m)	SO₂ 伸縮 (ν_{as})
	1150〜1110(s)	SO₂ 伸縮 (ν_s)
	610〜545(s)	SO₂ はさみ
スルホン酸エステル	1195〜1170(vs)	SO₂ 伸縮 (ν_s)
スルホンアミド	1155〜1135(vs)	SO₂ 伸縮 (ν_s)
スルホキシド	1050〜1010(s)	S=O 伸縮
チオシアン酸エステル	650〜600(s)	S-C 伸縮
チオフェン類	740〜680(vs)	C-S-C 伸縮
	570〜430(s)	環変角
キサントゲン酸塩	670〜620(vs)	C=S 伸縮，IR に出ず
	480〜450(vs)	C-S 伸縮
ホスフィン類	2350〜2240(m)	P-H 伸縮
有機ケイ素化合物	1300〜1200(s)	Si-C 伸縮
有機ヒ素化合物	570〜550(vs)	As-C 伸縮
	240〜220(vs)	C-As-C 変角
有機スズ化合物	600〜450(s)	C-Sn 伸縮

化 合 物	波数/cm⁻¹	備 考
有機水銀化合物	570〜510(vs)	C-Hg 伸縮
有機鉛化合物	480〜420(s)	C-Pb 伸縮
$CO_3{}^{2-}$	1090〜1060(vs)	C-O 伸縮 (ν_s)
$NO_3{}^{-}$	1070〜1045(vs)	N-O 伸縮 (ν_s)
$NO_2{}^{-}$	1360〜1340(s)	N-O 伸縮 (ν_s)
$PO_4{}^{3-}$	980〜960(s)	P-O 伸縮 (ν_s)
$SO_4{}^{2-}$	990〜970(vs)	S-O 伸縮 (ν_s)

s：非常に強い，s：強い，m：中程度，w：弱い，vw：非常に弱い，ν_s：対称，ν_{as}：逆対称

・9 光 源

a. 代表的な分光測定用光源

光源の種類		実用的な波長範囲/nm	代表的な輝線/nm[*1]	電気入力	利用波長域
水素ランプ		160〜400		30〜200 W	紫外
	LiF 窓	105〜			
	MgF 窓	115〜			
セノンランプ		300〜1000 以上		100 W〜10 kW	可視
			460〜470 800〜1000 に多数		
タングステンランプ		350〜2500		30〜数百 W	可視 近赤外
水銀ランプ	低圧	200〜700		10〜数百 W	輝線
			253.7		
	高圧	200〜700		50〜10 kW	可視の輝線 可視
			253.7 365 405 436 546 578		
	超高圧	〃		100〜数 kW	可視 可視の輝線
発光ダイオード[*2]					
	InGaN		365, 375, 380, 468, 518, 523	3.5 V, 20 mA	半値幅 <35 nm
	AlGaInP		591, 611, 630	1.9 V, 20 mA	半値幅 <20 nm

*1 発光ダイオードに関してはピーク波長．
*2 データは日亜化学工業(株)およびローム(株)による．

b. 代表的な固体レーザーの種類と特性

レーザーの種類	発振波長 nm	発振の種別	発振特性（光出力・パルス幅・繰返し周波数）	取扱い企業
ランプ励起高出力レーザー				
Nd：YAG　フラッシュランプ励起，Qスイッチ，高調波発生	1064	パルス	2000 mJ，13 ns，10 Hz	A，J
	532		750 mJ	
	355		300 mJ	
	266		150 mJ	
Nd：YAG　フラッシュランプ励起，モードロックQスイッチ，高調波発生	1064	パルス	110 mJ，25 ps，10 Hz	A，J
	532		65 mJ	
	355		40 mJ	
	266		20 mJ	
LD[*1]励起高出力レーザー				
Nd：YAG　Qスイッチ	1064	パルス	10 mJ，15 ns，20 kHz	A，J
キャビティ内 SHG[*2]	532		0.4 mJ，25 ns，5 kHz	
キャビティ内 THG[*3]	355		0.06 mJ，25 ns，5 kHz	
Nd：YVO$_4$	1064	CW	20 W	E
キャビティ内 SHG	532		10 W	
キャビティ内 FHG[*4]	266		500 mW	
Ti：サファイア　モードロック，自動波長チューニング	720〜930	パルス	400〜1200 mW，<140 fs，90 MHz	B
LD 励起小型レーザー				
DPSS	375〜1400	CW	2.5 W	B, C, F, E
ファイバーレーザー	500〜1900	CW，パルス	100 W	B, C, F,

*1　レーザーダイオード
*2　SHG：第二高調波発生
*3　THG：第三高調波発生
*4　FHG：第四高調波発生

c. 代表的なガスレーザーの種類と特性

レーザーの種類	発振波長 nm	発振の種別	発振特性（光出力・パルス幅・繰返し周波数）	取扱い企業
CO$_2$ レーザー	9〜11 μm	CW[*1]	240 W	C
He-Ne レーザー	632.8	CW	0.5〜75 mW	各社
Ar レーザー（小型空冷）		CW		C，D，
	514.5		50 mW	
	488		50 mW	
	457.9		150 mW	
He-Cd レーザー	441.6		180 mW	C，G
	325		100 mW	
N$_2$ レーザー	337.1	パルス	0.3 mJ，0.9 ns，<20 Hz	H，I
エキシマーレーザー		パルス		B，F
ArF	193		800 mJ，<30 ns，1000 Hz	
KrF	249		1200 mJ	

レーザーの種類	発振波長 nm	発振の種別	発振特性（光出力・パルス幅・繰返し周波数）	取扱い企業
XeCl	303		800 mJ	
XeF	355		650 mJ	

*1　CW：連続発振

1. 非線形光学効果を利用した波長可変パルスレーザーシステム

ポンピングレーザー	波長変換方法	発振波長/nm	発振特性（光出力・パルス幅・繰返し周波数）	取扱い企業
d：YAG（フラッシュランプ励起，Qスイッチ，ナノ秒パルス）	OPO*1		<8 ns，10 Hz	E
	シグナル光	410〜708	40〜100 mJ	
	アイドラ光	710〜2300	60 mJ	
	SHG	220〜450	変換効率5〜10％	
d：YAG（フラッシュランプまたは LD 励起，モードロックQスイッチピコ秒パルス）	OPG*2＋OPA*3		3〜70 ps，10 Hz	A，J
	シグナル光	420〜680	0.3〜0.8 mJ	
	アイドラ光	740〜2299	<0.5 mJ	
	SHG	210〜340	ND	
	DFG*4	2.3〜18 μm	0.1〜0.35 mJ	
i：サファイア（モードロック，再生増幅，フェムト秒パルス）	OPA（可視・近赤外用）		<60 fs，250 kHz	B
			80 nJ（＠600 nm）	
	シグナル光	480〜700	ND	
	アイドラ光	930〜2300	10 nJ	
	SHG	240〜350	<60 fs，250 kHz	
	OPA（赤外用）	1.2〜1.6 μm	160 nJ（＠1.3 μm）	
	シグナル光	1.6〜2.4 μm	ND	
	アイドラ光	2.5〜>10 μm	60 nJ（＠3.5 μm）	

*1　OPO：光パラメトリック発振
*2　OPG：光パラメトリック発生
*3　OPA：光パラメトリック増幅
*4　DFG：差周波発生

取扱い企業一覧
A：㈱東京インスツルメンツ
B：コヒレント・ジャパン㈱
C：㈱日本レーザー
D：エドモンド・オプティクス・ジャパン㈱
E：スペクトラ・フィジックス㈱
F：オーテックス㈱
G：西進商事㈱
H：コーンズテクノロジー㈱
I：フォトニックインストゥルメンツ㈱
J：MSH システムズ㈱

8 電気分析

電気化学的性質を利用した分析法で，分析の対象は主として溶液試料である．電極電位，導電率，電気分解量，あるいは電極に加えた電位差と電解電流の関係などを測定し，分析する．電解分析法，クーロメトリー，電位差法，電導率分析，ボルタンメトリーなどがある．イオン選択性電極や酵素電極が特性の高い簡易分析法として実用化されている．分離分析法の検出法としての価値も高い．

8・1 基準電極（または参照電極）の電位 (25 ℃)

基準電極	V *vs.* SHE[*1]	V *vs.* SCE[*2]
Hg | HgO | 0.1 mol L^{-1} NaOH	0.926	0.682
Hg | HgSO$_4$ | 0.5 mol L^{-1} H$_2$SO$_4$	0.648	0.404
Hg | HgSO$_4$ | 飽和 K$_2$SO$_4$	0.64	0.40
Hg | Hg$_2$Cl$_2$ | 0.1 mol L^{-1} KCl	0.336	0.092
Hg | Hg$_2$Cl$_2$ | 1 mol L^{-1} KCl	0.283	0.039
Hg | Hg$_2$Cl$_2$ | 3.5 mol L^{-1} KCl	0.250	0.006
Hg | Hg$_2$Cl$_2$ | 飽和 KCl	0.244	0
Hg | Hg$_2$Cl$_2$ | 飽和 NaCl	0.236	−0.008
Ag | AgCl | 3 mol L^{-1} NaCl	0.209	−0.035
Ag | AgCl | 3.5 mol L^{-1} KCl	0.205	−0.039
Ag | AgCl | 飽和 KCl	0.199	−0.045

[*1] 標準水素電極を SHE または NHE と記す． [*2] 飽和カロメル電極を SCE と記す．

8・2 電極分析法

a. 電解重量分析と定電位電解法[*1]

元素	電解重量法電解液[*2]	定電位電解法の条件[*3]
Ag	0.05 mol HNO$_3$+C$_2$H$_5$OH など	0.4 mol L^{-1} HNO$_3$ または H$_2$SO$_4$, 0.1 または 0.25 V ; 1.2 mol L^{-1} NH$_3$+0.2 mol L^{-1} NH$_4$Cl, −0.10 V
Cd	0.05 mol L^{-1} H$_2$SO$_4$	酒石酸塩 (0.4 mol L^{-1} Na-tart. +0.1 mol L^{-1} NaH-tart.), −0.95 V
Co	(NH$_4$)$_2$SO$_4$+NH$_3$	1.2 mol L^{-1} NH$_3$+0.2 mol L^{-1} NH$_4$Cl, −0.90 V
Cu	~1 mol L^{-1} H$_2$SO$_4$, ~0.2 mol L^{-1} HNO$_3$	同左＋NH$_2$OH・HCl＋尿素, −0.35 V ; Cd に同じ, −0.30 V ; Co に同じ, −0.50 V
Ni	(NH$_4$)$_2$SO$_4$+NH$_3$	Co に同じ, −1.10 V
Pb	~2 mol L^{-1} HNO$_3$, 陽極で PbO$_2$	Cd に同じで還元剤共存, −0.60 V ; 0.7 mol L^{-1} HNO$_3$, 1.8 V（陽極で PbO$_2$）

元素	電解重量法電解液*2	定電位電解法の条件*3
n	~0.5 mol L⁻¹HCl+NH₂OH·HCl	6 mol L⁻¹HCl+N₂H₄·2HCl, −0.65 V
n	NH₃+NH₄Cl など	Cd に同じ, −1.30 V：Co に同じ, −1.45 V, Hg 極がよい

*1 他に多くの方法がある. 田中正雄, 分化, **6**, 409, 413, 477, 482, 617 (1958)；G. A. chnitz, "Controlled Potential Analysis", Pergamon Press (1963) などを参照.
*2 電極は記載のないものは白金. 電解電流はほぼ一定（通常 0.2~1 A dm⁻²）で電解.
*3 電極は白金. 電解液組成, 電極電位 (*vs.* SCE) の順に記す.

・3　ボルタンメトリー

a. ボルタンメトリーに用いられる溶媒と電極

溶　媒*	電　極	電位窓/V *vs.* SCE
水	Pt	−0.3~+1.1 (0.1 mol L⁻¹HCl)
	Pt	−0.7~+0.9 (pH 7, リン酸緩衝液)
	Au	−0.2~+1.5 (1 mol L⁻¹HClO₄)
	カーボンペースト	−1.1~+1.1 (1 mol L⁻¹KCl)
	カーボンペースト	−0.9~+1.0 (1 mol L⁻¹HCl)
	グラッシーカーボン	−0.8~+1.3 (酸性)
	Hg	−1.0~+0.5 (1 mol L⁻¹HClO₄)
アセトニトリル	Pt	−0.3~+2.5 (LiClO₄)
	Pt	−1.8~+3.2 ((C₂H₅)₄NBF₄)
	Hg	−0.6~+2.8 ((C₂H₅)₄NI)
炭酸プロピレン	Pt	−1.9~+1.7 ((C₂H₅)₄NClO₄)
	Hg	−2.5~+0.5 ((C₂H₅)₄NClO₄)
	カーボン	−0.6~+0.9 ((C₂H₅)₄NClO₄)
ジメチルスルホキシド	Pt	−0.7~+1.9 (NaClO₄)
	Hg	−3.0~+0.4 ((C₂H₅)₄NClO₄)
ジメチルホルムアミド	Pt	−2.1~+1.6 ((C₂H₅)₄NClO₄)
	Hg	−3.0~+0.4 ((C₂H₅)₄NClO₄)

* 脱気した溶媒.

b. 高速液体クロマトグラフィー用ボルタンメトリー検出

本法の定量限界は, 分析対象物質の性質, 高速液体クロマトグラフィーのカラムのサイズ, 動相の組成, 電気化学セルの構造, 作用電極の種類などにより大きく異なる. この他, 糖な の検出ではアルカリ溶液中金電極を用いたパルスドアンペロメトリー検出が用いられる.

生体関連物質	pH	設定電位/V *vs.* Ag/AgCl
アスコルビン酸	3	0.2~1.0
α-トコフェロール	3	0.3~1.0
尿酸	3	0.4~1.2
モルヒネ	0.02 mol L⁻¹HCl	0.45~1.0
アドレナリン（エピネフリン）	3	0.5~1.2

生体関連物質	pH	設定電位/V $vs.$ Ag/AgCl
L-トリプトファン	3	0.5～1.0
カテキン	3	0.5～1.1
ガロカテキンガレート	3	0.5～1.1
ケルセチン	3	0.5～1.1
アポモルヒネ	3	0.5～0.9
3,4-ジヒドロキシフェニル酢酸	3	0.6～1.2
ホモバニリン酸	3	0.7～1.2
グアニン	3	0.7～1.2
キサンチン	3	0.7～1.2
システイン	3	0.8～1.0
L-チロシン	3	0.9～1.0
エストリオール	3	0.95～1.2
ヒポキサンチン	3	1.1～1.2

8・4 クーロメトリー[*1]

a. 定電位クーロメトリー[*2]

反応	電極	定量元素と反応，電解液組織および電極電位/V $vs.$ SCE[*3]
還元	Hg	$Ag^+, Ba^{2+}, Bi^{3+}, Cd^{2+}, Co^{2+}, Cu^{2+}, In^{3+}, Na^+, Ni^{2+}, Pb^{2+}, Sn^{2+,4+}, Tl^+, Zn$
電解還元	Pt	$Cr^{6+} \to 3^+$, 0.5 mol L^{-1} H$_2$SO$_4$+I$^-$ (1.0)；$Fe^{3+} \to 2^+$, 0.5 mol L^{-1} H$_2$SO$_4$ (0.20)；$Pu^{6+} \to 4^+$, 0.5 mol L^{-1} HClO$_4$ (0.92) または 0.5 mol L^{-1} H$_2$SO$_4$+Fe^{3+} (0.67)；$Ce^{4+} \to 3^+$, 1 mol L^{-1} H$_2$SO$_4$(0.80)
	Hg	$Mo^{6+} \to 3^+$, 1 mol L^{-1} H$_2$SO$_4$ (-0.4)；$NO_3^- \to N_2$, NaClO$_4$+HClO$_4$；U^{3+} (-1.0)；$U^{6+} \to 4^+$, 1 mol L^{-1} H$_2$SO$_4$ (-0.3)；有機ニトロ化合物，LiCl+MeOH など (-1.0)
電解酸化	Pt	$As^{3+} \to 5^+$, 1 mol L^{-1} H$_2$SO$_4$ (1.2)；$Fe^{2+} \to 3^+$, 1 mol L^{-1} HCl (0.665)；H$_2$O$_2 \to$ O$_2$, 1 mol L^{-1} H$_2$SO$_4$ (0.93)；$Np^{5+} \to 6^+$, 0.5 mol L^{-1} H$_2$SO$_4$ (1.0)；$Pu^{3+} \to 4^+$, 1 mol L^{-1} H$_2$SO$_4$ (0.70)
	Ag	ハロゲン化物イオン → ハロゲン化銀，NaAc+HAc (Cl：0.25, Br：0.16, I：-0.06)
	Hg	有機ハロゲン化合物，Et$_4$NBr-MeOH など (-0.9～-1.8)

*1 内山俊一 編，"高精度基準分析クーロメトリーの基礎と応用"，学会出版センター（199 ）参照．

*2 本書8・2節 a. 定電位電解法および J. E. Harrar, "Electroanalytical Chemistry", Vol. 8, by A. J. Bard, Marcel Dekker (1975), p. 2, 参照．

*3 （ ）内は電極電位．

b. 電量滴定法

滴定剤	電解液の組成と発生電極[*1]	定量された物質[*2]
OH$^-$ または H$^+$	KCl, Na$_2$SO$_4$ など，0.05～1 mol L^{-1}，有機溶媒でも可	多数の無機ならびに有機の酸または塩基 B → H$_3$BO$_3$, C → CO$_2$, N → NH$_3$, CO$_2$ P → H$_3$PO$_4$, S → H$_2$SO$_4$ など

滴定剤	電解液の組成と発生電極*1	定量された物質*2
e²⁺	~0.1 mol L⁻¹ Fe³⁺ + ~1 mol L⁻¹ H₂SO₄	Ce⁴⁺, Cl₂, CrO₄²⁻, MnO₄⁻, Mo⁶⁺, Pu⁴⁺, V⁵⁺ など
e⁴⁺	0.1 mol L⁻¹ Ce³⁺ + >3 mol L⁻¹ H₂SO₄	As³⁺, Fe²⁺, H₂O₂, Mo³⁺, PO₄³⁻ → Mo³⁺, Sb³⁺, U⁴⁺, フェノール酸, ヒドロキノンその他還元性有機物など
ロゲン	~0.1 mol L⁻¹ ハロゲン化アルカリ. 必要に応じ緩衝液または HCl を加える	As³⁺, Fe²⁺, H₂O → NH₃ またはカールフィッシャー法, H₂O₂, NH₃, S²⁻, 低級硫黄化合物, SCN⁻, Sb³⁺, Se⁴⁺, Sn²⁺, U⁴⁺, ヒドラジン類, アミン, アミノ酸, アスコルビン酸など
g⁺ または Hg²⁺	1 mol L⁻¹ NaNO₃ または HClO₄ (+C₂H₅OH) ; Ag または Hg	ハロゲン化物イオン, CN⁻, K⁺, S²⁻, SCN⁻, 有機ハロゲン化合物または硫黄化合物など

*1 Pt 極を用いたものは記載を省略. *2 矢印はその物質に変えてから定量したもの.

・5 電位差法

a. pH 測定

pH は水素イオンの活量の逆数の常用対数, すなわち $pH = -\log a_{H_3O^+}$ と定義される. 測定可能な pH(X) は標準液の pH(S) を基準として次式により表される.

$$pH(X) = pH(S) + F\{E(X) - E(S)\}/2.3026\,RT$$

ここで, $E(X)$ と $E(S)$ は電池

水素電極 | pH(X) または pH(S) の溶液 | 基準電極

の起電力である.

1) 標準緩衝液の組成と pH (25 ℃)

名 称	組 成	pH
シュウ酸塩標準液	0.05 mol L⁻¹ KH₃(C₂O₄)₂·2 H₂O 水溶液, CaCl₂ またはシリカゲルデシケーター中保存乾燥品	1.68
タル酸塩標準液	0.05 mol L⁻¹ C₆H₄(COOK)(COOH) 水溶液, 110 ℃ 恒量品	4.01
性リン酸塩標準液	0.025 mol L⁻¹ KH₂PO₄-0.025 mol L⁻¹ Na₂HPO₄ 水溶液, 110 ℃ 恒量品	6.86
ウ酸塩標準液*	0.01 mol L⁻¹ Na₂B₄O₇·10 H₂O 水溶液, NaBr-水デシケーター中保存品	9.18
酸塩標準液*	0.025 mol L⁻¹ NaHCO₃-0.025 mol L⁻¹ Na₂CO₃ 水溶液. Na₂CO₃ 300～500 ℃ 恒量品, NaHCO₃ は CaCl₂ またはシリカゲルデシケーター中保存乾燥品	10.02

＊ CO₂ 除去純水使用.

（2） **標準緩衝液の各温度における pH の値**

温度	標　準　液				
℃	シュウ酸塩	フタル酸塩	中性リン酸塩	ホウ酸塩	炭酸塩*
0	1.67	4.01	6.98	9.46	10.32
5	1.67	4.01	6.95	9.39	(10.25)
10	1.67	4.00	6.92	9.33	10.18
15	1.67	4.00	6.90	9.27	(10.12)
20	1.68	4.00	6.88	9.22	(10.07)
25	1.68	4.01	6.86	9.18	10.02
30	1.69	4.01	6.85	9.14	(9.97)
35	1.69	4.02	6.84	9.10	(9.93)
38	—	—	—	—	9.91
40	1.70	4.03	6.84	9.07	—
45	1.70	4.04	6.83	9.04	—
50	1.71	4.06	6.83	9.01	—
55	1.72	4.08	6.84	8.99	—
60	1.73	4.10	6.84	8.96	—
70	1.74	4.12	6.85	8.93	—
80	1.77	4.16	6.86	8.89	—
90	1.80	4.20	6.88	8.85	—
95	1.81	4.32	6.89	8.83	—

*　（　）内の値は二次内挿値を示す．

b.　イオン選択性電極と酵素電極

（1）　**イオン選択性電極**　　イオン電極の電位 E は以下の Nicolsky-Eisenman 式で表される．

$$E = E_i{}^\circ + \frac{2.303\,RT}{z_i F} \log \left\{ a_i + \sum_{j \neq i} k_{ij}{}^{\mathrm{pot}} a_j{}^{\frac{z_i}{z_j}} \right\}$$

ここで，a_i は測定対象イオン i の活量，a_j は共存イオン j の活量，z_i は測定対象イオンのイオン価，z_j は共存イオンのイオン価，$k_{ij}{}^{\mathrm{pot}}$ は選択係数であり，下表では主な妨害イオンとその $k_{ij}{}^{\mathrm{pot}}$ を（　）内に記す．

測　定イオン	電極の種類	測定範囲 mol L⁻¹	pH範囲	主な妨害イオン
Ag⁺	S	10^{-7}～1	2～10	$[Hg^{2+}]$
Ba²⁺	L	10^{-6}～1	2～7	$H^+ (10^{-1})$，$K^+ (10^{-2})$，$Sr^{2+} (10^{-2})$，$Rb^+ (10^{-2}$
Br⁻	S	10^{-6}～1	2～12	$CN^- (25)$，$I^- (20)$，$S_2O_3{}^{2-} (1.5)$，$[S^{2-}]$
Ca²⁺	S	10^{-6}～1	5～11	Sr^{2+}，Ba^{2+}，Cd^{2+}，Fe^{2+}，Zn^{2+}，Pb^{2+}
	L	10^{-6}～1	3～12	$Mg^{2+} (4 \times 10^{-2})$，$Sr^{2+} (10^{-2})$
Cd²⁺	S	10^{-7}～1	3～7	$Fe^{2+} (196)$，$Pb^{2+} (6)$，$Mn^{2+} (2.7)$，$[Ag^+, Cu^{2+}, Hg^{2+}$
CN⁻	S	10^{-7}～10^{-1}	11～13	$I^- (3)$，$CrO_4{}^{2-} (10^{-2})$，$[Hg^{2+}, S^{2-}, MnO_4{}^-]$
Cl⁻	S	10^{-6}～1	1～10	$CN^- (400)$，$S_2O_3{}^{2-} (60)$，$I^- (20)$，$Br^- (1.2)$，$[S^{2-}$
	L	10^{-5}～1	2～11	$OH^- (10)$，I^-，$F^- (10^{-2})$，$OAc^- (10^{-2})$
ClO₄⁻	L	10^{-6}～1	2～12	$I^- (5 \times 10^{-2})$，$NO_3{}^- (10^{-2})$，$Br^- (10^{-3})$
CO₂	C	10^{-5}～10^{-2}		H^+，Ag^+，揮発性弱酸
Cu²⁺	S	10^{-8}～1	2～6	$Fe^{3+} (10)$，$[S^{2-}, Ag^+, Hg^{2+}]$

117

定オン	電極の種類	測定範囲 / mol L⁻¹	pH範囲	主な妨害イオン
⁻	S	$10^{-6} \sim 1$	$4 \sim 10$	$OH^{-} (10^{-1})$
	S	$10^{-7} \sim 1$	$1 \sim 12$	$CN^{-} (10^{-1})$, $S_2O_3^{2-} (10^{-1})$, $[S^{2-}, MnO_4^{-}]$
⁺	S	$10^{-5} \sim 10^{-1}$	$0 \sim 14$	Ag^{+}, Na^{+}, NH_4^{+}
	L	$10^{-6} \sim 1$	$2 \sim 11$	$Rb^{+} (3)$, $Cs^{+} (4 \times 10^{-1})$, $NH_4^{+} (10^{-2})$
a⁺	G	$10^{-6} \sim 1$	$3 \sim 11$	$H^{+} (10^{3})$, $Ag^{+} (3 \times 10^{3})$, $K^{+} (10^{-2})$
	L	$10^{-5} \sim 1$	$4 \sim 12$	$NH_4^{+} (2 \times 10^{-1})$, $K^{+} (5 \times 10^{-1})$, $Rb^{+} (2 \times 10^{-1})$
H₃	C	$10^{-6} \sim 1$		CO_2, SO_2（pH 11 以上では妨害しない）
H₄⁺	L	$10^{-6} \sim 10^{-1}$	$4 \sim 7$	$K^{+} (10^{-1})$, $H^{+} (10^{-2})$, 揮発性アミン類
⁻	L	$10^{-5} \sim 1$	$3 \sim 12$	$I^{-} (10)$, $SCN^{-} (10)$, $NO_2^{-} (5 \times 10^{-1})$, $Br^{-} (10^{-1})$
b²⁺	S	$10^{-7} \sim 10^{-1}$	$4 \sim 7$	Fe^{3+}, Cd^{2+}, $[Ag^{+}, Cu^{2+}, Hg^{2+}]$
⁻	S	$10^{-6} \sim 1$	$12 \sim 14$	$S_2O_3^{2-} (10^{-1})$, $[Hg^{2+}, CN^{-}]$
CN⁻	S	$10^{-5} \sim 1$	$2 \sim 12$	CN^{-}, I^{-}, Br^{-}, $S_2O_3^{2-}$, $[S^{2-}]$

電極は G：ガラス電極，S：固体膜電極，L：液体膜電極，C：隔膜型電極．

上記は一例であるが，電極の組成やキャリヤー化合物の種類・濃度などによって応答は大きく異なるため，使用する電極の材質・組成を確認して使用すること．詳細は次の文献を参照のこと．P. Bühlmann, *et al.*, *Chem. Rev.*, **98**, 1593 (1998).

2）**酵素電極**　　酵素電極反応は下図に示すように第一から第三世代型に分類される．

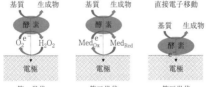

基質の酸化反応を例とした酵素電極反応の機構と各世代の違い

第一世代では電極と酵素との間は O_2 および H_2O_2 の酸化還元系で共役される．第二世代の Med は酸化還元物質（メディエーター）を意味する．

第一および第二世代では，電極表面に被覆した膜状の固定相に酵素を固定し，アンペロメトリーあるいはポテンショメトリーにより，対象物を定量する．第二世代では選択するメディエーターの種類・濃度により，電極特性は大きく変化する．メディエーターの酸化還元電位については次の文献を参照のこと．M. Loufultz, R. A. Durst, *Anal. Chim. Acta*, **140**, 1 (1982); K. Kano, *Rev. Polarography*, **48**, 29 (2002).

測定物質	指示電極	測定範囲 mg L⁻¹	安定性 日	酵素（固定化法）
・アルアラギン	NH_4^{+} 電極	$5 \sim 10^{3}$	30	アスパラギナーゼ（包括法）
ミグダリン	CN^{-} 電極	$1 \sim 10^{3}$	3	β-グルコシダーゼ（吸着法）
・アミノ酸	NH_3 電極	$5 \sim 10^{2}$	70	L-アミノ酸オキシダーゼ（共有結合法）
・アミノ酸	NH_4^{+} 電極	$5 \sim 10^{3}$	30	D-アミノ酸オキシダーゼ（包括法）
タノール	酸素電極	$5 \sim 10^{3}$	120	アルコールオキシダーゼ（架橋化法）

測定物質	指示電極	測定範囲 mg L⁻¹	安定性 日	酵素（固定化法）
カテコール	酸素電極	$10^{-2}\sim10$	30	カテコールオキシダーゼ（架橋化
過酸化水素	酸素電極	$1\sim10^2$	30	カタラーゼ（包括法）
ガラクトース	白金電極	$10\sim10^3$	30	ガラクトースオキシダーゼ（吸着
グルコース	酸素電極	$1\sim5\times10^2$	100	グルコースオキシダーゼ（共有結合
中性脂肪	pH電極	$5\sim50$	14	リパーゼ（共有結合法）
L-チロシン	CO_2電極	$10\sim10^4$	20	L-チロシンデカルボキシラーゼ（吸着
尿　素	NH_3電極	$10\sim10^3$	60	ウレアーゼ（架橋化法）
尿　酸	酸素電極	$10\sim10^3$	120	ウリカーゼ（架橋化法）
ビルビン酸	酸素電極	$10\sim10^3$	10	ビルビン酸オキシダーゼ（吸着
リン酸イオン	酸素電極	$10\sim10^3$	15	ホスファターゼ（架橋化法）

第三世代では，電極表面に固定化された酵素と電極が直接電子授受を行うため，エネ ギーロスが少なく，電極系を簡略化しやすい．しかし，直接電子移動が可能な系の報告は だ数が少なく，適用例は少ない．

測定物質	電　極　系	測定範囲 μmol L⁻¹	測定下限 μmol L⁻¹	印加電位 V vs. Ag|AgCl|sat.KCl	安定性（初期 流に対して）
乳　糖	TvCDH/PEDGE/MWCNTs/SPE	$0.5\sim200$	0.25	0.198	100 %（8 h後
乳　糖	PsCDH/PEDGE/MWCNTs/SPE	$0.5\sim100$	0.25	0.198	100 %（8 h後
乳　糖	PsCDH/NE2-PD/SWCNTs-GC	$1\sim150$	0.5	0.2	85 %（50 h
乳　糖	PsCDH/PEI@AuNPs/AuE	$1\sim90$	0.3	0.25	95 %（24 h
乳　糖	CtCDH/AuNPs/BPDT/AuE	$5\sim400$	3	0.25	85 %（20 h
ブドウ糖	CtCDH/PEDGE/MWCNTs/GC	$0.1\sim30$	0.05	0.19	—
ブドウ糖	CtCDH/PEDGE/MWCNTs-SPE	$0.025\sim30$	0.01	0.198	90 %（7 h後
ブドウ糖	CtCDH/PEDGE/SWCNTs-SPE	$0.025\sim30$	0.01	0.198	90 %（7 h後

TvCDH：Trametes villosa CDH (cellobiose dehydrogenase)，PsCDH：Phanerochaerate s dida CDH，CtCDH：Corynascus thermophilus CDH，PEDGE：poly(ethylene glycol) diglycij ether，PEI：polyethyleneimine，MWCNTs：multi-walled carbon nanotubes，SWCNTs：s gle-walled carbon nanotubes，AuNPs：gold nanoparticles，BPDT：biphenyl-4,4′-dithio SPE：screen printed electrode，GC：glassy carbon electrode，AuE：gold electrode.

直接電子移動の酵素の酸化還元電位については次の文献を参照のこと．P. Bollella, *et* Sensors, **18**, 1319 (2018).

8・6　導電率測定法

水溶液中のイオンの無限希釈における当量導電率（10^{-4} m² S mol⁻¹，25 ℃）

陽イオン	当量導電率	陰イオン	当量導電率
Ag^+	61.9	Br^-	78.1
$1/2\ Ca^{2+}$	59.47	$1/2\ CO_3^{2-}$	69.3
Cs^+	77.2	Cl^-	76.31
H^+	349.65	ClO_4^-	67.3
K^+	73.48	F^-	55.4
Li^+	38.66	I^-	76.8
$1/2\ Mg^{2+}$	53.0	NO_3^-	71.42
NH_4^+	73.5	OH^-	198

陽イオン	当量導電率	陰イオン	当量導電率
Na$^+$	50.08	1/2 SO$_4$$^{2-}$	80.0
Rb$^+$	77.8	CH$_3$COO$^-$	40.9

・7 交流インピーダンス法 (➡ QR コード)

9 分離分析

　分析化学・機器分析で実際に分析の対象となる試料には，1種類の測定対象成分だけではなく，様々な夾雑物質が含まれている．また，分析対象成分も1種類だけではなく，多成分の同時分析が必要とされることも多い．正確で精度の高い分析を行うには，測定対象成分を夾雑成分から分離するプロセスが必要となることが多い．これは，選択性に優れる検出方法を用いた場合にも当てはまる．分離が不十分である場合，適切な分析結果が得られないことも多々ある．現在，最もよく用いられる分離分析手法としては，クロマトグラフィー・電気泳動法があげられるが，本章では，クロマトグラフィーとしては，ガスクロマトグラフィー・液体クロマトグラフィー・超臨界流体クロマトグラフィー・薄層クロマトグラフィーを，電気泳動法としては，キャピラリー電気泳動・スラブゲル電気泳動法をとりあげた．なお，実際にこれらの方法で試料の分離分析を行う前に，適切な試料の前処理（不要な夾雑成分の除去，目的成分の濃縮など）が必要になることも多い．

9・1　ガスクロマトグラフィー

　ガスクロマトグラフィー（GC）は，気化させた試料成分を移動相気体（キャリヤーガス）の流れに乗せ，固定相と移動相への親和性の差により分離する方法である．カラムにおける固定相の種類により気-固（吸着）クロマトグラフィー（gas-solid chromatography：GSC）と気-液（分配）クロマトグラフィー（gas-liquid chromatography：GLC）の2種に大別される．一般に，GSC は無機ガスや低沸点炭化水素類の分離に利用され，GLC は複雑な有機化合物の混合試料の分離全般に用いられる．

　一般的なガスクロマトグラフはキャリヤーガス流量制御部，注入口，カラム，カラムオーブン，検出器，データ処理部から構成される．キャリヤーガスにはヘリウム，水素，窒素ガスなどが使われ，高圧ボンベより圧力調整器を介して装置に供給される．装置には，ガス流量制御部が備わっており，一定圧力または一定流量で注入口，カラムへと送られる．検出器には，検出器の種類に応じて必要な検出器ガスを流す．

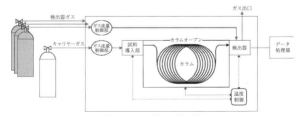

ガスクロマトグラフの基本構成

．　分離カラムの分類と特徴

C 用の分離カラムは充塡カラムとキャピラリーカラムに大別される．

1） 充塡カラム（パックドカラム）　　内径 2〜4 mm 程度のガラスまたはステンレス
ール細管に固定相となる粒子（充塡剤）を充塡したものである．充塡剤に固定相液体を
または塗布した担体を用いる場合は GLC，吸着剤を用いる場合は GSC となる．充塡
ムでは，吸着剤や固定相液体の選択肢が多く，その選択によって多様な分離特性をもた
ことができる．また，キャピラリーカラムに比べて固定相容量が大きいので，試料の負
r量が大きいといった利点をもつ．反面，充塡物に由来する多流路拡散の影響（van
mter の式 HETP（理論段相当高さ）$=A+B/u+Cu$ における A 項）が大きく，カラム
ｰを長くしてもそれほど分離性能が向上しない．また充塡剤があることによってカラム
ｰ圧も大きくなりがちである．

2） キャピラリーカラム　　内径 0.1〜0.5 mm 程度の中空細管（多くは溶融石英
ューズドシリカ））の内壁に固定相液体を塗布または化学結合させたものである．現在の
ｰ分析では，ほとんどの場合キャピラリーカラムを用いる．パックドカラムとは異なり，
ｰ相が管壁にある中空管形状をしているため，通気抵抗が小さく，多流路拡散の影響をほ
ｰ視できる．これにより，カラム長さを長くすることができ，高分離能を容易に達成でき
ｰ反面，固定相液体の量が少なく，カラム容積も小さいため，多量の試料注入には適さない．
ｷャピラリーカラムは，内径によってワイドボアからナローボアまで概ね 4 段階に分類さ
ｰほか，固定相液体の膜厚によって厚膜型，標準膜型，薄膜型に分類される．後者は，膜
ｰ絶対値ではなくカラム内における［気相体積］/［液相体積］の比率（相比 β）に基づき，
ｰ400 を薄膜型，100<β<400 を標準膜型，β<100 を厚膜型とよぶ．

また，キャピラリーカラムは，その固定相の形状・性状により以下の 3 種類に分類される．

）　WCOT（wall coated open tubular）**カラム**：キャピラリー内壁に固定相液体を塗布ま
ｰ固定化したもの．現在市販されている GC 用キャピラリーカラムのほとんどがこの型
ｰる．

）　SCOT（support coated open tubular）**カラム**：カラム内壁に固定相液体を含浸させ
ｰ層状に担持させたもの．

）　PLOT（porous layer open tubular）**カラム**：カラム内壁に 20 μm 程度のポーラスポ
ｰｰ，アルミナ，モレキュラーシーブなどを層状に担持させたもの．

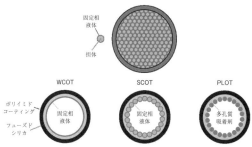

充塡カラム（パックドカラム，上段）およびキャピラリーカラム（下段：
WCOT，SCOT，PLOT）の断面模式図

121

充填カラム（パックドカラム）とキャピラリーカラムの特徴比較

カラムの特徴	内径 mm	長さ m	液相膜厚 μm	相比 *1	試料負荷容量（%）*2	キャリヤーガス流量/mL min⁻¹	カラムヘッド圧/ps...
充填カラム	2~4	0.5~6	—*4	—*4	~5 μg 前後	充填カラム	2~4
キャピラリーカラム（WCOT）							
ワイドボア	0.53	15~60	3.0~5.0	27~88（厚膜）	0.6~3 μg（12~60 %）	5~20	5~1
			1.0~2.65	133~265（標準）	0.2~0.4 μg（4~8 %）	5~20	5~1
			0.1~0.25	530~1325（薄膜）	~250 μg（~2.5 %）	5~20	5~1
レギュラー			1.5~3.0	42~80（厚膜）	200~800 ng（4~16 %）	0.6~1.2	5~4
	0.25~0.32	15~60	0.4~1.5	125~320（標準）	50~130 ng（1~3 %）	0.6~1.2	5~4
			0.1~0.25	625~800（薄膜）	~50 ng（~1 %）	0.6~1.2	5~4
	0.18~0.20	10~50	0.18~0.4	113~333（標準）	~50 ng（~1 %）		
ナローボア	0.1	10~20	0.1~0.4	31~125（標準~厚膜）	10 ng（0.2 %）	0.2~0.6	10~9

*1 カラム内径 $2r$，膜厚 dr のカラムの相比 β は，$\beta = r/dr$ で表される．カラム分離さ... 成分 i の分配係数を K_i とおけばカラム内空間における分配比は $k' = K_i/\beta$ で表される．

*2 通常の充填カラムの試料負荷容量に対する相対値．

*3 1 psi＝6894.76 Pa

*4 充填剤に対して 1~10 % の液相を含浸させたものがよく用いられる（正確な膜厚を論... ことは困難である）．

b. カラム固定相の種類・特徴

（1）主なカラム固定相液体および充填剤の種類と特徴，分析対象

分離モード	固定相		特徴，主な分析対象
分配（気-液）	固定相液体	ジメチルポリシロキサン（無極性）	沸点順の溶出 炭化水素，石油，溶剤，高沸点化合...
		ジフェニル-ジメチルポリシロキサン（微~中極性）	フェニル基含有率に応じた芳香族化合物の保持 芳香族化合物，香料，環境試料
		ジメチルアリレンポリシロキサン（ジメチルフェニレンポリシロキサン）（微~中極性）	芳香族化合物，含ハロゲン化合物，薬
		シアノプロピルフェニル-ジメチルポリシロキサン（中~強極性）	含酸素化合物の保持，異性体分離 含酸素化合物，農薬，PCBs
		トリフルオロプロピル-ジメチルポリシロキサン（中~強極性）	含ハロゲン化合物の保持 含ハロゲン化合物，極性化合物，溶...
		ポリエチレングリコール（強極性）	極性化合物の保持 農薬，脂肪酸メチルエステル（FAME...
吸着（気-固）	吸着剤	合成ゼオライト	H_2，O_2，Ar，N_2，Kr，CH_4，CO... Xe の順に溶出
		シリカゲル	O_2，N_2，CH_4，C_2H_6，CO_2，C_2H_4... C_2H_2 の順に溶出

離モード		固定相	特徴，主な分析対象
着 (-固) (つづき)	吸 着 剤	活性炭	H_2，O_2，N_2，CO，CH_4，CO_2， C_2H_2，C_2H_4，C_2H_6 の順に溶出
		アルミナ	空気，CO，CH_4，C_2H_6，C_2H_4， C_3H_8，C_2H_2，C_4H_8 の順に溶出
		ポーラスポリマー（PS-DVB）	低級アルコール，CO_2，CH_4，空気

2）　主な固定相液体の相対極性と化学構造

固定相液体の相対極性（McReynolds 定数*）
相液体の名称（商品名も含む）　キャピラリーカラムに汎用されているもの（使用温度範囲/℃）

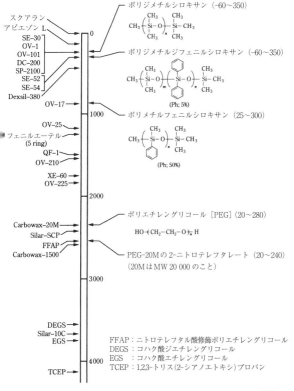

FFAP：ニトロテレフタル酸修飾ポリエチレングリコール
DEGS：コハク酸ジエチレングリコール
EGS ：コハク酸エチレングリコール
TCEP：1,2,3-トリス（2-シアノエトキシ）プロパン

123

検出器の名称	検出可能な化合物	最小検出量 pg s^{-1}[*1]	直線範囲	検出器ガス
大気圧プラズマイオン化検出器				
パルス放電イオン化検出器 (PDD)[*2] (pulsed discharge detector)	He，Ne 以外（イオン化エネルギー<17.7 eV)	1	10^5	He
または	有機化合物一般			He+Ar
バリア放電イオン化検出器 (BID)[*3] (dielectric-barrier discharge ionization detector)	不飽和化合物 芳香族化合物			He+Kr PDD の He+Xe PDD の
選択検出器				
炎光光度検出器 (FPD) (flame photometric detector)	S，P，Sn 化合物	2.5 pg(S) 0.05 pg(P)	10^3(S) 10^4(P)	H$_2$，Air
熱イオン化検出器 (TID)[*4] (thermoionic detector)	有機窒素化合物 無機，有機リン化合物	0.3 pg(N) 0.1 pg(P)	10^5	H$_2$，Air
化学発光硫黄検出器 (SCD) (sulfur chemiluminescence detector)	無機，有機硫黄化合物	0.5 pg(S)	10^4	O$_2$(O$_3$)，Air，H$_2$
化学発光窒素検出器 (NCD) (nitrogen chemiluminescence detector)	無機，有機窒素化合物	3 pg(N)	10^4	O$_2$(O$_3$)，Air，H$_2$
電子捕獲型検出器 (ECD) (electron capture detector)	有機ハロゲン化合物，有機金属	0.005	10^4	主に N$_2$ β線源
ハロゲン選択型検出器 (XSD) (halogen specific detector)	ハロゲン化合物	1 pg(Cl)	10^4	Air
パルス放電電子捕獲検出器 (PDECD) (pulsed discharge electron capture detector)	ハロゲン化合物	0.01	10^3~10^4	He+Xe
電解伝導度検出器 (ELCD) (electrolytic conductivity detector)	ハロゲン，S，N 化合物	1	10^6	H$_2$

*1　キャピラリー GC セッティングで最適な条件における目安

*2　別名：パルス放電ヘリウムイオン化検出器 (pulsed discharge helium ionization detector：PDHID)

*3　別名：誘電体バリア放電イオン化検出器 (DBD)

*4　別名：窒素リン検出器 (nitrogen phosphorus detector：NPD)，フレーム熱イオン化検出器 (flame thermoionic detector：FTD)，アルカリ熱イオン化検出器 (alkali thermoionic detector：ATD)

e. 水素炎イオン化検出器 (FID) に対する相対モル感度

FID では，水素炎中で試料分子に由来する CHO$^+$ と水分子が反応して生成し $(H_2O)_nH^+$ をコレクター電極で検出するため，炭素数に比例した応答（分子中の炭素原子数に応じた感度）を示す．

$$CH+O \longrightarrow CHO^+ + e^-$$
$$CHO^+ + nH_2O \longrightarrow (H_2O)_nH^+ + CO$$

ただし，電気陰性度の高い原子を含む分子では，ヘテロ原子由来の燃焼生成物質のために子捕獲反応が起き，イオン化の効率が低下して検出器応答（感度）が変化する．また，二重結合や三重結合の存在も FID 応答に影響する．ヘテロ原子や官能基による分子の有効炭素数に対する寄与を「有効炭素数の算定基準」としてまとめたのが次表である．

化合物の FID に対する有効炭素数の算定基準値

原子	結合のタイプ	有効炭素数	原子	結合のタイプ	有効炭素
C	飽和または芳香族炭化水素	1	C	アセチレン	1.3
C	オレフィン	0.95	C	カルボニル	0.2

離モード		固定相	特徴，主な分析対象
着 て-固） （つづき）	吸 着 剤	活性炭	H_2, O_2, N_2, CO, CH_4, CO_2, C_2H_2, C_2H_4, C_2H_6 の順に溶出
		アルミナ	空気，CO, CH_4, C_2H_6, C_2H_4, C_3H_8, C_2H_2, C_4H_8 の順に溶出
		ポーラスポリマー（PS-DVB)	低級アルコール，CO_2, CH_4, 空気

2) 主な固定相液体の相対極性と化学構造

固定相液体の相対極性（McReynolds 定数*）
相液体の名称（商品名も含む）キャピラリーカラムに汎用されているもの（使用温度範囲/°C）

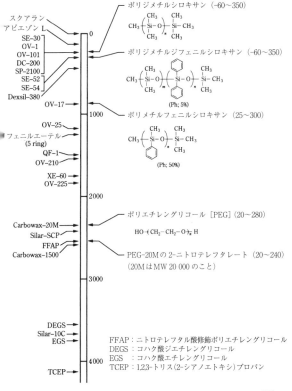

123

＊　無極性の基準液相：スクアラン（相対極性＝0）

試験溶質（5種類）：ベンゼン，ブタノール，2-ペンタノン，1-ニトロプロパン，ピリジン

あいる液相（x）の McReynolds 定数＝$\sum_{i=1}^{5} \Delta I_i(\mathrm{x})$

ここで，保持分散 ΔI は，たとえばベンゼン（B）についてスクアラン（s）とある液相（x）を用いる分離カラムで観測される保持指標をそれぞれ $I_B(\mathrm{s})$, $I_B(\mathrm{x})$ とすると，次式で定義される。

$$\Delta I_B(\mathrm{x}) = I_B(\mathrm{x}) - I_B(\mathrm{s})$$

I の定義は以下の通り．

$$I = 100\left(\frac{\log t'_{R_x} - \log t'_{R_z}}{\log t'_{R_{z+1}} - \log t'_{R_z}} + Z\right)$$

ただし，t'_{R_x}は成分 x の空間補正保持時間，t'_{R_z} および $t'_{R_{z+1}}$ はそれぞれ炭素数 Z および $Z+$n-アルカンの空間補正保持時間とする．

[W. O. McReynolds, *J. Chromatogr. Sci.*, **8**, 685（1970）]

c.　試料の注入方法

（1）**充填カラム用**　　シリンジにより液体試料を注入する方式と，バルブ切替えに気体試料を導入する方式がある．液体試料注入口は通常のセッティングでは以下に述べプリット機能がなく，注入気化した試料の全量をカラムに導入する．気体試料導入は試積計量管に導入された気体試料をバルブ操作によってキャリヤーガス流路に乗せ，カラ口へと導く方法である．

（2）**キャピラリーカラム用**　　キャピラリーカラムへの試料注入法は，カラムに試一部を導入する分割導入方式，ほぼ全量を導入する非分割導入方式，試料の全量を導入全量導入方式に分類される．次に述べる①～④の注入法が用いられ，これらの1つまたつ以上の注入法に対応する機能を備えた注入口が実用化されている．

最も一般的に利用される，①と②の注入法に対応したスプリット／スプリットレス注の構造を下図に示す．試料気化室へ流入したキャリヤーガスのうち一部は注入口ライナー経て，カラムへ導入される．キャリヤーガスフローのうち残りの一部は試料注入時の気確保のために設けられたセプタム下部を通過し，セプタムパージとして装置外へ排出さる．これによりセプタムの加熱によって発生する有機成分（セプタムブリード）のカラ入を抑制する．注入口ライナーを通過したキャリヤーガスのうちカラム流量とセプタムパジに使われなかった残りは，スプリット弁を通して装置外へ排出される．スプリット弁で流出するスプリットベント流量／カラム流量の比がスプリット注入法におけるスプリッである．注入口ライナー内部の注入口パッキングは，試料成分の揮発を促進するとともに不揮発性夾雑物を捕捉してカラムの汚染を抑制する目的で使用される．

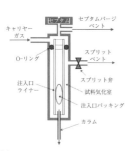

スプリット／スプリットレス注入口の構造模式図

②　スプリット注入法（分割導入方式）：注入口に設けたスプリットベントから，注入気化された試料の一部をカラムに導入し，余剰分を装置外へ逃がすことにより，試料のカラム過負荷を防止する注入方法．

③　スプリットレス注入法（非分割導入方式）：注入口のスプリットベントを閉じた状態で試料を注入し，注入気化された試料のほぼ全量がカラム導入された時点でスプリットベントを開き，気化室に残存する溶媒などを装置外に排出する注入方法．通常は溶媒フォーカシングのためにカラム初期温度を溶媒の沸点よりも 10〜25 ℃ 低く設定する．溶媒フォーカシングとは，注入口内で気化した試料溶媒をカラム入り口部分の狭い範囲に再凝縮させ，カラム導入される試料物質分子のバンド幅をこの範囲に留めることで分離能を向上させるテクニックを指す．

④　コールドオンカラム注入法（全量導入方式）：試料溶媒の沸点以下に保った注入口を通してカラムに直接試料を注入する方法．注入後，カラムを昇温して分析する．カラムの入り口端をマイクロシリンジの針先が届く位置に固定できる，カラム昇温に追随して温度変化させられるタイプの注入が必要である．熱分解やマイクロシリンジ針先での分別蒸留現象による組成変化（ディスクリミネーション）を回避することができる．

⑤　温度プログラム気化（programmed temperature vaporization：PTV）法（分割導入方式および非分割導入方式）：試料溶媒の沸点以下に保った注入口に試料を注入し，低温で試料溶媒を十分に除去させてスプリットベントから排出する．試料溶媒が十分に除去された時点で注入口を急速に加熱して試料成分をカラムへ導入する方法．

スプリット注入/スプリットレス注入/PTV 低温溶媒除去モードの基本的設定

	スプリット法	スプリットレス法	PTV 法 （低温溶媒除去モード）
入口温度	250 ℃ または 最高溶質沸点	最高溶質沸点 +20 ℃	初期状態：＜溶媒沸点 昇温：2〜720 ℃ s^{-1} 程度
カラム初期温度	溶媒沸点と注入口温度の間	溶媒沸点 −10〜25 ℃：溶媒フォーカシングを有効にするため	
スプリットベント	常に開	初期状態：閉 溶媒排出時間経過後：開	初期状態：開 溶媒排出時間経過後：閉 試料導入時間経過後：開
注入容量	〜3 μL 程度まで 注入溶媒，注入口温度，カラムヘッド圧による		〜100 μL 程度まで シリンジサイズに依存，低温溶媒除去モードで繰り返し注入することでより大容量に対応可能

d.　GC 用検出器の種類と特徴

検出器の名称	検出可能な化合物	最小検出量 pg s^{-1} *1	直線範囲	検出器ガス
用検出器				
伝導度検出器（TCD） (thermal conductivity detector)	キャリヤガス以外	400	10^5	
素炎イオン化検出器（FID） (flame ionization detector)	有機化合物一般	2	10^6	H₂, Air
リウムイオン化検出器（HID） (helium ionization detector)	He，Ne 以外	10	10^4	He　　β線源
イオン化検出器（PID） (photo ionization detector)	無機・有機化合物一般 （とくに不飽和化合物）	0.2	10^6	

検出器の名称	検出可能な化合物	最小検出量 pg s⁻¹	直線範囲	検出器ガス
大気圧プラズマイオン化検出器	He, Ne 以外(イオン化	1	10⁵	He
パルス放電イオン化検出器 (PDD)[*2](pulsed discharge detector)	エネルギー<17.7 eV)			He+Ar
または	有機化合物一般			He+Kr PDD の
バリア放電イオン化検出器 (BID)[*3](dielectric-barrier discharge ionization detector)	不飽和化合物 芳香族化合物			He+Xe PDD の

選択検出器				
炎光光度検出器(FPD) (flame photometric detector)	S, P, Sn 化合物	2.5 pg(S) 0.05 pg(P)	10³(S) 10⁴(P)	H₂, Air
熱イオン化検出器(TID)[*4] (thermoionic detector)	有機窒素化合物 無機,有機リン化合物	0.3 pg(N) 0.1 pg(P)	10⁵	H₂, Air
化学発光硫黄検出器(SCD) (sulfur chemiluminescence detector)	無機,有機硫黄化合物	0.5 pg(S)	10⁴	O₂(O₃), Air, H₂
化学発光窒素検出器(NCD) (nitrogen chemiluminescence detector)	無機,有機窒素化合物	3 pg(N)	10⁴	O₂(O₃), Air, H₂
電子捕獲型検出器(ECD) (electron capture detector)	有機ハロゲン化合物,有機金属	0.005	10⁴	主に N₂ β線源
ハロゲン選択型検出器(XSD) (halogen specific detector)	ハロゲン化合物	1 pg(Cl)	10⁴	Air
パルス放電電子捕獲検出器 (PDECD)(pulsed discharge electron capture detector)	ハロゲン化合物	0.01	10³〜10⁴	He+Xe
電解質伝導度検出器(ELCD) (electrolytic conductivity detector)	ハロゲン,S, N 化合物	1	10⁶	H₂

*1 キャピラリー GC セッティングで最適な条件における目安
*2 別名:パルスド放電ヘリウムイオン化検出器(pulsed discharge helium ionization detector:PDHID)
*3 別名:誘電体バリア放電イオン化検出器(DBD)
*4 別名:窒素リン検出器(nitrogen phosphorus detector:NPD),フレーム熱イオン化検出器(flame thermoionic detector:FTD),アルカリ熱イオン化検出器(alkali thermoionic detector:ATD)

e. 水素炎イオン化検出器(FID)に対する相対モル感度

FID では,水素炎中で試料分子に由来する CHO^+ と水分子が反応して生成し $(H_2O)_nH^+$ をコレクター電極で検出するため,炭素数に比例した応答(分子中の炭素原数に応じた感度)を示す.

$$CH+O \longrightarrow CHO^+ + e^-$$
$$CHO^+ + nH_2O \longrightarrow (H_2O)_nH^+ + CO$$

ただし,電気陰性度の高い原子を含む分子では,ヘテロ原子由来の燃焼生成物質のために子燃焼反応が起き,イオン化の効率が低下して検出器応答(感度)が変化する.また,二結合や三重結合の存在も FID 応答に影響する.ヘテロ原子や官能基による分子の有効炭素数に対する寄与を「有効炭素数の算定基準」としてまとめたのが次表である.

化合物の FID に対する有効炭素数の算定基準値

原子	結合のタイプ	有効炭素数	原子	結合のタイプ	有効炭素数
C	飽和または芳香族炭化水素	1	C	アセチレン	1.3
C	オレフィン	0.95	C	カルボニル	0.2

126

結合のタイプ	有効炭素数	原子	結合のタイプ	有効炭素数
ニトリル	0.3	N	複素環式アミン	−0.6
ケトン	−0.8	Cl	パラフィン上のC1個に1個のCl	0
エーテル，フラン	−0.78	Cl	パラフィン上のC1個以上のCl	−0.12(各)
第一級アルコール	−0.6	Cl官能基	オレフィン上のCと結合	0.05
第二級アルコール	−0.75	−C(=O)−O−C−	エステル	0.75
第三級アルコール	−0.25	−C(=O)−O−TMS−	酸-TMS エステル	0.75
第一級アミン	−0.6	−CH=N−TMS	アルコール-TMS エーテル	3.69〜3.78
第二級アミン	−0.75	−CH=N−OSi(CH₃)₃−	TMS オキシム	3.3
			メトキシム	0.92〜1.04

J. T. Scanlon, E. E. Willis, *J. Gas Chromatogr.*, **23**, 333 (1985); A. D. Jorgenson, *et al.*, *Anal. Chem.*, **62**, 683 (1990)）

．GC 用キャリヤーガスの種類と特徴

（1） 代表的な GC 用キャリヤーガスの線速度と分離能の関係　　クロマトグラフィーにおける移動相の線速度 u とカラムの理論段相当高さ（HETP）の関係は van Deemter の HETP $=A+B/u+Cu$ で表される．最適線速度 $u_{opt}=\sqrt{B/C}$ において理論段当高さ最小値（HETP$_{min}$）が得られ，カラムの分離が最大となる．u_{opt} および HETP$_{min}$ は用いるガスの種類によって異なる（下図）．

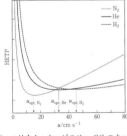

窒素，ヘリウム，水素の線流速と理論段相当高さ（HETP）の関係模式図

① ヘリウム：キャピラリー GC のキャリヤーガスとして最も汎用される．u_{opt} が30数 $cm\ s^{-1}$ と比較的高速で最適な分離能が得られるが，採掘量の変動により入手が困難になっり，価格が高騰するなどの問題が近年指摘されている．

② 水　素：ヘリウムキャリヤーと同等の分離がより高速で得られることから，分析のスループット向上にも寄与するなど，ヘリウムの代替キャリヤーガスとして有用である．ただ，水素ガスは空気との混合比率≧4％で爆発の危険性があり，取り扱いに注意が必要である．

③ 窒　素：u_{opt} における理論段相当高さ HETP$_{min}$ がヘリウムや水素よりも低値であるが，u_{opt} がヘリウムの1/2程度と遅く，分析に時間がかかる．また，ピークの分離度は理論段数 N の平方根に比例するため，窒素キャリヤーを選択して HETP$_{min}$ を低下させることよるピークの分離の改善効果は，限定的である．

GC 装置における最適線速度の設定は，非保持成分のカラム通過時間＝カラム長÷u_{opt} となるようにカラムヘッド圧を調整することによって行う．主に気体の粘性率の温度依存性次ページ（2）表参照）から，カラムヘッド圧–流量–線速度の関係は温度によって変化し，昇温プログラムを用いる場合は注意が必要である．

定圧制御方式：　線速度は初期状態における設定値よりも遅くなってゆく．
定流量制御方式：　線速度は初期状態における設定値よりも速くなってゆく．

van Deemter の式において，u_{opt} からのずれが HETP へ与える影響は高速側において緩

やかであるため，実効的な最適線速度を計算上の u_{opt} よりもわずかに速くなるように設定することで，分離能を損なわずに分析時間を短縮することができる．典型的なキャピラリーGC の設定において HETPmin から ＋2％ 以内となる線速度の範囲を下表に示す．

窒素，ヘリウム，水素の最適線流速，流速の最適範囲，安全性など

キャリヤーガス	$\dfrac{u_{opt}}{\text{cm s}^{-1}}$	HETPmin＋2％ となる u の範囲／cm s^{-1}	安全性など
窒素（N₂）	16	16～20	安全
ヘリウム（He）	33	28～40	安全，入手困難（高価）
水素（H₂）	45	36～56	≥4％ で爆発の危険性

（2）　代表的な GC 用キャリヤーガスの分子量と熱伝導率・粘性率の温度依存性

キャリヤーガス	分子量	熱伝導率/mW m⁻¹ K⁻¹				粘性率/μPa s			
		温度/K				温度/K			
		300	400	500	600	320	380	480	600
水素（H₂）	2	181	226	267	305	9.349	10.48	12.25	14.2
ヘリウム（He）	4	156	190	221	251	20.82	23.43	27.52	32.1
窒素（N₂）	28	26.1	32.4	38.3	44	17.91	21.39	25.3	29.5
アルゴン（Ar）	40	17.8	22.4	26.6	30.4	23.98	27.53	32.95	38.8

［日本化学会 編，"化学便覧 基礎編 改訂6版"，丸善出版（2021）pp. 603，625 をもとに作成］

9・2　液体クロマトグラフィー

a.　分離カラムの種類

液体クロマトグラフィー（liquid chromatography：LC）分析で用いられる分離カラ

分析対象物質の物性から分離モードを選択するための目安

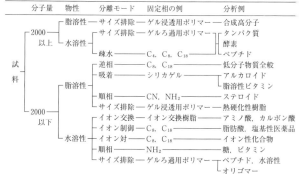

［沢田　清 編，"若手研究者のための機器分析ラボガイド"，講談社サイエンティフィク（2006），p. 205］

一般的には内径 1〜4.6 mm の充填カラムである．充填剤としては一般的には粒径 3〜
μm 程度の全多孔性球形粒子が用いられるが，粒子径が小さいほど分離性能が向上する
ら，粒径 2 μm 前後の微小充填剤充填カラムが高性能・高速分離に用いられる．また，
地にもコアシェル型充填剤充填カラムやモノリスカラムなど通常の充填カラムよりも高性
Lカラムも市販されている．液体クロマトグラフィーでは，様々な物性を有する物質が分
掾となるため，適切な分離を得るには適切な分離モードを選択する必要がある．また，
动相の組成や，グラジエントプロファイルを適切に決定することが適切な分離を得るため
必要である．

．分離モードとカラムの選択

液体クロマトグラフィーの代表的な分離モード

種　類	特　徴
相クロマトグラフィー PLC）（normal phase uid chromatography）	シリカゲルやアルミナなどの高極性固定相とヘキサンなどの低極性有機溶媒を移動相として使用する．極性の高い成分ほど固定相への親和性が高く，逆相では分離が困難な糖類の分析に適する．また，一般に水を含まない移動相を用いるため，水に難溶の脂溶性ビタミンの分離や加水分解されやすい酸無水物の分離に用いられる
相クロマトグラフィー PLC）（reversed phase uid chromatography）	長鎖のアルキル基など低極性の分子をシリカゲルに化学的に結合させたものを固定相として用い，水，メタノール，アセトニトリルなどの極性の高い親水性溶媒を移動相として使用する．疎水性の大きな成分ほど固定相への保持が強い
水性相互作用クロマトグラ ィー（HILIC）（hydrophilic eraction chromatography）	NPLC の一種である．HILIC モードは水系溶媒（アセトニトリルなどの親水性有機溶媒と水との混合溶液）を移動相に用いて親水化合物を保持・分離する．固定相にはジオール基やアミド基，双性イオンのような極性の高い官能基が修飾されたものを用いる
オン交換クロマトグラフィー EC）（ion-exchange chro- atography）	シリカゲルやスチレン-ジビニルベンゼン共重合体の微粒子にスルホ基やアンモニウム基を固定したイオン交換基を固定相として使用する．これらの官能基とイオン性成分との静電相互作用により分離を行う
イズ排除クロマトグラフィー EC）（size exclusion chro- atography）	充填剤表面の細孔への分子の浸透度合いの差により分離を行う．主に分子量 2000 以上の高分子の分離に利用される．有機溶媒系の移動相を用いるものをゲル浸透クロマトグラフィー，水系移動相を用いるものをゲルろ過クロマトグラフィーとさらに細分される
フィニティークロマトグラフィー ffinity chromatography）	抗原と抗体のような特定の分子間で働く生物学的親和性・分子認識性を利用して分離する

大谷　肇 著，"機器分析"，講談社（2015），p.174]

．代表的な HPLC 用検出器の種類と特徴

分離カラムからの溶出液は検出器に導かれ，分析対象成分の光学的，電気的または化学的特
を利用して測定される．分析対象や分析目的に応じて適切な検出器を選択する必要がある
その際，分析対象だけではなく夾雑成分（妨害成分）の影響も考慮する必要がある．また，
料成分が，そのままでは検出器に応答しない場合は，適切な誘導体化処理が必要となる．

検出器	原理および特長
紫外可視吸光検出器 (UV-VIS)(ultra violet- visible detector)	最も汎用されている検出器で、紫外・可視域に吸収をもつ成分が測定対象となる。紫外部の測定には重水素放電管(D2 ランプ)が光源として用いられる。可視領域の測定では、タングステンランプ(Wランプ)が用いられる
フォトダイオードアレイ検出器(PDA)(photo- diode array detector)	UV-VIS 検出器と基本的に同じであるが、UV-VIS 検出器はサンプル側の受光部が一つしかないのに対し、PDAでは数のフォトダイオードを並べて、多波長同時にモニターすることにより、各成分のスペクトルを取得できる
蛍光検出器(FLD) (fluorescence detector)	紫外可視領域の光(励起光)を照射したときに発生する蛍光検出する。発蛍光性の化合物の検出に用いられるが、蛍光誘体化を行い蛍光性の物質に変換してから検出する。励起波長検出波長の二つを選択でき、一般的に UV-VIS と比較して桁ほど高感度である
示差屈折率検出器(RID) (refractive index detec- tor)	試料成分を溶解した溶液の屈折率が変化する現象を利用する出法である。ほとんどの化合物が溶媒とは異なる屈折率をもため、あらゆる成分が検出可能である。ただし、温度変化や媒組成の変化によっても屈折率は変化するため、定温、定組で分析する必要があり、グラジエント溶離法は適用できない
電気伝導度検出器 (CD)(conductivity de- tector)	溶液中に含まれるイオン性成分の濃度によって電気伝導度が化することを利用する。イオンクロマトグラフィーにおいて用される
電気化学検出器(ECD) (electrochemical detec- tor)	酸化・還元反応が起こる成分が測定対象で、反応の際に流れ電気量を検出する。どのくらいの電圧をかければ酸化・還元応が起こるかは成分により異なるため選択性が高く、感度のい検出法である
蒸発光散乱検出器 (ELSD)(evaporative light scattering detector)	光学活性な物質に偏向面を一定にした直線偏光を当てると、の偏光面が回転する現象を利用して光学異性体を検出する
円二色性検出器(CDD) (circular dichroism detector)	光学活性な化合物が円偏光を吸収する際に左右の円偏光に対て吸光度に差が生じる現象を利用して光学異性体を検出する
質量分析計	質量分析計を検出器として用いる。カラムから溶出してきた分をイオン化し、質量分離部において m/z に応じて分離し後に検出する(13 章を参照)

[大谷 肇 編著、"機器分析"、講談社(2015)、p.181]

9・3 超臨界流体クロマトグラフィー

超臨界流体クロマトグラフィー(supercritical fluid chromatography:SFC)は移動相して超臨界流体、および超臨界流体と混和する適切な溶媒の混合流体を移動相とするクロトグラフィーである。一般的に、二酸化炭素(臨界温度 31 ℃、臨界圧力 7.38 MPa)が動相として用いられる。超臨界二酸化炭素はヘキサンと同等の誘電率を有する流体であり単体で移動相として用いることができる。SFCの分離挙動をコントロールする方法としは、モディファイヤーと呼ばれる液体を超臨界二酸化炭素に混和させる方法が一般的で。モディファイヤーとしては、イソプロピルアルコールやエタノールに加えて、ヘキサ

分離対象	固定相の種類
無極性化合物	C_{18}, C_8, フェニル基など
低極性 ～ 高極性化合物	ジオール, シアノ基, シリカゲルなど
キラル	多糖誘導体など

も混和性のないメタノール, アセトニトリル, 水なども利用することが可能である. 試料の保持は超臨界二酸化炭素の密度（温度と圧力に依存）や, モディファイヤーによりコントロールされる. 分離選択性は, モディファイヤーの種類や酸・塩基などの添加試薬によってコントロールされるが, カラムの種類も重要である.

超臨界流体クロマトグラフィーでは, 液体クロマトグラフィーと同様に, 分析対象の化学的性質に合わせて, 様々な固定相を利用することが可能である. なお, 超臨界流体クロマトグラフィー用のカラムは高圧ガス保安法に規定された必要な強度が必要がある.

超臨界クロマトグラフィーでは, 分離後に圧力を常圧に戻すことで移動相中の CO_2 が気化するので, 分取後のサンプルの濃縮時間を短縮することができる. また, 濃縮時にかかる負荷の低減にも有効である.

・4　薄層クロマトグラフィー

薄層クロマトグラフィー（thin-layer chromatography：TLC）では, 液体クロマトグラフィーや超臨界クロマトグラフィーとは異なり, 円筒状の分離カラムではなく, ガラスなどの平板上に微粒子を薄く塗布した薄層状のプレート（薄層板）を用いて分離を行う. 薄層クロマトグラフィーの特徴として, 薄層プレート1枚で同時に複数の試料の分析ができることがあげられる. また, 1種類の展開条件では分離が不十分な場合, 異なった溶媒を用いて直角方向に展開操作を行う二次元展開を簡便に行えることもメリットとしてあげられる. 色のついたスポットは目視で確認することができるが, 色がないスポットはあらかじめ蛍光指示薬が添加された担体を用いることで, UV ランプ照射により確認することができる. また, 分析したい物質に合わせた呈色反応で検出することもある.

TLC で用いられる呈色試薬*

試薬名	対象化合物	呈色
ニンヒドリン	アミノ酸, ペプチド, タンパク質など	赤紫色
ヨウ素	不飽和有機化合物	茶色
塩化アンチモン	ステロイド, 親油性環状ビタミン, カロテノイドなど	多様
アリザリン	重金属	紫～赤色
8-ヒドロキシキノリン	重金属	黄色
硫酸	有機物	褐色, 黒色
クロム酸ナトリウム	有機物	緑色

* 5・5節も参照してほしい.
［津田孝雄, 廣川　健 編著, "機器分析化学", 朝倉書店（2004）, p.40］

a.　TLC プレートの種類

シリカゲルプレート（順相）として, ガラスもしくはアルミシート上にシリカゲルが塗布されており, 蛍光剤（耐酸性の不溶性無機蛍光体）含有タイプもある. また, 濃縮ゾーンがついているプレートも存在する. 化学修飾型としては, シリカゲルに C_{18}, C_8, C_2 などの

アルキル鎖やジオール，アミノ基が修飾されたものが市販されている．また，逆相系固定相に，光学活性を有する試薬や，銅（Ⅱ）イオンをコーティングした光学活性化合物分離用薄層クロマトプレートも存在する．シリカゲルタイプではなく，セルロースを担体とする T プレートも発売されている．

9・5 電気泳動

a. キャピラリー電気泳動法の特徴と分類

内径 $10 \sim 100 \, \mu\mathrm{m}$ 程度のキャピラリーに緩衝液を満たし，電気泳動分離を行う手法はキャピラリー電気泳動（capillary electrophoresis：CE）と呼ばれる．CE においては，電気浸透流（electroosmotic flow：EOF）と呼ばれる流れを駆動力とすることにより，陽イオン，陰イオンを同時に分析することができるうえに，極微少量の試料を高速かつ高効率に分離できる点で優れている．

（i） 基 本 用 語
（1） CE で用いられる基本用語と基本式

用 語	基本式	特 徴
電気浸透流速度	$v_{eo} = -(\varepsilon\zeta/\eta)E$ $= \mu_{eo}E$	表面に負電荷を有するキャピラリーに電圧を印加すると，キャピラリー内の溶液全体が陰極側へと移動する現象．この速度は溶媒の誘電率 ε，ゼータ電位 ζ，電場強度 E に比例し，粘性率 η に反比例する．なお，フューズドシリカキャピラリーではゼータ電位が表面シラノール基の解離度によるため，EOF 速度は pH に依存する（表（2））．例えば，中性〜塩基性の泳動液を用いた際の v_{eo} は約 $0.2 \, \mathrm{cm \, s}$ の速度となり，イオン性分析成分の電気泳動速度よりも大きいため，EOF は陽イオンのみならず陰イオンも陰極側へと運ぶ駆動力となる
電気浸透移動度	$\mu_{eo} = v_{eo}/E$ $= lL/t_0V$	EOF 速度を表す際によく用いられる．実験的にはEOF マーカーと呼ばれる電荷をもたず，キャピラリー内面に吸着しない化合物（チオ尿素や DMSO など）の泳動時間 t_0，キャピラリー長 L，分離有効長 l，印加電圧 V より求められる
ゼータ電位	$\sinh(-e\zeta/2kT)$ $= \sigma_D\lambda_De/2\varepsilon kT$	キャピラリー内表面の電気二重層における電位差．ボルツマン定数 k，電荷素量 e，温度 T，表面電荷 σ_D であり，デバイ長 λ_D は電解質イオン強度の $-1/2$ 乗に比例するので，ゼータ電位はイオン強度の対数に比例する．したがって，イオン強度の高い泳動液を用いると，ζ がゼロに近くなるため，EOF 速度は減少する
電気泳動速度	$v_{ep} = \mu_{ep}E$ $= lL(t_0 - t_R)/t_Rt_0V$	電場中でイオン種はその電荷により陽極，陰極のいずれかへ移動する．この静電力による移動は電気泳動と呼ばれ，電気泳動移動度 μ_{ep} と E に比例する．v_{ep} は試料の泳動時間 t_R および t_0 から求めることができる

用 語	基本式	特 徴
気泳動移動度	$\mu_{ep} = q/6\pi\eta r$	μ_{ep} は分子の電荷 q に比例し，分子半径 r に反比例する．電荷が大きく，分子半径の小さな分子ほど大きな電気泳動移動度を示す．CE においては段数が高くピークが細いため，分子間のわずかな大きさの差と荷電状態の差によって生じる電気泳動移動度の差でも分離が可能となる
効移動速度	$v_{app} = v_{eo} + v_{ep}$ $= (\mu_{eo} + \mu_{ep})E$	キャピラリー内の分析成分イオンは EOF と電気泳動の影響を受けて実効移動速度 v_{app} で移動する．v_{app} は v_{eo} と v_{ep} の和で表され，v_{eo} と v_{ep} はともに陰極へ向かう方向を正とする．例えば，シリカキャピラリー素管で中性の泳動液を用いると，v_{eo} は正，陽イオンの v_{ep} は正，陰イオンの v_{ep} は負の符号をもつので，陽イオンは速く，陰イオンはゆっくりと移動し，$v_{eo} > v_{ep}$ のために，すべてのイオンを陰極側で検出することができる
ジュール熱	$Q = VIt = I^2Rt$ $= V^2t/R$	抵抗 R の導体に発生するジュール熱 Q は，印加電圧 V，電流 I，印加時間 t に比例する．泳動液の電解質濃度を高くすると，R が低下して I は大きくなるので Q が大きくなる．放熱性の高い内径の細いキャピラリーを用いる CE ではジュール熱の影響は少ないが，電流が $50 \sim 100\,\mu A$ を超えるような条件では温度上昇によりピークが広がることがある．

（2） フューズドシリカキャピラリーにおける μ_{eo} の pH 依存性

pH	3.0	5.0	7.0	9.0
$\mu_{eo}/10^{-5}\,cm^2\,V^{-1}\,s^{-1}$	5.4	28	52	59

キャピラリー：全長 40 cm，有効長 30 cm，内径 50 μm，泳動液：30 mmol L^{-1} リン酸塩緩衝
EOF マーカー：チオ尿素，印加電圧 20 kV，検出 UV 200 nm．

（3） 代表的イオンの電気泳動移動度（$10^{-5}\,cm^2\,V^{-1}\,s^{-1}$（25 ℃））
（➡ QR コード）

（ii） 分 類

（1） CE における分離モード

分離モード	特 徴
キャピラリーゾーン電気泳動（CZE）	CZE モードは CE における最も基本的な分離モードであり，1 種類の泳動液を中空キャピラリー内に満たし，試料溶液を細いバンドとして注入した後に，キャピラリー両端に電圧を印加することで分離が行われる．CZE では，成分イオンの電荷とサイズによって決まる電気泳動移動度の差によって分離が達成される．泳動液の pH やイオン強度は，試料イオンの荷電状態に大きく影響するため，CZE 分離条件の検討において最も重要な因子となる．特に構造類似試料の分離の際には，試料イオンの解離度に最も差がつくような pH を選択することが重要であり，分離したい成分の酸および塩基解離定数付近の pH の泳動液を用いるとよい

分離モード	特　徴
キャピラリー ゲル電気泳動 (CGE)	CGE はポリアクリルアミドやアガロースなどのゲルを充填したキャピラリーで電気泳動を行う分離モードで，分子ふるい効果により高分子イオンのサイズ分離ができるため，特に生体高分子の分析に適している．試料分子サイズが大きいほど，ゲルの網目構造を通り抜ける際に受ける抵抗は大きくなるため，電気泳動移動度が小さくなる．したがって，大きいサイズのイオンは遅く，小さいサイズのイオンは速く泳動し，サイズ分離が達成される．このような分子ふるい効果による分離性能は，ゲル網目構造の細孔サイズによって決定されるため，ゲルの濃度が最も重要な分離パラメーターとなる
ミセル動電ク ロマトグラ フィー (MEKC)	泳動液にイオン性界面活性剤を添加し，生成するミセルを擬似固定相とする MEKC モードでは，イオン性ミセルに対する保持を利用することで中性成分を分離できる．最も標準的な界面活性剤である硫酸ドデシルナトリウム（SDS）を用いる MEKC モードにおいては，泳動液に対して SDS を臨界ミセル濃度以上の濃度で添加する．生成したアニオン性ミセルは電気泳動により陽極側へ移動するが，SDS ミセルは表面に多くの硫酸基を有するため，その電気泳動移動度は約 -4×10^{-4} cm^2 V^{-1} s^{-1} と高い値を示す．中性～塩基性の緩衝液を用いると，電気浸透流移動度はおよそ $+5 \times 10^{-4}$ cm^2 V^{-1} s^{-1} となるため，SDS ミセルは約 $+1 \times 10^{-4}$ cm^2 V^{-1} s^{-1} の移動度でゆっくりと陰極側へと移動する．試料成分は水相とミセル相の間で分配しながら移動することになり，ミセルへの保持が大きい成分ほど相対的に移動速度が遅くなるため，保持係数 k の違いにより中性成分の分離が可能となる．なお，$k = (t_R - t_0)/[t_0(1 - t_R/t_{mc})]$ で，t_{mc} はミセルの移動時間を示し，疎水性の高い色素（スダンⅢなど）を t_{mc} マーカーとすることで測定できる．試料成分はミセルに保持されるが，界面活性剤濃度，pH，有機添加剤濃度などにより保持係数が変化するため分離選択性を制御できる．ミセルの濃度は特に重要であり，k は界面活性剤濃度に正比例する
キャピラリー 等速電気泳動 (CITP)	CITP は，電気泳動移動度の異なる2種類の電解質溶液の間に試料ゾーンを形成することで行われる．分析目的のイオンよりも移動度の大きいイオン（先行イオン）を含む電解質溶液（先行電解液）と目的イオンのいずれよりも移動度の小さいイオン（終末イオン）を含む電解質溶液（終末電解液）を用いる．試料イオンを含む溶液を先行電解液と終末電解液の間に注入し，一定時間電気泳動を行うと，各試料イオンは各々の移動度に従って互いに隣接したゾーンを形成し，すべての溶質ゾーンが等速で移動しながら検出器に到達する．現在では，単純な CITP モードはあまり使われなくなったが，CITP の原理を利用した電気的注入法や，CITP から CZE や CGE に自動的に移行する過渡的等速電気泳動による高感度化に応用されている
キャピラリー 等電点電気泳 動 (CIEF)	CIEF においては，試料に種々の等電点 pI を有する両性電解質（アンフォライト）を添加した溶液を，ポリアクリルアミド修飾などにより EOF を抑制したキャピラリー全体に注入し，アンフォライトの pI 領域よりも強い酸および塩基をそれぞれ陽極液および陰極液として高電圧を印加する．アンフォライトは自身の pI よりも高い pH 領域では陽極側へ，低い pH 領域では陰極側へと泳動するため，両性電解質は各々の pI の位置に収束する．この両性電解質の収束によりキャピラリー内には安定なpH 勾配が形成される．pH 勾配が形成されたキャピラリー内においては，試料は自身の pI の位置まで泳動し収束する．このような pI の違いに基づいた分離は，タンパク質の分離に適しており，pI の違いが 10^{-4}～10^{-2} 程度でも分離が可能となる

134

分離モード	特　徴
キャピラリー電気クロマトグラフィー（CEC）	固定相を有するキャピラリーを用いて電気泳動分離を行う CEC は、CE と LC の特徴を併せもった分析手法であり、LC においてはポンプによる送液のために流れが層流となるのに対して、CEC においては栓流である EOF を流れの駆動力とするために、高い分離効率が得られる。さらに試料成分の電気泳動に加えて、固定相に対する保持も分離に利用できるため、高選択的な分離が得られる。CEC は固定相の作製・固定化の方法によっていくつかの形式に分類され、キャピラリーの内表面に固定相を修飾する中空 CEC、LC で開発された充塡剤を用いる充塡 CEC、マイクロメートルサイズの連続貫通孔とナノメートルサイズのメソ孔を有するシリカゲルや有機ポリマーを内部で重合させたキャピラリーを用いるモノリス CEC に大別することができる

iii）分離条件設定

1）CE における操作・分離条件設定

設定項目	操作・分離条件
キャピラリー	一般には内径 50〜100 μm、全長 20〜100 cm で、外表面がポリイミドで被覆されたフューズドシリカキャピラリーが用いられる。UV 検出や蛍光検出などを行う際には、キャピラリーのポリイミド被覆の一部を剝がして光学セルとする。EOF を抑制する場合にはポリアクリルアミドなどの中性ポリマーで、EOF を反転させる場合にはカチオン性ポリマーで内表面をコーティングしたキャピラリーを用いればよく、市販品を利用することができる
電圧・電流	10〜30 kV、100 μA 以下（50 μA 以下が望ましい）
キャピラリー洗浄	使用前：1.0 mol L^{-1} NaOH（10 分）、メタノール（10 分）、水（10 分）、泳動液（20 分）で洗浄 分析間：0.1 mol L^{-1} NaOH（2 分）、メタノール（2 分）、水（2 分）、泳動液（5 分）で洗浄
試料注入	加圧法：〜5.0 kPa で注入時間 t_{inj}＝1〜10 秒、試料注入体積 V_{inj}＝$\pi r^4 \Delta P t_{inj}/(8\eta L)$ 落差法：2〜15 cm で t_{inj}＝5〜30 秒、V_{inj} は加圧法と同様。 電気的注入法：5〜15 kV で t_{inj}＝5〜10 秒、V_{inj}＝$\pi r^2 \mu_{app} E_{inj} t_{inj}/L$ r はキャピラリー内径の半径、ΔP は注入圧、η は溶液の粘性率 μ_{app} は実効移動度、E_{inj} は印加電圧、t_{inj} は注入時間、L はキャピラリー全長を示す。電気的注入法では試料ごとの電気泳動移動度により注入量が異なるので注意を要する
検　出	紫外吸光（UV）法、レーザー励起蛍光（LIF）法、質量分析（MS）法などを利用できる。UV 検出の検出限界は μmol L^{-1} 程度であるのに対し、LIF 検出を用いると pmol L^{-1} レベルの蛍光性試料を検出することができる。MS 検出ではエレクトロスプレーイオン化（ESI）インターフェースを用いる装置が市販されており、高感度検出と構造情報の取得を両立できる

（2） CE における泳動液の設定

分離モード	泳動液	設定要素
CZE	緩衝液（表（3）参照）	pH（構造類似成分の混合試料の場合 pK_a に近い pH）,添加剤（メタノールやアセトニトリルなどの有機媒*1, シクロデキストリン（CD）*2, 錯形成剤*3, EOF 抑制剤*4, 間接吸光剤*5
CGE	高分子溶液	ポリアクリルアミド, ポリエチレングリコール, ヒドロキシプロピルメチルセルロースなど高分子の種類・重度*6, 濃度, 温度
CITP	リーディング液	試料イオンより電気泳動移動度の大きなイオン（陽イオン分析では KOH など, 陰イオン分析では HCl など）溶液
	ターミナル液	試料イオンよりも電気泳動移動度の小さなイオン（陽イオン分析では Tris など, 陰イオン分析ではカプロンなど）溶液
CIEF*7	両性電解質溶液	pH 範囲の設定, 収束ゾーンの移動法, 泳動時間
MEKC	ミセル溶液*8	界面活性剤の種類*9 と濃度, 添加剤（有機溶媒*1, CD*2, 尿素*1）
CEC	電解質を含む LC 移動相	移動相組成, 印加電圧*10

*1 水に難溶の試料に対して有効, *2 光学異性体, 芳香族位置異性体の分離に有効, 金属イオンの分離に有効, *4 抑制にはセルロース誘導体, 反転には陽イオン性界面活性剤がよく用いられる, *5 試料に UV 吸収がない場合に添加し, 陽イオン分析ではクロム酸やカルボン酸類など, 陰イオン分析ではベンジルアミン類を用いる, *6 直鎖状高分子を用いると替え可能な流動性の高いゲルが得られる, *7 陽極液にはリン酸, 陰極液には NaOH を用い電流が低下した時点で圧力を印加するか, いずれかのリザーバーを NaCl 溶液として収束した料イオンを検出器へ移動させる, *8 CZE でよく用いられる緩衝液に 10〜50 mmol*1 の界面活性剤を添加, *9 陰イオン界面活性剤としては SDS など, 陽イオン界面活性剤としては臭化セチルトリメチルアンモニウム（CTAB）など, 非イオン界面活性剤としては Tween20 Brij35 などを用いる, *10 イオン性試料に対しては重要.

（3） CE でよく用いられる緩衝液*1 （➡ QR コード）

（iv） 分離条件例
（1） CE でよく用いられる泳動液組成

モード	試料	泳動液	添加剤
CZE	酸性化合物	25 mmol L⁻¹ リン酸塩緩衝液（pH 7.0）	
		25 mmol L⁻¹ ホウ酸塩緩衝液（pH 9.5）	
	塩基性化合物	25 mmol L⁻¹ リン酸塩緩衝液（pH 2.5）	
	無機陽イオン	10 mmol L⁻¹ Waters UVCat-1（pH 4.4）	4 mmol L⁻¹ ヒドロキシ酪酸
		30 mmol L⁻¹ MES 緩衝液, 30 mmol L⁻¹ ヒスチジン（pH 6.0）	3 mmol L⁻¹ 18-クラウン-6
	無機陰イオン	0.5 mmol L⁻¹ CIA-Pak OFM Anion-BT（pH 8.0）	5 mmol L⁻¹ クロム酸
		50 mmol L⁻¹ CHES 緩衝液, 20 mmol L⁻¹ 水酸化リチウム（pH 9.2）	0.03 % Triton X-1

ード	試料	泳動液	添加剤
	安息香酸	10〜50 mmol L^{-1} リン酸塩緩衝液 (pH 7〜9)	
	非ステロイド系抗炎症剤	10〜50 mmol L^{-1} リン酸塩緩衝液 (pH 7〜9)	10〜20 % アセトニトリル
	カテコールアミン	25 mmol L^{-1} MES 緩衝液 (pH 5.6)	10〜20 % 2-プロパノール
	酸性光学異性体	10〜100 mmol L^{-1} ホウ酸塩緩衝液 (pH 9.5)	1〜10 mmol L^{-1} β-CD*
	塩基性光学異性体	20〜50 mmol L^{-1} リン酸塩緩衝液 (pH 2.5)	2〜5 % HS-β-CD*
	ポリアミン	5 mmol L^{-1} 硫酸キニーネ (pH 3.0)	
	ビタミン	10〜100 mmol L^{-1} リン酸塩緩衝液 (pH 5〜7)	
	ヌクレオチド	100 mmol L^{-1} CAPS 緩衝液 (pH 10.5)	
	糖	50〜200 mmol L^{-1} ホウ酸塩緩衝液 (pH 9〜11)	
		50 mmol L^{-1} リン酸塩緩衝液酸 (pH 2.5)	10 mmol L^{-1} トリエチルアミン
	アミノ酸ペプチド	50 mmol L^{-1} リン酸塩緩衝液 (pH 7.5)	
		10〜30 mmol L^{-1} ホウ酸塩緩衝液 (pH 9〜11)	
		10〜100 mmol L^{-1} リン酸塩緩衝液 (pH 2〜3)	10 % ポリアクリルアミド
	タンパク質	10〜50 mmol L^{-1} ホウ酸塩緩衝液 (pH 9〜11)	0.001 % Brij35
		10〜50 mmol L^{-1} リン酸塩緩衝液 (pH 2〜3)	0.05 % ポリビニルアルコール
GE	DNA	2.0 % HPMC-0.1 mol L^{-1} Tris-ホウ酸塩緩衝液 (pH 7.6)-2.5 mmol L^{-1} EDTA-7 mol L^{-1} 尿素	
EKC	中性化合物	50 mmol L^{-1} SDS-50 mmol L^{-1} リン酸塩緩衝液酸 (pH 7.0)	
	疎水性化合物	50 mmol L^{-1} SDS-50 mmol L^{-1} リン酸塩緩衝液酸 (pH 7.0)	50 mmol L^{-1} γ-CD
		50 mmol L^{-1} SDS-50 mmol L^{-1} リン酸塩緩衝液酸 (pH 7.0)	20 % メタノール
EC	—	10 mmol L^{-1} リン酸水素二ナトリウム-50 % アセトニトリル	

* CD：cyclodextrin，HS：highly-sulfated.

2) CE でよく用いられるオンライン試料濃縮法（➡ QR コード）

b. スラブゲル電気泳動法の特徴と分類

スラブゲル電気泳動（slab gel electrophoresis：GE）は，ガラスなどの平板（スラブ）上にゲル膜を作製し，生体高分子の電気泳動分離を行う手法である．ゲルの網目構造による ふるい効果を利用して DNA やタンパク質をサイズ分離できる．ゲルにはアガロースやポリアクリルアミド（PAG）が用いられ，前者の方がより分子量の大きな成分の分離に適している．GE における試料成分の電気泳動移動度 μ とゲル濃度 T（%）の関係は $\ln \mu = \mu_t - K_R T$ で表され，μ_t はゲルを含まない溶液中における試料成分の電気泳動移動度，K_R は遅延係数と呼ばれる成分イオンのサイズとゲルの網目構造に依存するパラメーターである．試料成分の電気泳動移動度の対数は T に比例するため，ゲル濃度により分離を調節す

ることができる.

(i) 分 類

分 類	特 徴
アガロースゲル電気泳動	アガロースゲルを用いて DNA やタンパク質を分子サイズにより離する手法. 100 bp～20 kbp の DNA や比較的分子量の大きなタンパク質の分析に適する. アガロースは低濃度でゲルを形成し, 調製容易であるため, PCR 産物の分析によく用いられる
SDS-ポリアクリルアミドゲル電気泳動 (PAGE)	SDS を加えた PAG を用いて一本鎖に変性させたタンパク質を分する手法は SDS-PAGE と呼ばれ, 比較的低分子量のタンパク質DNA の分離に用いられる. タンパク質の SDS-PAGE では還元と SDS を用いて変性処理を行うことで, 高次構造を破壊し, 強い電荷を帯びた直鎖状分子とする. この変性処理により, 泳動速度が子量に比例するようになるため, タンパク質の分子量を測定できるまた SDS-PAGE においては Laemmli 法によりバンドをシャープすることができる. ポアサイズの大きな濃縮ゲルと分離に適したポサイズの分離ゲルの 2 種類のゲルを Tris-HCl 緩衝液で膨潤させ泳動液には Tris-グリシン緩衝液を用いる. 試料をアプライして電を印加すると, ゲル中の塩化物イオンと泳動液中のグリシンイオン電気泳動移動度の差により過渡的等速電気泳動が起こり, 試料成分濃縮ゲル上に細いバンドとして濃縮される. 試料バンドを細く濃縮ることにより分離能と検出限界が向上する
尿素添加 PAGE	PAG に変性剤の尿素を加え, DNA が二次構造を形成しない条件泳動を行う. DNA は直鎖状となり, その長さに応じて分離されるめ, 塩基数を推定できる
未変性 PAGE	変性剤を加えずに電気泳動を行う. DNA やタンパク質は高次構造保ったまま泳動するため, サイズ分離はできないものの, 本来の分認識能を保つことから, DNA-タンパク質複合体の検出などに用いれる
等電点電気泳動 (IEF)	IEF においては, 種々の等電点を有する両性電解質混合物 (アフォライト) をアガロースや PAG に加え, アンフォライトの等点領域よりも強い酸および塩基をそれぞれ陽極液および陰極液とし電圧を印加すると, 両性電解質は各々の等電点の位置に収束し, 安な pH 勾配が形成される. このゲルにタンパク質やペプチドの混試料を加えて泳動を行うと, 試料成分は自身の等電点の位置まで動・収束するので, 等電点の違いにより分離できる. より高性能な電点分離を実現するため, PAG に様々な等電点を有する両性電解を結合させたゲルが開発されており, pH 勾配のゆらぎがなく高電を印加することができるので, 非常に高い分離能が得られ0.001 pH ユニットの等電点の違いでも分離することができる
二次元電気泳動	一次元目でゲルストリップと呼ばれる細長い固定化 pH 勾配ゲル用いた等電点電気泳動分離を行い, ゲルストリップを SDS で平衡した後, SDS-PAGE 用のスラブゲルに載せて電圧を印加することで, 等電点分離したバンドのサイズ分離 (二次元目分離) を行うピーク容量が大きく, 目的成分の分子量と等電点を推定できる

検出法	特　徴
色素染色	DNA の分析においては、エチジウムブロミド（EtBr, 感度〜50 ng）や SYBR Green（感度〜0.1 ng）などのインターカレートする色素で染色を行う。UV トランスイルミネーターや蛍光イメージアナライザーにより、分離した試料成分を検出できる。タンパク質の染色にはクマシーブリリアントブルー（CBB, 感度〜1 μg）がよく用いられる。市販の蛍光色素も利用でき、SYPRO（感度〜1 ng）を用いると、CBB 染色よりも高感度に検出できる
銀染色	EtBr や CBB 染色よりも高い感度が得られ、DNA では〜10 pg、タンパク質では〜1 ng の試料成分を検出できる。ゲルを銀イオン溶液で処理して試料成分と結合させた後、ホルマジンやアルカリ処理で金属銀に還元することで、スポットを視覚化できる
ブロッティング	ブロッティングでは GE 分離したスポットをニトロセルロースなどの膜に転写し、特定成分のみを選択的に検出する。① サザンブロッティング：ハイブリダイゼーションを利用して、特定の DNA を検出する手法。目的 DNA と相補的な配列を有する DNA 断片にラジオアイソトープ、蛍光色素もしくはアルカリホスファターゼ（AP）や西洋ワサビペルオキシダーゼ（HRP）などの酵素を結合させたプローブがハイブリダイズした部分を X 線、蛍光、化学発光などにより特異的に検出することで、目的成分の有無を判別できる。② ノーザンブロッティング：ハイブリダイゼーションを利用して目的 RNA を特異的に検出する技法。手順はサザンブロッティングとほぼ同様。③ ウェスタンブロッティング：抗原抗体反応を利用して、特定のタンパク質を検出する手法。膜に転写したタンパク質と一次抗体を反応させた後、AP や HRP などの酵素で標識した二次抗体を結合させ、発光や蛍光を発する基質を加えて検出を行うことで目的のスポットを特定する

iii）　分離条件設定

（1）　DNA 分離用アガロースゲル溶液と分画 DNA サイズ
（➡ QR コード）

（2）　DNA 分離用ポリアクリルアミドゲル溶液と分画 DNA サイズ*1

ゲル濃度（%）	3.5	5.0	8.0	12.0	20.0
% アクリルアミド-ビス混合溶液*2/mL	1.16	1.66	2.66	4.00	6.66
×TBE*3/mL	1	1	1	1	1
% 過硫酸アンモニウム/mL	0.1	0.1	0.1	0.1	0.1
TEMED*4/μL	10	10	10	10	10
H_2O/mL	7.74	7.24	6.24	4.90	2.24
DNA 分画範囲/bp	1000〜2000	80〜500	60〜400	40〜200	1〜100

*1　泳動バッファー：10×TBE を 10 倍に希釈して用いる。　*2　一般に 29 % アクリルアミド-1 % N,N'-メチレンビスアクリルアミド混合溶液を用いる。　*3　890 mmol L^{-1} Tris-890 mmol L^{-1} ホウ酸-20 mmol L^{-1} EDTA（pH 8.2）。　*4　N,N,N',N'-テトラメチルエチレンジアミン。

（3） タンパク質分離用 SDS-PAGE 溶液と分画分子量[*1]

分離ゲル

ゲル濃度/%	5.0	8.0	10.0	12.0	15.0
30 % アクリルアミド-ビス混合溶液[*2]/mL	3.3	5.3	6.7	8.0	10.0
H_2O/mL	11.3	9.3	7.9	6.6	4.6
1.5 mol L^{-1} Tris-HCl（pH 8.8）/mL	5.0	5.0	5.0	5.0	5.0
10 % SDS/mL	0.2	0.2	0.2	0.2	0.2
TEMED[*2]/μL	10	10	10	10	10
10 % 過硫酸アンモニウム/mL	0.2	0.2	0.2	0.2	0.2
分子量範囲/kDa	50〜300	40〜250	30〜200	20〜150	10〜1

濃縮ゲル

30 % アクリルアミド-ビス混合溶液[*2]/mL	1.5
H_2O/mL	5.8
0.5 mol L^{-1} Tris-HCl（pH 6.5）/mL	2.5
10 % SDS/mL	0.1
TEMED[*2]/μL	10
10 % 過硫酸アンモニウム/mL	0.1

[*1] 泳動バッファー：25 mmol L^{-1} Tris-192 mmol L^{-1} グリシン-0.1 % SDS（pH 8.3）.
[*2] 表（2）と同様.

0 熱 分 析

熱分析とは，測定物質の温度を制御されたプログラムに従って変化させながら，その物質のエンタルピー変化や重量変化をはじめとする諸物理特性の変化を温度の関数として測定して，熱的な諸特性を解析する種々の技法の総称である.

0・1 熱分析法の分類

対象とする物理特性	測定技法 [和/英 (略号)]	得られる情報
質量・重量	熱重量測定/thermogravimetry (TG)	吸脱着，熱分解，気化，酸化反応，吸脱着，熱分解に伴う重量変化
（化学種の容積または特定）	発生気体分析/evolved gas analysis (EGA)	反応，吸脱着，熱分解などに伴う発生ガス
温度	示差熱分析/defferential thermal analysis (DTA)	転移温度，反応温度など
熱量	示差走査熱量測定/differential scanning calorimetry (DSC)	転移温度，転移熱量，熱容量，反応温度，反応熱量など
寸法・容積	熱膨張測定/thermodilatometry (TD)	膨張係数，転移温度など
力学的特性	熱機械分析/thermomechanical analysis (TMA)	膨張係数，転移温度，軟化温度など
	動的粘弾性測定/dynamic mechanical analysis (DMA)	弾性率，分子運動，緩和時間など
音響特性	熱音響測定/thermoacoustimetry (TA)	相転移，分子運動など
電気特性	熱電気特性測定/thermoelectrometry (TE)	誘電率，誘電損失，分子運動，緩和時間など
磁気特性	熱磁気測定/thermomagnetometry (TM)	磁性体の転移温度など

0・2 温度測定に用いる主な熱電対と特性
(➡ QR コード)

0・3 代表的な熱分析法の原理と特徴

a. 熱重量測定 (thermogravimetry：TG)

TG の測定は，温度プログラムできる加熱炉の中に組み込まれた，精密てんびんの試料ホルダー上に設置した試料物質の重量変化を検出・記録する熱てんびんを用いて行われる. 図に，熱てんびんの装置構成図の一例を示す. この装置では，試料重量が変化して生ずるてんびんのバランス変動を，光電変換素子で検出し，その信号をもとにフィードバックコイル

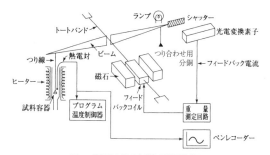

図a　代表的な熱てんびんの装置構成図

[泉　美治, 小川雅彌, 加藤俊二, 塩川二朗, 芝　哲夫, "第2版 機器分析のてびき 第3集", 化学同人 (1996), p.3]

に電流を通じてビームをもとの位置に戻す. この際に必要な電流が重量変化に比例するので, これを記録することにより, 横軸が温度変化 (または経過時間) で, 縦軸が試料の重量変化の絶対値または相対値 (%) で表されるサーモグラムが測定される. このサーモグラムから, 試料物質の熱安定性や分解反応過程についての情報が得られる. また, ある分解率に達する温度が昇温速度に依存して変化することを利用して, 熱分解反応の活性化エネルギなども解析される. さらに, 混合物試料の組成の定量に用いることもできる.

図bに一例として, シュウ酸カルシウム一水和物のサーモグラムを示した. この測定は, TG 曲線と同時に, 後述する示差熱分析 (DTA) 曲線が記録されている. TG 曲線は, 200 ℃ 前後の結晶水脱離, 500 ℃ 付近の脱一酸化炭素, および 800 ℃ 付近からの脱酸化炭素を伴うそれぞれの熱分解反応に対応する重量変化が観測されている.

温度プログラムは, 通常は一定の昇温速度でなされるが, 近年, 質量減少速度などの物量の変化が一定になるように温度を制御する速度制御熱分析法が開発され, 注目されてる. この方法では, 熱分解反応が活発な領域ほど高い温度分解能で変化を観測できることら, 反応挙動のより詳細な解析が可能となる. また, 熱てんびんの雰囲気は, 目的によっ窒素やアルゴンなどの不活性ガスにしたり, あるいは空気や酸素などの酸化性ガスに変え

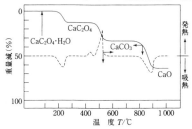

図b　シュウ酸カルシウム一水和物のサーモグラム

(実線：TG 曲線, 破線：DTA 曲線)

[赤岩英夫, 柘植　新, 角田欣一, 原口紘炁, "分析化学", 丸善 (1991), p.255]

ときには減圧にしたりしてサーモグラムが測定される．一方，熱てんびんとガスクロマトグラフ，質量分析計，あるいは赤外分光分析計などをオンラインで直結したシステムによりサーモグラム上の刻々の重量減がどのような化学種の発生と対応しているのかを調べることにより，熱分解反応を詳細に解析することも可能になってきている．

b．示差熱分析（differential thermal analysis：DTA）

DTAでは，試料物質と，熱的に安定なアルミナ粉や石英粉などの対象物質のそれぞれを，熱電対などの温度センサーを内蔵した一対の試料ホルダーに入れ，それらが同時に一定速度で加熱される．図cに，DTAの典型的な装置構成図を示す．各ホルダーにそれぞれ設置されている二対の熱電対は，両者の温度が等しいときに起電力が互いに打ち消し合うよう，極性を逆にして直列に接続されている．したがって，試料の加熱過程で起こる，試料物質のガラス転移，結晶系の転移，軟化，融解あるいは分解などに伴う発熱または吸熱現象に基づく試料と対象物質との温度差が，対応する熱電対の起電力の差として検出され，サーモグラムが記録される．最近の装置では，TGとDTAのサーモグラムが同時測定できるものがかなり一般的になっており，試料の熱的諸特性の解析が総合的になされる．図bに示す例でも，TGの重量減少に対応してDTA曲線上にピークが観測されており，それぞれ200℃付近の脱水反応および800℃付近の脱炭酸反応が吸熱反応であるのに対し，一方500℃付近の脱一酸化炭素反応は発熱反応であることがわかる．さらに，TG曲線上では重量変化の観測されない450℃付近に，試料中の無定形成分の結晶化に伴う小さな吸熱ピークも観測されていることがわかる．

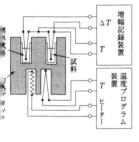

図c　示差熱分析装置の構成図
［赤岩英夫，柘植　新，角田欣一，原口紘炁，
"分析化学"，丸善（1991），p.256］

c．示差走査熱量測定（differential scanning calorimetry：DSC）

上述したDTAで得られるサーモグラムからは，それぞれの熱反応における熱量（エンタルピー）変化を定量的に論ずることは困難である．これに対してDSCでは，試料と対象物質の間に発生する温度差 ΔT を補償するために必要な熱量を，温度の関数として記録することによって，エンタルピー変化のほぼ定量的な観測を可能にしている．DSCは，測定方式により，入力補償DSCと熱流束DSCの二つに大別される．図dおよび図eに，両方の基本装置構成をそれぞれ示す．入力補償型では，それぞれの試料ホルダーに補助ヒーターが設置され，温度差 ΔT が生じた場合にそれを打ち消すように，いずれかの補助ヒーターが独立に作動し，そのときに要した供給電力（熱量）が記録される．熱流束型では，温度制御された蓄熱体と各試料ホルダーの間に熱抵抗体を設け，熱源からの熱は，蓄熱体から熱抵抗体を介して試料および基準物質に移動する．この際，それぞれの熱抵抗体の決められた場所で刻々の温度差 ΔT が検知される．こうして観測される温度差 ΔT は，試料および基準物質のそれぞれに供給される熱量の差に比例することから，サーモグラムからエンタルピー変化を定量的に論ずることができる．

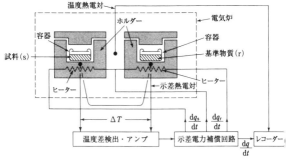

図 d　入力補償 DSC の装置構成図

［齋藤安俊，"物質科学のための熱分析の基礎"，共立出版（1990），p.106］

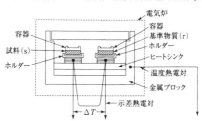

図 e　熱流束 DSC の装置構成図

［泉　美治，小川雅彌，加藤俊二，塩川二朗，芝　哲夫，"第 2 版
機器分析のてびき　第 3 集"，化学同人（1996），p.11］

　図 f に，一例として，エポキシ樹脂の未硬化物および一定時間熱硬化させた試料の DS
曲線を示す．未硬化の試料で観測される発熱ピークが硬化反応熱を示し，硬化物で観測さ
るピーク強度との差が反応率に対応する．この例では，150 ℃ で 2 時間の硬化により反
が完了していることがわかる．また，DSC 曲線が階段状に変化する温度がガラス転移
（T_g）に対応し，それらはいずれの場合も矢印で示した硬化温度より低いことが確認でき

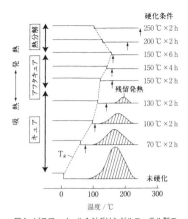

図f　ビスフェノールAジグリシジルエーテル型エ
ポキシ樹脂の熱硬化によるDSC曲線の変化
〔十時　稔，日本ゴム協会誌，60，650（1987）〕

０・４　JIS に見られる熱分析

番　号	項　目	対応する ISO 番号
JIS K 0129:2005	熱分析通則	
JIS K 6226:2003	ゴム―熱重量測定による加硫ゴム及び未加硫ゴム組成の求め方（定量）	ISO 9924 : 2016
JIS K 7120:1987	プラスチックの熱重量測定方法	
JIS K 7121:1987	プラスチックの転移温度測定方法	
JIS K 7122:1987	プラスチックの転移熱測定方法	
JIS K 7123:1987	プラスチックの比熱容量測定方法	
JIS K 7196:1991 〔（追補）:2012〕	熱可塑性プラスチックフィルム及びシートの熱機械分析による軟化温度試験方法	
JIS K 7197:1991 〔（追補）:2012〕	プラスチックの熱機械分析による線膨張率試験方法	
JIS H 7101:2002	形状記憶合金の変態点測定方法	
JIS H 7151:1991	アモルファス金属の結晶化温度測定方法	
JIS H 7204:1995	水素吸蔵合金の水素化熱測定方法	
JIS R 1618:2002	ファインセラミックスの熱機械分析による熱膨脹の測定方法	

11 X線分析

　X線分析とは，X線を利用した分析法の総称で，試料にX線を照射する方法と，試料に電子線や粒子線を照射して二次的に発生するX線を分析する方法に大別される．いずれも非破壊分析法である．X線は波長が短く高エネルギーの電磁波なので，回折による原子の配列情報の取得や内殻電子の励起によって発生する特性X線による元素の同定・定量などが可能となる．

11・1　X線分析法の分類

　X線分析法を分類した表を示す．本章では，蛍光X線分析，電子プローブマイクロ分析，粉末X線回折法に関するデータを示す．なおX線光電子分光については，12・1節を参照されたい．

X線分析法の分類

得られる情報	測定法［和/英（略号）］	試料への照射	試料からの検出
元素組成	蛍光X線分析/X-ray fluorescence (XRF) analysis	X線	特性X線
	電子プローブマイクロ分析/electron probe microanalysis (EPMA)	電子線	特性X線
	粒子線励起X線分析/particle induced X-ray emission (PIXE)	イオンビーム	特性X線
物質の同定格子面間隔	粉末X線回折法/powder X-ray diffraction (powder XRD)	X線	散乱X線
結晶構造解析	X線回折法/X-ray diffraction (XRD)	X線	散乱X線
化学結合状態，電子状態	X線吸収端微細構造解析/X-ray absorption fine structure (XAFS) analysis	X線	透過X線，特性X線
	X線光電子分光分析/X-ray photoelectron spectroscopy (XPS)	X線	光電子

　実験室のX線分析装置では，管球から発生するX線を利用する．一方，放射光X線（synchrotron radiation X-ray）は，① 高輝度，② 指向性が高い，③ 広い波長領域，④ 偏光している，⑤ パルス光の繰返し，という特長をもつ．大型放射光施設 SPring-8 では約 50 のビームラインがあり，試料や測定手法に適した実験ステーションを選択してさまざまなX線分析ができる．（➡ QR コード）

11・2　蛍光X線分析法の原理と特徴

　内殻電子がもつ結合エネルギー（binding energy）を十分上回るエネルギーのX線を照射すると，電子は軌道から飛び出し光電子となる．内殻に空孔が生じた状態は不安定なので上のエネルギー準位の電子が，空孔の生じたエネルギー準位へ遷移（transition）する．このとき遷移のエネルギー準位差に相当する特性X線（蛍光X線）が発生する．電子のエネ

単位は元素によって異なるため，発生した蛍光X線のエネルギーを調べることで，物質を構成する元素の情報を知ること（定性分析）ができる．また発生する蛍光X線の強度は，試料中の原子の数に依存するため，元素の含有量を調べること（定量分析）もできる．多くの元素分析と同様に，蛍光X線分析でも，濃度既知の標準試料から作成した検量線を使って定量を行う．一方，X線の物理定数と蛍光X線の理論強度式によって化学組成を算出するファンダメンタル・パラメータ法（fundamental parameter法：FP法）は，標準試料を必要しないリファレンスフリーな定量法である．

蛍光X線分析装置は，X線発生部（X線管球，高圧電源および制御回路），分光・検出・計数部（検出器および計数回路，制御回路），制御部から構成される．X線分光器には分光方式により，波長分散型分光器（wavelength dispersive spectrometer：WDS）とエネルギー分散型分光器（energy dispersive spectrometer：EDS）の2種類がある．それぞれの装置概略を図に示す．

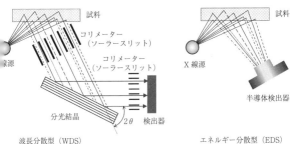

蛍光X線分析装置の構成図

WDSでは，分光結晶（分光素子）による回折現象（11・5節参照）を利用し，試料から発した蛍光X線のうち，特定の波長のX線のみを検出器で測定する．分光結晶の角度を走査することで，波長スキャンすることができる．目的とする波長（エネルギー）に対応し面間隔dの異なる分光素子を使い分ける．主な分光素子をQR（web版）に示す．EDSでは，エネルギー分解能をもつ半導体検出器とマルチチャンネルアナライザー（MCA）を併用する．EDSは小型で簡便であるが，エネルギー分解能はWDSに劣るので，スペクトルの重なりに注意が必要である．

1・3　特性X線（固有X線）(characteristic X-ray)

元素の特性X線を表にまとめた．単位はkeVとした．

特性X線のエネルギー/keV

素	$K\alpha_1$ K-L_3	$K\alpha_2$ K-L_2	$K\beta_1$ K-M_3	$L\alpha_1$ L_3-M_5	$L\alpha_2$ L_3-M_4	$L\beta_1$ L_2-M_4	$L\beta_2$ L_3-N_5	$L\gamma_1$ L_2-N_4	$M\alpha_1$ M_5-N_7	$M\alpha_2$ M_5-N_6	$M\beta$ M_4-N_6	$M\gamma$ M_3-N_5	$M\zeta_1$ M_3-N_5
.i	0.0543												
e	0.1085												
3	0.1833												
:	0.277												
	0.3924												
	0.5249												

147

元素	$K\alpha_1$ K-L_3	$K\alpha_2$ K-L_2	$K\beta_1$ K-M_3	$L\alpha_1$ L_3-M_5	$L\alpha_2$ L_3-M_4	$L\beta_1$ L_2-M_4	$L\beta_2$ L_3-N_5	$L\gamma_1$ L_2-N_4	$M\alpha_1$ M_5-N_7	$M\alpha_2$ M_5-N_6	$M\beta$ M_4-N_6	$M\gamma$ M_3-N_5	N
9 F	0.6768												
10 Ne	0.8486	0.8486	0.8579										
11 Na	1.0410	1.0410	1.0711										
12 Mg	1.253 60	1.253 60	1.3022										
13 Al	1.486 70	1.486 27	1.5574										
14 Si	1.739 98	1.739 38	1.8359										
15 P	2.0137	2.0127	2.1390										
16 S	2.307 84	2.306 64	2.4640										
17 Cl	2.622 39	2.620 78	2.8156										
18 Ar	2.957 50	2.955 63	3.1905										
19 K	3.3138	3.3111	3.5896										
20 Ca	3.691 68	3.688 09	4.0127	0.3413	0.3413	0.3449							
21 Sc	4.0906	4.0861	4.4605	0.3954	0.3954	0.3996							
22 Ti	4.510 84	4.504 86	4.931 81	0.4522	0.4522	0.4584							
23 V	4.952 20	4.944 64	5.427 29	0.5113	0.5113	0.5192							
24 Cr	5.414 72	5.405 51	5.946 71	0.5728	0.5728	0.5828							
25 Mn	5.898 75	5.887 65	6.490 45	0.6374	0.6374	0.6488							
26 Fe	6.403 84	6.390 84	7.057 98	0.7050	0.7050	0.7185							
27 Co	6.930 32	6.915 30	7.649 43	0.7762	0.7762	0.7914							
28 Ni	7.478 15	7.460 89	8.264 66	0.8515	0.8515	0.8688							
29 Cu	8.047 78	8.027 83	8.905 29	0.9297	0.9297	0.9498							
30 Zn	8.638 86	8.615 78	9.5720	1.0117	1.0117	1.0347							
31 Ga	9.251 74	9.224 82	10.2642	1.097 92	1.097 92	1.1248							
32 Ge	9.886 42	9.855 32	10.9821	1.188 00	1.188 00	1.2185							
33 As	10.543 72	10.507 99	11.7262	1.2820	1.2820	1.3170							
34 Se	11.2224	11.1814	12.4959	1.379 10	1.379 10	1.419 23							
35 Br	11.9242	11.8776	13.2914	1.480 43	1.480 43	1.525 90							
36 Kr	12.649	12.598	14.112	1.5860	1.5860	1.6366							
37 Rb	13.3953	13.3358	14.9613	1.692 56	1.692 56	1.752 17							
38 Sr	14.1650	14.0979	15.8357	1.806 56	1.804 74	1.871 72							0.1
39 Y	14.9584	14.8829	16.7378	1.922 56	1.920 47	1.995 84							0.1
40 Zr	15.7751	15.6909	17.6678	2.042 36	2.0399	2.1244	2.2194	2.3027					0.1
41 Nb	16.6151	16.5210	18.6225	2.165 89	2.1630	2.2574	2.3670	2.4618				0.356	0.1
42 Mo	17.479 34	17.3743	19.6083	2.293 16	2.289 85	2.394 81	2.5183	2.6235					0.1
43 Tc	18.3671	18.2508	20.619	2.4240		2.5368							
44 Ru	19.2792	19.1504	21.6568	2.558 55	2.554 31	2.683 23	2.8360	2.9645				0.462	0.2
45 Rh	20.2161	20.0737	22.7236	2.696 74	2.692 05	2.834 41	3.0013	3.1438				0.496	0.2
46 Pd	21.1771	21.0201	23.8187	2.838 61	2.833 29	2.990 22	3.171 79	3.3287				0.531	0.2
47 Ag	22.162 92	21.9903	24.9424	2.984 31	2.978 21	3.150 94	3.347 81	3.519 59				0.568	0.3
48 Cd	23.1736	22.9841	26.0955	3.133 73	3.126 91	3.316 57	3.528 12	3.716 86				0.606	0.3
49 In	24.2097	24.0020	27.2759	3.286 94	3.279 29	3.487 21	3.713 81	3.920 81				0.691	0.3
50 Sn	25.2713	25.0440	28.4860	3.443 98	3.435 42	3.662 80	3.904 86	4.131 12				0.691	0.3
51 Sb	26.3591	26.1108	29.7256	3.604 72	3.595 32	3.843 57	4.100 78	4.347 79				0.733	0.4
52 Te	27.4723	27.2017	30.9957	3.769 33	3.7588	4.029 58	4.3017	4.5709				0.778	0.4
53 I	28.6120	28.3172	32.2947	3.937 65	3.926 04	4.220 72	4.5075	4.8009					
54 Xe	29.779	29.458	33.624	4.1099									
55 Cs	30.9728	30.6251	34.9869	4.2865	4.2722	4.6198	4.9359	5.2804					
56 Ba	32.1936	31.8171	36.3782	4.466 26	4.450 90	4.827 53	5.1565	5.5311				0.973	0.6
57 La	33.3418	33.0341	37.8010	4.650 97	4.634 23	5.0421	5.3835	5.7885	0.833	0.833	0.854	1.027	0.6
58 Ce	34.7197	34.2789	39.2573	4.8402	4.823 22	5.2622	5.6134	6.052	0.883	0.883	0.902	1.0749	0.6
59 Pr	36.0263	35.5502	40.7482	5.0337	5.0135	5.4889	5.850	6.3221	0.9292	0.9292	0.950	1.1273	0.7
60 Nd	37.3610	36.8474	42.2713	5.2304	5.2077	5.7216	6.0894	6.6021	0.978	0.978	0.997	1.180	0.7
61 Pm	38.7247	38.1712	43.826	5.4325	5.4078	5.961	6.339	6.892					
62 Sm	40.1181	39.5224	45.413	5.6361	5.6084	6.2051	6.5870	7.1800	1.081	1.081	1.0998	1.291	0.8
63 Eu	41.5422	40.9019	47.0379	5.8457	5.8166	6.4564	6.8432	7.4803	1.131	1.131	1.1533	1.346	0.8

素	$K\alpha_1$ (K-L$_3$)	$K\alpha_2$ (K-L$_2$)	$K\beta_1$ (K-M$_3$)	$L\alpha_1$ (L$_3$-M$_5$)	$L\alpha_2$ (L$_3$-M$_4$)	$L\beta_1$ (L$_2$-M$_4$)	$L\beta_2$ (L$_3$-N$_5$)	$L\gamma_1$ (L$_2$-N$_4$)	$M\alpha_1$ (M$_5$-N$_7$)	$M\alpha_2$ (M$_5$-N$_6$)	$M\beta$ (M$_4$-N$_6$)	$M\gamma$ (M$_3$-N$_5$)	$M\zeta$ (M$_5$-N$_3$)
d	42.9962	42.3089	48.697	6.0572	6.0250	6.7132	7.1028	7.7858	1.185	1.185	1.2091	1.402	0.914
b	44.4816	43.7441	50.382	6.2728	6.2386	6.978	7.3667	8.102	1.240	1.240	1.2661	1.461	0.955
y	45.9984	45.2078	52.119	6.4952	6.4577	7.2477	7.6357	8.4188	1.293	1.293	1.3250	1.522	0.998
lo	47.5467	46.6997	53.877	6.7198	6.6795	7.5253	7.911	8.747	1.348	1.348	1.3830	1.576	1.0450
r	49.1277	48.2211	55.681	6.9487	6.9091	7.8109	8.1890	9.089	1.406	1.406	1.4430	1.643	1.0901
b	50.7416	49.7726	57.517	7.1799	7.1331	8.101	8.468	9.426	1.462	1.462	1.503		
b	52.3889	51.3540	59.37	7.4156	7.3673	8.4018	8.7588	9.8701	1.5214	1.5214	1.5675	1.765	1.183
u	54.0698	52.9650	61.283	7.6555	7.6049	8.7090	9.0489	10.1434	1.5813	1.5813	1.6312	1.832	
if	55.7902	54.6114	63.234	7.8990	7.8446	9.0227	9.3473	10.5158	1.6446	1.6446	1.6976	1.895	1.2800
a	57.532	56.277	65.223	8.1461	8.0879	9.3431	9.6518	10.8952	1.7096	1.7096	1.7655	1.964	1.3338
	59.31824	57.9817	67.2443	8.3976	8.3352	9.67235	9.9615	11.2859	1.7754	1.7731	1.8349	2.035	1.3835
e	61.1403	59.7179	69.310	8.6525	8.5862	10.0100	10.2752	11.6854	1.8425	1.8425	1.9061	2.1067	1.4368
b	63.0005	61.4867	71.413	8.9117	8.8410	10.3553	10.5985	12.0953	1.9102	1.9102	1.9783	2.182	1.4496
	64.8956	63.2867	73.5608	9.1751	9.0995	10.7083	10.9203	12.5126	1.9799	1.9758	2.0535	2.254	1.5458
t	66.832	65.122	75.748	9.4423	9.3618	11.0707	11.2505	12.9420	2.0505	2.047	2.1273	2.331	1.6022
u	68.8037	66.9895	77.984	9.7133	9.6280	11.4423	11.5847	13.3817	2.1229	2.118	2.2046	2.410	1.6605
e	70.819	68.895	80.253	9.9888	9.8976	11.8226	11.9241	13.8301	2.1953		2.2825	2.4875	
t	72.8715	70.8319	82.576	10.2685	10.1728	12.2123	12.2715	14.2915	2.2266	2.2656	2.3621	2.571	1.778
i	74.9694	72.8042	84.936	10.5515	10.4495	12.6137	12.6226	14.7644	2.3455	2.3397	2.4420	2.6527	1.8395
i	77.1079	74.8148	87.343	10.8388	10.73091	13.0235	12.9799	15.2477	2.4426	2.4170	2.5255	2.735	1.901
At	81.52	78.95	92.30	11.4268	11.3048	13.876		16.251					
n	83.78	81.07	94.87	11.7270	11.5979	14.316		16.770					
r	86.10	83.23	97.47	12.0313	11.8950	14.770	14.45	17.303					
Ra	88.47	85.43	100.13	12.3397	12.1962	15.2358	14.8414	17.849					
Ac	90.884	87.67	102.85	12.6520	12.5008	15.713		18.408					
h	93.350	89.953	105.609	12.9687	12.8096	16.2022	15.6237	18.9825	2.9961	2.987	3.1458	3.370	2.364
a	95.868	92.287	108.427	13.2907	13.1222	16.702	16.024	19.568	3.0823	3.072	3.2397	3.4657	2.4350
Np	98.439	94.665	111.300	13.6147	13.4388	17.2200	16.4283	20.1671	3.1708	3.1595	3.3367	3.563	2.507
J				13.9441	13.7597	17.7502	16.8400	20.7848					
Pu				14.2786	14.0842	18.2937	17.2553	21.4173					
				14.6172	14.4119	18.8520	17.6765	22.0652					

.A. C. Thompson, ed., "X-Ray Data Booklet", 3rd ed., Lawrence Berkeley National Laboratory
09) を元に作成]

この本の PDF 版は，http://xdb.lbl.gov/ からダウンロードできる．また，NIST の X-ray
ansition Energies Database や RAYSPEC のアプリなどを利用すると便利である.

また，元素の特性X線を波長（単位 nm）で表したものを QR（web 版）に示す．
生X線の波長 λ (nm) とエネルギー E (keV) は以下の式で換算される．

$$\lambda = \frac{1.239\,85}{E}$$

主な内殻電子の遷移とそれに伴って発生する特性X線のうち主要なものを QR（web 版）
まとめた．特性 X 線の表記には，$K\alpha_1$ のような Siegbahn 表記と，K-L$_3$ のような
PAC 表記がある．対応表を示す．

特性X線の表記法

egbahn	IUPAC	Siegbahn	IUPAC	Siegbahn	IUPAC	Siegbahn	IUPAC
$K\alpha_1$	K-L$_3$	$L\alpha_1$	L$_3$-M$_5$	$L\gamma_1$	L$_2$-N$_4$	$M\alpha_1$	M$_5$-N$_7$
$K\alpha_2$	K-L$_2$	$L\alpha_2$	L$_3$-M$_4$	$L\gamma_2$	L$_1$-N$_2$	$M\alpha_2$	M$_5$-N$_6$

Siegbahn	IUPAC	Siegbahn	IUPAC	Siegbahn	IUPAC	Siegbahn	IUPAC
Kβ₁	K-N₃	Lβ₁	L₂-M₄	Lγ₃	L₁-N₃	Mβ	M₄-N₆
Kβ₂ᴵ	K-N₃	Lβ₂	L₃-N₅	Lγ₄	L₁-O₃	Mγ	M₃-N₅
Kβ₂ᴵᴵ	K-N₂	Lβ₃	L₁-M₃	Lγ₄′	L₁-O₂	Mζ	M₄,₅-N
Kβ₃	K-M₂	Lβ₄	L₁-M₂	Lγ₅	L₂-N₁		
Kβ₄ᴵ	K-N₅	Lβ₅	L₃-O₄,₅	Lγ₆	L₂-O₄		
Kβ₄ᴵᴵ	K-N₄	Lβ₆	L₃-N₁	Lγ₈	L₂-N₁		
Kβ₄ₓ	K-N₄	Lβ₇	L₃-O₁	Lγ₈′	L₂-N₆₍₇₎		
Kβ₅ᴵ	K-M₅	Lβ₇′	L₃-N₆,₇	Lη	L₂-M₁		
Kβ₅ᴵᴵ	K-M₄	Lβ₉	L₁-M₅	Ll	L₃-M₁		
		Lβ₁₀	L₁-M₄	Ls	L₃-M₃		
		Lβ₁₅	L₃-N₄	Lt	L₃-M₂		
		Lβ₁₇	L₂-M₃	Lu	L₃-N₆,₇		
				Lv	L₂-N₆₍₇₎		

[参考文献：R. Jenkins, R. Manne, R. Robin, C. Senemaud, *Pure Appl. Chem.*, **63**, 735（1991）

11・4　電子プローブマイクロ分析の原理と特徴

　試料表面に細く絞られた電子線（電子プローブ）を照射し，発生する特性X線を検出することで組成分析を行う．特性X線を発生させるためには，該当する軌道電子の臨界励起エネルギー（光電子が放出されるのに必要なエネルギー）よりも高いエネルギーの電子プローブが必要である．各元素の臨界励起エネルギーを表に示す．実際の分析において，ある程度X線強度を得るには，臨界励起電圧（臨界励起エネルギー）の2倍以上の加速電圧を設定することが望ましい．

臨界励起エネルギー

原子番号	元素	K系列 keV	L系列 keV	M系列 keV	原子番号	元素	K系列 keV	L系列 keV	M系列 keV
4	Be	0.112			23	V	5.465	0.627	0.06
5	B	0.188			24	Cr	5.989	0.696	0.07
6	C	0.284			25	Mn	6.539	0.769	0.082
7	N	0.410	0.037		26	Fe	7.112	0.845	0.091
8	O	0.543	0.042		27	Co	7.709	0.925	0.101
9	F	0.697			28	Ni	8.333	1.009	0.11
10	Ne	0.870	0.049		29	Cu	8.979	1.097	0.123
11	Na	1.071	0.064		30	Zn	9.659	1.194	0.140
12	Mg	1.303	0.089		31	Ga	10.367	1.299	0.159
13	Al	1.560	0.118		32	Ge	11.103	1.415	0.180
14	Si	1.839	0.150		33	As	11.867	1.527	0.205
15	P	2.145	0.189		34	Se	12.658	1.652	0.230
16	S	2.472	0.231		35	Br	13.474	1.782	0.257
17	Cl	2.822	0.270		36	Kr	14.326	1.921	0.293
18	Ar	3.206	0.326	0.029	37	Rb	15.200	2.065	0.327
19	K	3.608	0.379	0.035	38	Sr	16.105	2.216	0.359
20	Ca	4.039	0.438	0.044	39	Y	17.038	2.373	0.392
21	Sc	4.493	0.498	0.051	40	Zr	17.998	2.532	0.430
22	Ti	4.966	0.561	0.059	41	Nb	18.986	2.698	0.467

原子番号	元素	K系列	L系列	M系列	原子番号	元素	K系列	L系列	M系列
		keV	keV	keV			keV	keV	keV
42	Mo	20.000	2.866	0.506	68	Er		9.751	2.207
43	Tc	21.044	3.043	0.544	69	Tm		10.116	2.307
44	Ru	22.117	3.224	0.586	70	Yb		10.486	2.398
45	Rh	23.220	3.412	0.628	71	Lu		10.870	2.491
46	Pd	24.350	3.604	0.672	72	Hf		11.271	2.601
47	Ag	25.514	3.806	0.719	73	Ta		11.682	2.708
48	Cd	26.711	4.018	0.772	74	W		12.100	2.820
49	In	27.940	4.238	0.827	75	Re		12.527	2.932
50	Sn	29.200	4.465	0.885	76	Os		12.968	3.049
51	Sb		4.698	0.946	77	Ir		13.419	3.174
52	Te		4.939	1.006	78	Pt		13.880	3.296
53	I		5.188	1.072	79	Au		14.353	3.425
54	Xe		5.453	1.149	80	Hg		14.839	3.562
55	Cs		5.714	1.211	81	Tl		15.347	3.704
56	Ba		5.989	1.293	82	Pb		15.861	3.851
57	La		6.266	1.362	83	Bi		16.388	3.999
58	Ce		6.549	1.436	84	Po		16.939	4.149
59	Pr		6.835	1.511	85	At		17.493	4.317
60	Nd		7.126	1.575	86	Rn		18.049	4.482
61	Pm		7.428	1.471	87	Fr		18.639	4.652
62	Sm		7.737	1.723	88	Ra		19.237	4.822
63	Eu		8.052	1.800	89	Ac		19.840	5.002
64	Gd		8.376	1.881	90	Th		20.472	5.182
65	Tb		8.708	1.968	91	Pa		21.105	5.367
66	Dy		9.046	2.047	92	U		21.757	5.548
67	Ho		9.394	2.121					

±表は B. L. Henke, E. M. Gullikson, J. C. Davis, *Atom. Data Nucl. Data*, **54**(2), 181 (1993) の K, M_1 吸収端から求めた.

EPMA (electron probe microanalysis) の基本は特性X線を検出して組成分析（定性, 量）を行うことであるが, 現在の装置では, X線のほかに二次電子, 反射電子, 吸収電子, カソードルミネセンスなどの測定ができるようになっている.

物質に入射した電子は原子との衝突を繰り返し, 方向を変えながら物質内で散乱する. 散乱を繰り返すうちにエネルギーを失って吸収されてしまうが, この行程（侵入領域）は入射電子のエネルギーや物質の密度によって異なり, 一般的には電子プローブの加速電圧が高いほど, また試料の化学組成が軽い元素ほど深く侵入する.

電子の侵入領域とX線の発生領域は Casteing の式によって推定される. X線の発生領域の深さ Z_m (μm) は, 元素の特性X線を発生するために必要な臨界励起エネルギー (keV), 電子プローブのエネルギー E_0 (keV), 平均原子量 A, 平均原子番号 Z, 平均密度 ρ (g cm^{-3}) の関数として, 次のように求められる.

$$Z_m = const. \times (E_0^{1.7} - E_c^{1.7}) \times \frac{A}{\rho Z}$$

ここで, 式中の定数 const. は, 通常 0.033 または 0.025 である. 式の $E_c = 0$ とするとき, これは電子線の侵入深さに等しくなる. 電子の侵入深さは, 電子が試料と相互作用してエネルギーを失いながら, 最終的にゼロになる深さである.

電子線径 d

電子線
侵入深さ $D(E_0)$

密度 ρ

X線発生深さ Z_m

$D(E_\mathrm{c})$

$R+d$

X線発生幅
$D(E_0)+d$
電子線の広がり

X線発生モデル
$Z_\mathrm{m} = D(E_0) - D(E_\mathrm{c})$

この他，Kanaya-Okayama の式もよく利用されている．

$$Z_\mathrm{m} = 0.0276 \times (E_0{}^{1.67} - E_\mathrm{c}{}^{1.67}) \times \frac{A}{\rho Z^{0.889}}$$

Kanaya-Okayama の式で計算した電子の侵入深さ Z_m（μm）を表に示す．

各電子プローブのエネルギー E_0 におけるX線発生深さ Z_m/μm

対象試料	電子プローブのエネルギー E_0/keV			
	5	10	20	30
Al	0.41	1.3	4.2	8.3
Cu	0.14	0.46	1.5	2.9
Au	0.085	0.27	0.86	1.7

ただし，電子プローブのエネルギーが数 keV 以下のような場合には，試料との相互作用が大きく，正確な侵入深さを求めるためには複雑な計算を要する．このほか，侵入深さの算出には，モンテカルロシミュレーションなど，いくつかの方法が利用されている．

電子プローブにより生じた特性X線の検出方法は二通りあり，一つは波長分散型分光（WDS），もう一つはエネルギー分散型分光器（EDS）である．通常，EPMA という場合には WDS を用いたものが一般的である．WDS の X線分光器は特性X線の取出し角度が小さく，面間隔 d の異なる複数の分光結晶・素子を搭載することで，複数の元素の同時分析が可能となる．EDS は迅速な多元素同時分析が可能なので，走査電子顕微鏡（scanning electron microscope：SEM）に付属させることが多い．

WDS はブラッグの回折条件を利用した分光器であり，試料の分析点（特性X線の発生ポイント），分光結晶，検出器が，幾何学的な集光条件としてローランド円と呼ばれる一つの円周上に位置している．分光結晶の格子面間隔 d，特性X線波長 λ，ブラッグ角 θ，特性X線発生ポイントから分光結晶の中心までの距離 L，ローランド円の半径 R とすると，下記の式で表される．なお特性X線の波長は，QR（web 版）を参照．

$$2d\sin\theta = n\lambda \quad (n = 1, 2, 3, \cdots)$$

$$L = 2R\sin\theta = \frac{R}{d}n\lambda$$

波長分散型 EPMA に用いられる分光結晶（分光素子）および分析可能な元素を表に示す．

波長分散型 EPMA に用いられる分光結晶（分光素子）と分析可能な元素

分光結晶・素子	$2d$/nm	K線（Kα，Kβ）	L線（Lα，Lβ）	M線（Mα，Mβ，Mγ）
LiF	0.4027	${}_{20}$Ca$\sim{}_{32}$Ge	${}_{50}$Sn$\sim{}_{80}$Hg	
PET	0.8742	${}_{14}$Si$\sim{}_{20}$Ca	${}_{36}$Kr$\sim{}_{56}$Ba	${}_{71}$Lu$\sim{}_{92}$U
ADP	1.0640	${}_{13}$Al$\sim{}_{20}$Ca	${}_{33}$As$\sim{}_{52}$Te	${}_{66}$Dy$\sim{}_{92}$U

波長分散型 EPMA に用いられる分光結晶（分光素子）と分析可能な元素

分光結晶・素子	$2d/nm$	K 線（Kα，Kβ）	L 線（Lα，Lβ）	M 線（Mα，Mβ，Mγ）
〔?〕AP	2.6100	$_8O\sim_{13}Al$	$_{24}Cr\sim_{35}Kr$	
〔?〕AP	2.5757	$_9F\sim_{13}Al$	$_{24}Cr\sim_{35}Br$	
〔?〕bSD	10.03	$_5B\sim_7N$		$_{47}Ag\sim_{70}Yb$

LiF：フッ化リチウム（200），PET：ペンタエリトリトール（002），ADP：リン酸二水素アンモニウム（101），RAP：フタル酸ルビジウム（001），TAP：フタル酸タリウム（001），PbSD：ステアリン酸鉛

その他，長波長の X 線の分光には，W/Si，V/C，Mo/B₄C などの人工超格子（人工多層膜）が用いられる（2d＝6〜20 nm）。

EPMA では，成分量が既知の標準試料と未知試料（分析試料）の特性 X 線強度を比較して定量分析を行う。試料から発生する特性 X 線の強度は，基本的には含有量に比例していない。実測定値には種々の要因による影響で比例関係がくずれる場合があり，その要因を加味した補正係数を求めて未知試料の組成を求める。定量補正には ZAF 補正が最もよく利用されている。

Z（原子番号効果，atomic number effect）：入射電子プローブの X 線発生寄与率
A（吸収効果，absorption effect）：試料自身による X 線吸収の度合い
F（蛍光励起効果，fluorescence effect）：試料内で発生した特性 X 線が蛍光 X 線を励起する度合い

特性 X 線のエネルギーや波長は基本的に元素に固有であるが，最外殻電子が関与する X 線スペクトルの場合，化学結合や局所構造などの影響が現れやすい。これを利用することで，特定元素の状態分析が可能となる。実際に生じるスペクトルの変化（ケミカルシフト）は，ピーク位置，ピーク強度，半値幅，対称性などに現れる。一方で，B，C，N などの軽元素を定量する場合には，このスペクトルの変化が影響するので注意する必要がある。このようにスペクトルの形状が影響をうけている条件で定量する場合には，特性 X 線のピーク高さではなく面積強度を利用するとよい結果が得られることがある。

1・5　粉末 X 線回折の原理と特徴

粉末 X 線回折（powder X-ray diffraction）法は，微細な結晶があらゆる方向にランダムに並んでいる試料を対象とする測定法である。このような試料に，ある波長λの X 線を照射すると，ブラッグの条件を満足する格子面に対応して，多数の回折線が観測される。これを回折パターンとよんでいる。回折パターンから算出した複数の格子面の面間隔 d はその試料の結晶構造を反映しているので，測定した試料の d 値と既存の物質のデータベースと比較することで，物質の同定が可能となる。

ブラッグの回折条件

$$2d\sin\theta = n\lambda \qquad (n=1, 2, 3, \cdots)$$

ただし，通常 n＝1 として計算する。これは，たとえば（100）面の n 次反射を（n00）面の一次反射とみなすことを意味する。したがって，回折角 2θ から面間隔 d（nm）を求めるとき，逆に d から 2θ を予測するときの換算式は，それぞれ以下のように表される。

2θ から d を求める　　$d=\dfrac{\lambda}{2\sin(2\theta/2)}$

d から 2θ を求める　　$2\theta=2\sin^{-1}\dfrac{\lambda}{2d}$

X 線源として，主に封入型 X 線管球および回転対陰極型 X 線発生装置が用いられている。光源としてよく利用される X 線の波長λを表に示した。最もよく利用されている CuKα

a. 分 解 能

分解能の定義は各種顕微鏡法によって異なるが，基本的な考え方としては「2点を2点として認識できる最短距離」である．近接した2点があったとき，分解能が高ければ2点として観察されるが，分解能が低いと2点としてボヤけて1点として観察される．

光学顕微鏡の分解能を示す一つの指標である Rayleigh の分解能 σ は以下の式で示される．

$$\sigma = 0.61 \times \lambda / NA \qquad (\lambda : 光の波長，NA : レンズの開口数)$$

この他にも Abbe，Hopkins など光学顕微鏡の分解能を示す式はあるが，いずれも分子に λ があるる．つまり，用いる光の波長が短いほど分解能は高くなる．これは，光と同じ波の質を有する電子線（電子顕微鏡）にも同じ考え方が適用される．

ここで，顕微鏡で用いる可視光線，レーザー，電子線の3種について波長を比較すると以下の関係になる．

波長長い ← 可視光線＞レーザー＞電子線 → 波長短い

よって，原理的には光学顕微鏡，レーザー顕微鏡，電子顕微鏡の順列で分解能が高くなる．

b. 光学顕微鏡 (optical microscope : OM)

ここでは，光学の定義をレーザーまで拡大し，光学顕微鏡（デジタルマイクロスコープおよび共焦点レーザー顕微鏡について説明する．

（1）**光学顕微鏡（OM）**　可視光線を試料に照射し，その反射光や透過光を検出する．反射光は，試料表面の凹凸の状態や色などによって，その強弱が決まることから試料の形色を反映し，透過光は，光の透過性の違いから主に試料の密度・組成や色の分布を反映する．光学顕微鏡の最大の特徴は色情報が得られることであり，他の顕微鏡法にはないメリトである．なお，光学顕微鏡は焦点深度が浅い．焦点深度とは，合焦点（ジャストフォーカス）前後の奥行き方向の構造がどれだけ明瞭に観察できるかという指標である．焦点深度が浅いということは，合焦点の部分しかシャープに観察できないということであり，光学顕微鏡では凹凸のある試料の立体的な観察は難しくなる．

近年，デジタルマイクロスコープと称する光学顕微鏡の一種が急速に普及した．光学顕微鏡の煩雑な操作をデジタル技術によって簡略化しただけでなく，各種オート機能を備え，でも簡単に光学顕微鏡像（反射，透過像）を取得できるようになった．また，レンズを上方向に移動しながら，複数の合焦点画像を取り込み，装置付属のコンピューターで多数の焦点画像を重ね合わせることによって焦点深度が深く立体感のある一つの像を合成する能を備えている機種もある．これは焦点深度が浅いという光学顕微鏡の欠点を補った機能でり，有効活用したい機能である．

なお，光学顕微鏡をベースにして，評価対象の組織だけに選択的に反応する蛍光物質を加し，その発光を観測する蛍光顕微鏡法や，光学的性質（偏光）を可視化する偏光顕微鏡なども利用されている．

（2）**共焦点レーザー顕微鏡**（confocal laser scanning microscope : CLSM）　一般はレーザー顕微鏡といわれるが，正しくは共焦点レーザー顕微鏡である．光源には波長400 nm 程度のレーザーを用いており，これを走査して試料に照射し，反射光を検出する．このとき，共焦点の原理に基づいて合焦点（ジャストフォーカス）の像だけを収集する．た，照射するレーザーの焦点位置を上下方向に移動することによって，試料の高さ方向にけるすべての合焦点像を収集しているため，試料高さZ方向に精度の高い三次元像が得られる．このようにZ方向に精度の高い計測が可能であることから，単なる像観察装置としてけでなく，試料表面の凹凸評価ツールとしても活用されるケースが多い．

このZ方向の高い計測精度は，光学顕微鏡や電子顕微鏡では実現できない特徴である．じようにZ方向の計測精度が高い装置として後述の走査プローブ顕微鏡（SPM）があるが計測対象の大きさ（XY方向）や高さ（Z方向）によって両者を使い分ける．

一般にマクロ評価（mm〜μm）では CLSM，ミクロな評価（μm〜nm）であれば SP

160

選択する.

c. 電子顕微鏡（electron microscope：EM）

電子顕微鏡はバルク試料の凹凸や組成を評価する走査電子顕微鏡と，薄膜試料の透過像から試料構造を評価する透過電子顕微鏡に大別される．他の顕微鏡法との違いの一つに，大気ではなく平均自由工程の短い電子線を扱うため，高真空中での観察となることがあげられる．高真空の試料室に試料を導入するため，水分を含む試料はあらかじめ形態や構造の変化を最小限に留めて乾燥する必要がある．

また，電子顕微鏡には各種分析機能が付加されているケースが多い．走査電子顕微鏡，透過電子顕微鏡どちらにも装着され，電子線照射によって発生する特性X線を検出して微小領域の元素分析を行うエネルギー分散型X線分析（energy dispersive X-ray spectrometry：EDX），走査電子顕微鏡に装着され，結晶方位のマッピング分析が可能な電子線後方散乱回折（electron back scattered diffraction pattern：EBSD），透過電子顕微鏡に装着され，入射電子と試料との相互作用でエネルギーを失った非弾性散乱電子の分光で元素分析や化学状態分析ができる電子エネルギー損失分光（electron energy loss spectroscopy：EELS）などがある．

（1）走査[型]電子顕微鏡（scanning electron microscope：SEM）

細く絞った電子線を走査して試料に照射し，試料から放出される二次電子や，反射電子を検出して像形成する．二次電子の放出量は試料表面の凹凸や，傾斜に依存するため，試料の形状が評価できる．また，反射電子の放出量は試料を構成する素材の原子番号に依存するので組成分布を評価することができる．

走査電子顕微鏡の特徴として，焦点深度が深いことがあげられる．合焦点の前後でもある程度焦点が合った像が得られるために，凹凸感のある立体構造を評価することができる．

なお，走査電子顕微鏡の初心者が遭遇する像障害に「チャージアップ現象（帯電現象）」がある．導電性のない絶縁体試料を観察したときに現れる現象である．一般的にはイオンスパッタ装置によって Pt などの金属薄膜を試料表面にコーティングして導通を確保することができる．近年，走査電子顕微鏡の高分解能化によって nm レベルの評価も可能になっている．コーティングによって導電性を付与した試料について，高い倍率で微細構造を評価する場合，コーティング膜の厚さや，構造が無視できないケースもあるので，像解析時には注意を払う．

（2）透過[型]電子顕微鏡（transmission electron microscope：TEM）

電子線は走査しておらず，顕微鏡としての構造は，基本的に光学顕微鏡と同等である．可視光線の代わりに電子線，光学レンズの代わりに電子レンズを用いていると考えればよい．

バルク試料はミクロトームや，イオンビーム加工であらかじめ 100 nm 以下の厚さに薄膜化する．粉体（ミクロ粒子）などは，支持膜上に適度に分散させる．このような試料に電子線を照射し，透過した電子で像形成する．密度が高く電子線が透過しにくい部分は黒く，密度の低く電子線が透過しやすい部分は白いコントラストになる*．影絵のイメージである．高分子材料や特定の材料（組織）では，構成材料（組織）間の密度差が少なく，コントラストが得られないため，特定の材料（組織）だけに反応する染色剤を用いて染色し，コントラストを付与する方法がとられる．結晶性の無機材料を観察する場合には，電子線の波としての性質と，試料の規則正しい結晶構造との関係から，電子入射角度をコントロールすると結晶格子像が得られ，結晶構造が評価できる．また，同様の原理から回折に基づくコントラストが得られる．これら結晶性無機材料の結晶に由来するコントラストは，*で示した密度によるコントラストではなく，試料の規則的な結晶構造と電子線の回折現象によるコントラストである．

なお，近年，走査電子顕微鏡のように細く絞った電子線を走査し，透過した電子線を検出して導いて像形成する走査透過電子顕微鏡（scanning transmission electron microscope：STEM）も普及した．透過電子顕微鏡の一種であるが，電子密度差に敏感なコントラストが得られる高角度環状暗視野像（high angle annular dark field：HAADF）が取得できるこ

とや，結像系のレンズがないことから色収差が低減され，ある程度厚い試料でも鮮明に見えるなどの特徴がある．

d. 走査[型]プローブ顕微鏡（scanning probe microscope：SPM）

先端が非常に細くなった探針を試料表面に近づける，もしくは直接試料表面に接触させて試料を走査する．探針先端と，試料表面の間に働くいろいろな相互作用を検出して試料表面の凹凸や，機械的物性，電磁気的特性などの物理量を計測して像形成する．検出する物理量によって様々な種類があるが，いずれも先端が細くなったプローブを使い，走査するという点は共通しており，それらを総称して SPM と呼ぶ．

（1）走査[型]トンネル顕微鏡（scanning tunneling microscope：STM）　導電性のある試料に対して用いる．Pt や W など先端が細い金属の探針を試料表面直上まで近づけ，試料を走査する．試料と探針の間に電圧を印加すると，その間にトンネル電流が流れる．このトンネル電流を一定に保つように試料を上下する．トンネル電流は探針と試料の間の距離において原子一つ分の差があっても大きく異なるため，原子分解能で表面の凹凸を観察することができる．

（2）原子間力顕微鏡（atomic force microscope：AFM）　導電性の有無にかかわらず用いることができる．探針はカンチレバーという薄く，片方だけ支持された板の先端付近に固定されている．この探針を試料に近づけて試料を走査すると，試料直上で探針と試料の間に引力や斥力が発生し，カンチレバーが曲がる．このカンチレバーの変位を検出して試料表面の凹凸を評価する．このように探針と試料が接触せずに測定する方法をノンコンタクトモード，探針と試料を一定の力で接触させて，カンチレバーの変位量から凹凸を評価する方法をコンタクトモードと呼んでいる．このコンタクトモードをベースとして以下のような機械的な物理量を評価するモードや，電磁気的特性を評価するモードが開発された．代表的なモードをあげるが，その他にも多くのモードがある．

【機械的な物理量を評価】

①　位相モード（phase mode：PM）　試料表面の粘弾性や吸着力などの影響によって入力信号に対して検出される出力信号の位相が遅れる．この現象を利用してブレンドポリマーの相分離構造などを評価することができる．

②　吸着力顕微鏡（adhesion force microscope）　試料を Z 方向に振動させ，XY 方向に走査する．このとき，試料表面に探針の接触，離脱を繰り返して行い，離脱するときのカンチレバーのたわみ量を検出して試料表面の吸着力を評価する．

③　摩擦力顕微鏡（friction force microscope：FFM）　カンチレバーの長手方向と直角方向に試料を走査し，カンチレバーをねじる．このねじり量を検出して試料表面の摩擦力を評価する．

【電磁気的特性を評価】

①　広がり抵抗顕微鏡（scanning spread resistance microscope：SSRM）　主に半導体材料で多く用いられ，導電性のある探針を用いる．試料にバイアス電圧を印加し，探針と試料の間に流れる電流を検出して抵抗値の分布を可視化する．

②　磁気力顕微鏡（magnetic force microscope：MFM）　磁性探針を用いる．先端がS極もしくはN極と同じ極性で斥力，異なる極性で引力が作用する．これをカンチレバー振動の位相変化によって検出し，磁気力の分布を評価する．

③　走査[型]近接場光学顕微鏡（scanning near-field optical microscope：SNOM）　鋭化した光ファイバーを用いて試料表面に近接場光を照射したり，試料表面に発生させた近接場光をプローブ先端で散乱させることで局所的な光学特性を評価する．

e. 形態観察を行うにあたり

この節では，いくつかの顕微鏡法について基礎的なことを述べた．

各々の顕微鏡法の特徴を理解して活用していただきたいが，形態観察では「木を見て森

ず」ということがよくいわれる．高い倍率で局所構造だけを見ていては，試料全体の構造□を見失う可能性がある．まず，目視でよく観察した後，実体顕微鏡や光学顕微鏡で色情□を含む広い視野の評価を行い，さらに電子顕微鏡，走査プローブ顕微鏡で局所構造を評価□ていくことを強くお勧めする．

2・4　表面物性測定

a. 接触角，動的接触角

「ぬれ」は固体に接している気体が液体に置き換わる界面の現象である．接触角 θ は「ぬれ」（「ぬれ性」）の度合を表す数値であり，学術および工業分野においてその指標として用いら□ている．接触角は静止している液滴で測定するため，静的接触角と呼ばれることもある．□方，動的接触角は前進接触角 θ_a と，後退接触角 θ_r を合わせて動的接触角とされる．前進□触角は，未だぬれていない固体表面に対して液がぬれていこうと前進する状態の接触角を□う．後退接触角はいったんぬれた固体表面に対して液が後退する状態の接触角をいう．前□接触角と後退接触角の差を接触角ヒステリシス Δθ と呼び，表面状態の指標として扱わ□る．接触角ヒステリシスが生じる原因としては，表面汚染，表面粗さ，表面構造の不均質□□表面分子鎖セグメントの再配列などがあげられに．□下表において，動的接触角は拡張/収縮法と滑落法 SA（sliding angle）から求める滑落□で測定を行った．液体試料については蒸留水を使用した．固体試料については工業製品な□で使用される一般的な物質について市販されている樹脂板と金属板を使用した．

固体試料名（物質名）	液滴法*1/°	拡張/収縮法*2/°			滑落法*3/°			
	θ	θ_a	θ_r	Δθ	θ_a	θ_r	Δθ	SA
リ塩化ビニル	78.4	76.9	46.7	30.2	86.6	14.9	71.8	59.7
リメチルメタクリレート	81.4	78.6	39.0	39.6	87.0	37.4	49.7	51.3
リイミド	93.6	84.6	19.7	64.9	86.5	29.0	57.5	58.7
ークライト	77.0	92.0	22.9	69.2	90.4	10.0	80.5	73.3
リエチレンテレフタレート	73.6	82.5	28.8	53.7	80.4	30.5	49.9	46.3
チレン-ブタジエン-アクリルニトリル共重合樹脂	75.0	74.9	37.8	37.1	87.8	35.2	52.6	52.3
リカーボネート	86.8	93.5	46.9	46.7	92.4	38.1	54.3	38.7
リスチレン	86.0	94.2	45.6	48.6	92.5	46.8	45.7	43.0
リオキシメタレート	78.1	84.1	38.7	45.5	88.3	41.6	46.7	47.0
チレン-ビニルアルコール共重合樹脂	82.1	95.6	49.9	45.8	100.4	64.1	36.3	36.7
リプロピレン	99.1	101.1	74.9	26.2	107.3	78.5	28.8	26.7
リエチレン	96.5	96.7	61.1	35.6	104.2	80.2	24.0	27.0
リテトラフルオロエチレン	113.1	118.1	92.7	25.4	117.5	91.1	26.4	18.7
1050（アルミニウム）	84.9	101.5	68.0	33.5	98.5	52.2	46.2	46.0
2017（ジュラルミン）	99.4	103.4	72.9	30.5	102.9	48.2	54.7	55.3
5052（Al-Mg 系合金）	84.5	83.6	18.8	64.8	89.3	28.6	60.7	56.3
6063（Al-Mg-Si 系合金）	67.9	89.9	37.2	52.8	78.6	23.6	55.0	51.3
1100（タフピッチ銅）	99.5	96.6	26.9	69.7	97.9	42.2	55.6	54.7
1220（りん脱酸銅）	99.2	91.8	30.6	61.1	102.2	26.3	76.1	81.7
2801（黄銅/真鍮）	92.5	97.5	30.0	67.5	96.9	25.7	71.2	69.0
5191（りん青銅）	102.9	95.6	38.0	57.6	97.5	8.4	89.1	76.0
7521（洋白）	103.3	104.0	31.7	72.3	93.9	17.9	75.9	69.3
ラス2種	59.5	83.3	21.5	61.8	72.4	11.7	60.7	55.7
ェライト系ステンレス（18Cr ステンレス）	82.1	88.9	43.8	45.2	89.8	30.3	59.5	53.3
ーステナイト系ステンレス（18Cr-8Ni ステンレス）	84.2	86.8	38.3	48.5	87.6	50.7	37.0	38.7

*1 接触角測定条件：針サイズ 28 G，液量 1 μL，着滴 1 秒後に測定
*2 拡張/収縮法測定条件：針サイズ 22 G，初期液量 10 μL，吐出速度 6 μL s⁻¹．
*3 滑落法測定条件：針サイズ 18 G，液量 45 μL，傾斜速度 2° s⁻¹．1° 前の傾斜角度におい
　液滴位置を基準として，液滴が 0.2 mm 移動したときに滑落したと判定．

b．ゼータ電位，粒子径計測

コロイド粒子の分散安定性の評価指標としてゼータ電位 ζ が広く知られている．ゼータ
位が小さい場合，粒子どうしは凝集しコロイド溶液は不安定な状態となる．このような状
では，粒子の凝集によって沈降したり，あるいは三次元網目構造を形成することでチキン
が増大し，液体はゲルやペースト状となったりして流動性が悪くなる．

ゼータ電位は分散安定性の評価指標とされてはいるが，これ自体は物性というよりも物
をコロイド溶液とした場合の特性としての意味合いが強い．例えば，粒子の破砕・解砕プ
セス，分散剤の有無や種類，イオンの存在や濃度によってさまざまな値を示すことがあり
素材固有の物性値としてよりも相対的な指標として扱われる．

物質名[*1]	一次粒子径 ~nm	等電点[*2]	ZC-3000			Litesizer 500			AcoustoSizer IIx		
			ζ電位[*3] mV	粒子径[*4] d₅₀/nm	pH	ζ電位[*3] mV	粒子径[*4] d₅₀/nm	pH	ζ電位[*3] mV	粒子径[*4] d₅₀/nm	p
SiO₂	10~20	1.8~2.5	−70.1	845	5.4	−49.9	541	5.8	−29.6	88	7
α-Fe₂O₃	20~40	6.5~8	25.6	181	5.4	28.1	880	6.6	−1.7	96	9
α-Al₂O₃	~150	7~9	20.8	344	5.2	21.5	271	6.6	−30.4	846	10
CeO₂	100~1000	7~9.5	11.8	182	6.1	38.5	261	6.5	38.2	586	9
ZnO	200	9~10.3	16.6	358	5.7	35.0	361	7.1	−4.7	981	9
Al(OH)₃	30~100	5.2~9.3	30.7	312	5.4	45.2	283	6.2	43.2	840	7

注 1) 供試試料としては 6 種類の金属系粉末を蒸留水に分散させただけで，分散剤や pH 調
剤などは一切使用しないシンプルな系を用いて測定を行った．

注 2) 測定装置については測定方式として古典的な ZC-3000[*5]，普及型の測定方式を採用し
いる Litesizer 500[*6]，濃厚系の測定に対応した AcoustoSizer IIx[*7] を使用した．

注 3) 粒子濃度については測定装置（測定原理）ごとに適した濃度があるため，分散
せる粉末量を調整して水に投入し[*8]，1 分程度超音波洗浄機にかけた後に測定を行った．

*1 Skyspring Nanomaterials, Inc. より入手．

*2 参考資料："〈特性評価/分散凝集/取扱い/処理〉スラリーの安定化技術と調整事例"，
報機構（2008）；"[分野別] ゼータ電位利用集—基礎/測定/解析/濃厚/非水系・分散安定等"
情報機構（2008）．

*3 ゼータ電位：測定装置ごとに粒子濃度が異なるのにともなって試料の pH にも差異が生
る．等電点に対して pH が高い場合ゼータ電位はマイナスとなり，pH が低い場合はプラスと
る．また測定原理，計算式が異なることや測定誤差からゼータ電位の測定値に違いが生じるも
と考えられる．

*4 粒子径：粒子径はメジアン径を記載しており，分布の幅や二峰性分布の存在はここでは
略している．一次粒子径は，SEM/TEM で観察された平均粒子径であるが，これらの乾燥粉
をそのまま分散液に投入しても一次粒子の粒径を維持した状態の分散性を得ることは困難であ
まさに今回の粒子径測定値はそれを如実に示している．例えば，単純に分散するので一次粒子
近い値が得られるものもあれば，粉末分散量が増加するにつれて pH が変化し等電点付近で凝
が進んで二次粒子，三次粒子となるものもある．粒子の分散には粒子組成や使用用途に応じ
様々なノウハウが存在し，通常はこれらを適用した分散工程を経て分散安定性の品質は保たれる

*5 メーカー：株式会社マイクロテック・ニチオン
　　装置名：ゼータ電位・粒径分布測定装置　ZEECOM ZC-3000
　　ζ電位測定原理：電気泳動法（顕微鏡法）
　　粒子径測定原理：顕微鏡法（ブラウン運動解析）

※6 メーカー：Anton Paar Gmbh，（日本総代理店　（株）アントンパール・ジャパン）
　　　装置名：粒子径分布測定装置　Litesizer 500
　　　ζ電位測定原理：電気泳動法（レーザードップラー法）
　　　粒子径測定原理：動的光散乱法
※7 メーカー：Colloidal Dynamics LLC（日本総代理店　協和界面科学(株)）
　　　装置名：高濃度粒子径・ゼータ電位測定装置　AcoustoSizer IIx
　　　ζ電位測定原理：ESA 法（電気音響法）
　　　粒子径測定原理：超音波減衰法
※8 粒子濃度および分散
　　　ZC-3000：粒子数 100〜1000 万個 mL^{-1} を大まかな目安として，固まりをほぐす程度にスパチュラでかくはんして水に分散.
　　　Litesizer 500：粒子濃度を 100 ppm とし，固まりをほぐす程度にスパチュラでかくはんして水に分散.
　　　AcoustoSizer IIx：粒子濃度を 5wt% とし，固まりをほぐす程度にスパチュラでかくはんして水に分散. 装置仕様上，試料を均一にかくはん・循環しながら測定.

13　質量分析

　　質量分析法は有機質量分析法と無機質量分析法に大別され，前者ではアミ
酸のような低分子から，タンパク質や合成高分子のような巨大分子まで様々
有機物質が測定対象となる．通常，それらをイオン化し，高真空中で加速
後，電場や磁場の中を移動させ，それらとの相互作用の違いにより分離を行
たのちに検出する．質量分析法は，高感度定量法および分子量推定法とし
れた特徴を有する．例えば，フラグメントイオンの解析や同位体パターンの
析，さらにはデータベースの利用により分子の構造的知見を得ることがで
る．また，液体クロマトグラフィー（LC）やガスクロマトグラフィー（GC）
キャピラリー電気泳動（CE）などの分離手段と連結することで，相対質量
荷数比 m/z だけでなく分離装置での保持時間情報も得られ，生体試料のよ
な多様な成分からなる複雑な混合物中から目的成分を正確に同定し，高感度
定量することができる．一方，無機質量分析法は，誘導結合プラズマ（ICP
などのプラズマをイオン源とする分析法であり，プラズマ中で原子化・イオ
化が進行し，周期表中のほとんどの元素を高感度に定量できる．プラズマ中
化学種の情報が失われるが，分離手段と連結することで，化学種の情報（ス
シエーション）を収集することもできる．

13・1　質量分析法の装置構成

　　質量分析計は試料導入部，イオン化部（イオン源），質量分離部（アナライザー），検出
（検出器），真空排気部（真空ポンプ），装置制御・データ処理部（データシステム）など
ら構成される．試料導入部より導入された各試料成分はイオン源においてイオン化され，
相に存在するイオンとなる．イオンはその相対質量電荷数比 m/z によって運動性が異な
ため，種々の原理に基づいたアナライザーで分離が行われ，検出器において検出される．
近は複数のアナライザーを連結して用いる多段階質量分析法（MS/MS）も一般的である
なお，MS はマトリックス成分の影響を受けやすいため，分離手段と組み合わせて用いら
ことが多い．特に LC と MS/MS を組み合わせた LC/MS/MS は，ライフサイエン
研究や，医療分析，農薬分析，食品分析，環境分析などで汎用されている．

13・2　イオン化法

　　質量分析法では，原子，分子あるいは分子のフラグメントの質量を調べるために，測定
象物質をイオン化し，測定対象イオンの質量電荷比 m/z とそのイオン強度を測定する
現在，市販の質量分析計のイオン化部（イオン源）で利用される代表的なイオン化法を下
に列記した．

質量分析計で利用される代表的なイオン化法

イオン化法	説　明	イオンの型	連結される分離法
子イオン化 ctron ionization)	加速された電子線を気体状の試料分子に照射する	M^+，フラグメントイオン	GC
学イオン化 emical ionization)	試薬ガスのイオン（[R+H]$^+$ や X$^-$）と試料分子 M が反応して，試料分子をイオン化する	$[M+H]^+$ $[M-H]^-$ M^-	GC
速原子衝撃 t atom bombard- nt (FAB)	数 keV に加速した中性原子を試料に衝突させてイオンを生成する	$[M+H]^+$ $[M-H]^-$	LC
トリックス支援レー ー脱離イオン化 trix-assisted laser sorption ionization ALDI)	レーザー光に吸収帯を持つマトリックスに試料を混合溶解させて結晶化し，これにレーザーを照射して試料をイオン化する	$[M+H]^+$ $[M-H]^-$	LC
レクトロスプレー ン化 ctrospray ionization SI)	溶液試料が流出しているキャピラリーに高電圧を印加すると，大気圧下で溶液がその先端から静電噴霧され，液中に存在するイオンが気相中に抽出される	$[M+nH]^{n+}$ $[M-nH]^{n-}$	LC，CE
気圧化学イオン化 nospheric pressure emical ionization PCI)	大気圧スプレーによって生成した気化した試料を，コロナ放電で生成した反応イオンと反応させてイオン化する	$[M+nH]^{n+}$ $[M-nH]^{n-}$	LC
離エレクトロスプ ーイオン化 sorption electrospray ization (DESI)	帯電した微小液滴を試料表面に噴霧させて，試料表面に付着した分子を抽出するとともに気相イオン化を行う．イオン化の原理は ESI と同様である．主に定性分析に用いられる	$[M+H]^+$ $[M+Na]^+$ $[M+K]^+$ $[M-H]^-$ $[M-Cl]^-$	直接分析のため，分離法は用いられない．試料は固体や液体，吸着ガスなど多岐にわたる
アルタイム直接分析 ect analysis in real ne (DART)	ヘリウムや窒素などの不活性ガスを加熱・帯電させて励起状態の準安定物質として試料に噴射し，試料表面に付着した分子を揮発・イオン化する．主に定性分析に用いられる	$[M+H]^+$ $[M-H]^-$	直接分析のため，分離法は用いられない．試料は固体や液体，吸着ガスなど多岐にわたる
導結合プラズマ ductively coupled asma (ICP)	大気圧下において，試料溶液をエアロゾル化してアルゴンプラズマ中に導入することによりイオン化する．主に元素分析に用いられる	M^+	LC，GC

13・3　質量分離部

　イオン源においてイオン化された測定対象は，質量分析計内の質量分離部（アナライザー）において電場や磁場の作用を受け，m/z 値の違いにより相互分離される．市販の質量分析計に導入されている質量分離法と，測定できる最大質量，質量分解能，スループット，特徴についてまとめた．最近では複数のアナライザーを用いて質量分析を行う MS/MS 法も広く用いられており，LC/MS の項で解説する．

質量分離法の種類と測定できる最大質量，質量分解能，スループット，特徴

質量分離法	二重収束磁場型 double-focusing magnetics sector MS	四重極型 quadrupole MS	イオントラップ型 quadrupole ion-trap MS	飛行時間型 time-of flight MS	オービトラップ型 orbitrap MS	フーリエ変換サイクロトロン型 Fourier transform ion clotron resonance MS
最大質量/Da	10 000	2000	2000	制限なし	6000	10 000
質量分解能	10 000	unit	unit	30 000	500 000	1000 000
スループット	++++	++++	+++	+++	+++	++
特徴	定性・定量分析 低分子化合物 MS/MS が可能	定性分析 低分子化合物，ペプチド MS/MS の質量フィルターに利用	定性・定量分析が可能 低分子化合物，ペプチド MS^n* が可能	定性・定量分析 低分子～高分子化合物，タンパク質 四重極と組み合わせて MS/MS	定性分析 低分子～高分子化合物，タンパク質 イオントラップと組み合わせて使用	定性分析 低分子～高分子化合物，タンパク質 イオントラップと組み合わせて使用

　＊　$n>2$ の多段階質量分析

13・4　質量分析の実際

a.　GC/MS

　ガスクロマトグラフィー/質量分析法（GC/MS）は，混合物の分離分析に優れるガスクロマトグラフ（GC）と，試料成分の構造解析および極微量分析に優れる質量分析計（MS）を，インターフェースを介して接続した装置を用いて，試料に含まれる多成分の構造や量に関する情報を高感度に得るための分析法である．

　（1）**GC 装置の基本構成**　9・1節に詳述した．GC/MS で利用できるキャリヤーガスはヘリウムと水素である．窒素は，GC 分離に利用できるが，MS イオン源での試料成分のイオン化を妨げるために利用できない．

　（2）**インターフェース（GC/MS 接続部）**　大気圧となっている GC カラム出口と真空になっている MS イオン源とを接続する役割を担う．独自の恒温槽または加熱管を有し，GC カラムオーブン温度と同等かそれ以上の温度に保つことができる．使用カラムのサイズ（～レギュラーボアかワイドボアか）および MS の真空ポンプの排気能力によってインターフェースの様式が異なる．詳細は JIS K 0123 を参照されたい．

　（3）**イオン源**　GC/MS で用いられるイオン化法には電子イオン化（EI）法，化学イオン化（CI）法，光イオン化（photoionization：PI）法などがある．

① **EI 法**：GC カラムからイオン源に導入された気体状の試料分子にフィラメントから放出された熱電子を照射し、分子をイオン化する。このとき、試料分子は 1 電子を失い正にイオン化して分子イオン（M^+）を生じる。熱電子が試料分子に与えるエネルギー（通常 70 eV）は、一般的な有機化合物のイオン化エネルギー（8～11 eV）を大きく上回るため、過剰なエネルギーによって分子中の結合が解離してフラグメント化する。フラグメントイオンの種類と相対強度（スペクトルパターン）は化学構造に特徴的かつ高い再現性をもつため、質量スペクトルは分子構造を推定するための有用な情報として利用される。試料成分の化学構造によっては、分子イオン（M^+）がまったく検出されないこともある。

② **CI 法**：GC/MS で使用される代表的なソフトイオン化法である。高気密のイオン源に導入された試薬ガス（約 100 Pa）に熱電子を照射してイオン化する。ここに気体状の試料分子を導入して化学反応によって間接的にイオン化する。正イオン化学イオン化（PCI）と負イオン化学イオン化（NCI）法に大別される。以下に述べるように CI 質量スペクトルからは分子量に関連した情報が得られ、分子式を決定するためのイオン化法として利用される。

● **PCI 法**：　試薬ガスイオンと試料分子の間のイオン－分子反応によって試料分子がイオン化され、構造的に安定な擬似分子イオン（$[M\pm H]^+$）が生成される。試薬ガスイオンとの反応における反応熱は数十～数百 $kJ\,mol^{-1}$ 程度と小さく、擬似分子イオンがもつ過剰エネルギーは数 eV（$1\,eV = 96.48\,kJ\,mol^{-1}$）以下にしかならない。このため、EI 法に比べてフラグメント化が抑制される。また付加イオン（$[M+R]^+$、試薬ガスがメタンの場合、C_2H_5、C_3H_5）も生じやすい。試薬ガスとしてはメタン、イソブタン、アンモニアなどがよく用いられる。メタン、イソブタンを反応ガスとした場合は擬似分子イオン $[M+H]^+$ が、アンモニアを用いた場合はアンモニア付加イオン $[M+NH_4]^+$ が主に観測される。

● **NCI 法**：　反応イオン型と電子捕獲型に大別される。反応イオン型では、試薬ガスまたは系内に存在する水から生じたプロトン親和力の大きな反応イオン（X^- や OH^-）が試料分子からプロトンを引き抜くことによってプロトン脱離イオン（$[M-H]^-$）を生成する場合が多い。電子捕獲型では、イオン源内で試薬ガス分子との衝突により運動エネルギーを失った電子が試料分子と共鳴捕獲反応を起こして分子イオンを生成する（$M+e^- \rightarrow M^-$）解離共鳴捕獲反応と、電子捕獲した試料分子が解離する解離共鳴捕獲反応（$M+e^- \rightarrow [M-A]^- + A$ または $M+e^- \rightarrow [M-A]^- + A^-$）とがある。電子親和性の高い化合物では電子捕獲反応が起こりやすいため、高感度、高選択性の測定法として NCI 法を利用する場合が多い。

③ **PI 法**：GC/MS で使用されるソフトイオン化法の一種で、CI 法と異なり、試薬ガスは必要としない。イオン化室内に真空紫外光（VUV）光を照射し、8～11 eV 程度の光エネルギーを試料分子に与えてイオン化する。このエネルギーは一般的な有機化合物のイオン化エネルギーと同等なため、イオン化の際にフラグメンテーションが起こるのを抑制できる。芳香族化合物のような紫外領域に吸収をもつ化合物は、その他の化合物に比べ高い感度を示す傾向がある。

④ **その他のイオン化法**：GC/MS で用いられるその他のイオン化法としては、電界イオン化（field ionization：FI）、レーザーイオン化、誘導結合プラズマイオン化（ICP）などがあげられる。

（4）**測定モード**

① **全イオン検出法**（total ion monitoring：TIM または Scan）：Scan は、質量スペクトルを取得できることが最大の特徴であるが、GC のガスクロマトグラムに相当する全イオン電流クロマトグラム（total ion current chromatogram：TICC、設定した測定質量範囲の全イオン電流を積算したもの）や質量クロマトグラム（特定の m/z の時間変化を取り出したもの）も取得でき、定性分析だけでなく、定量分析にもよく利用される。特に、EI 法と組み合わせることで得られる質量スペクトルの再現性は高く、異機種間で比較可能なため、スペクトルライブラリを利用した定性データの取得のために用いられる。

② **選択イオン検出法**(selected ion monitoring:SIM):試料分子の構造に関連した特徴的な,そして高強度のフラグメントイオンの質量電荷数比を選択的に検出する.質量スペクトルが得られないので,成分ごとに複数のフラグメントイオンを検出し,その相対強度を用いて個々のピークの同定や夾雑成分の重なりを評価する.SIM 測定では SN 比が向上し,Scan で取得したマスクロマトグラフィーによる方法に比べて感度は 1〜2 桁程度よくなる.

③ **選択反応検出法**(selected reaction monitoring:SRM):タンデム質量分析計を備えた GC-MS で利用される.特定のプリカーサーイオンを第 1 のアナライザー(MS1)で選択し,そのイオンを不活性ガスと衝突させて活性化しフラグメント化を起こさせる.これを衝突誘起解離(CID)または衝突活性化解離(CAD)と呼ぶ.CID で生じたプロダクトイオンのいくつかを第 2 のアナライザー(MS2)で選択し,検出器で検出する.イオン化に EI 法を用いる場合,プリカーサーイオンは試料分子のイオン化時に生成したフラグメントイオンを用いるので,SIM を 2 段階繰り返す測定となる.SIM と比べてバックグラウンドシグナルを低減させ,高い SN 比を得ることができる.

b. LC/MS

液体クロマトグラフィー/質量分析法(LC/MS)は,タンデム型質量分析計とハイブリッド型質量分析計に大別される.タンデム型質量分析計は 2 個の質量分離部が連結していることから MS/MS と表記され,四重極型質量分析装置を 2 台連結させた三連四重極型質量分析計(QQQ)やイオントラップ型質量分析計が代表的である.四重極以外の質量分析部を結合させた質量分析計をハイブリッド型質量分析計と呼び,四重極型と飛行時間型を結した Q-TOF 型や,TOF 部分をより高分解能なオービトラップ型とした質量分析計などが市販されている.

LC/MS のイオン化では,大気圧イオン化法であるエレクトロスプレーイオン化(ESI)と大気圧化学イオン化法(APCI)の二つが汎用されている.二つのイオン化法の原理と特徴を下表に示す.

LC/MS に汎用されるイオン化法の原理と特徴

エレクトロスプレーイオン化法 electrospray ionization (ESI)	原理	13・2 節参照
	特徴	非常にソフトなイオン化法 フラグメントイオンはほとんど生じない 高極性化合物に適する タンパク質,ペプチドなどでは多価イオンを生じやすい
大気圧化学イオン化法 atmospheric pressure chemical ionization (APCI)	原理	13・2 節参照
	特徴	中極性化合物のイオン化に適する 共存物質のイオン化への影響が ESI より小さい

(1)LC/MS で使用できる移動相　HPLC 分析で汎用されるリン酸緩衝液は不揮発性の塩を形成するため,大気圧イオン化法による LC/MS 分析の移動相に用いるとインターフェースに析出し物理的な障害を与える恐れがある.APCI では針電極の汚染の原因となるほか,ESI では帯電液滴の微細化を妨げ感度低下をもたらす.また,揮発性の低いイオンペア試薬の使用はインターフェースへの析出に加え,イオン化を抑制することで感度低下をもたらす.

LC/MS で使用できる移動相

基本的な移動相	メタノール,エタノールなどのアルコール類 アセトニトリル 水(必要に応じて pH 調整)

I 調整試薬	酢酸, ギ酸, トリフルオロ酢酸（酸性）
衝液	アンモニア水（塩基性）
	酢酸アンモニウム, ギ酸アンモニウム（緩衝液）
較的揮発性を有し,	ペルフルオロカルボン酸（C_2〜C_8）（塩基性化合物の保持）
C/MS に使用できる	ジブチルアミン, トリエチルアミン, テトラエチルアンモニウ
オン対試薬[*1]	ムヒドロキシドなど（酸性化合物の保持）
の他の有機溶媒[*2]	DMSO, DMF, THF, アセトン, 酢酸エチル, クロロホルム, ベンゼン, ヘキサン

*1 移動相を変えた後も装置内に残る場合があるので注意が必要
*2 "基本的な移動相溶媒"が主として存在すれば，これらの有機溶媒が含有していても問題
ないが，含有量の増加に伴ってイオン化効率は低下する．

カラムの選択

相系カラム	低極性物質が分離対象
	イオン化効率の点からも移動相が適さない
	対象化合物の極性が低く, GC/MS が適することも多い
PC カラム	合成高分子が分離対象
	THF 100 % は適さない. 前表の「基本的な移動相」が含有されていることが必要
相系カラム	低〜中極性化合物が分離対象
	移動相が LC/MS に適する
	対象化合物も LC/MS に適した極性をもつ
相系カラム（イオ 対試薬使用）	低〜中極性化合物およびイオン性化合物が分離対象
	対象化合物は LC/MS に適した極性をもつ
	揮発性のイオンペア試薬の試薬が必要
水性相互作用クロ ト グ ラ フ ィ ー HILIC）カラム	高極性化合物が分離対象
	移動相に使用する溶媒は LC/MS に適する
	揮発性のみ添加できる
オン交換カラム	イオン性化合物が分離対象
	移動相に使用する溶媒は LC/MS に適する
	揮発性塩のみ添加できる

（2） MS/MS 測定法　　三連四重極型質量分析計では，プリカーサーイオンとプロダ
トイオンの検出が可能となることから，以下の種々のスキャン様式が可能であり，主に高
変な定量分析法に利用される．
① プロダクトイオンスキャン（定性用）：一つ目の四重極で特定の m/z 値をもつプリ
サーイオンを選択し，二つ目の四重極で衝突誘起解離（collision-induced dissociation：
D）による開裂を行い，三つ目の四重極で生成したすべてのプロダクトイオンのスペクト
を測定する．
② プリカーサーイオンスキャン（定性用）：CID により特定のフラグメントイオンを生
すべてのプリカーサーイオンを測定する．
③ ニュートラルロススキャン（定性用）：CID によりある特定の中性分子を失ったプリ
サーイオンを測定する．
④ 選択反応モニタリング（SRM，定量用）：一つ目の四重極で特定の m/z 値をもつプ
カーサーイオンを選択し，二つ目の四重極で CID による開裂を行い，三つ目の四重極で
成した特定の m/z 値をもつプロダクトイオンを測定する．

c. MALDI-MS

マトリックス支援レーザー脱離イオン化質量分析法（MALDI-MS）では，2,5-ジヒドロキシ安息香酸やシナピン酸など紫外部に吸収をもつマトリックスと呼ばれる固体物質中に試料を分散させ，乾燥固化後，真空下で波長 337 nm の窒素レーザービームをパルス状に照射する．このとき光励起されたマトリックスは複雑な過程を経て最終的には試料中の分子をイオン化し，生じたイオンは表面から脱離され質量分離部へと導入される．質量分離には飛行時間型（TOF）のアナライザーが汎用される．MALDI-MS は多糖類や核酸，タンパク質などの巨大生体高分子，合成ポリマーなどの分子量測定などに用いられる．

MALDI-MS で用いられるマトリックス

名　称 （モノアイソトピック質量）	略　称	構造式	測定対象
α-シアノ-4-ヒドロキシケイ皮酸 （189.04）	α-CHCA 4-HCCA CCA		ペプチド 低分子量タンパク質 その他多くの化合物
4-クロロ-α-シアノ-ケイ皮酸 （207.01）	ClCCA		ペプチド
2-[(2E)-3-(4-tert-ブチルフェニル)-2-メチル-2-プロペニリデン]マロノニトリル （250.15）	DCTB		オリゴマー ポリマー デンドリマー 低分子化合物
シナピン酸 （224.07）	SA		タンパク質
2,5-ジヒドロキシ安息香酸 （154.03）	DHB		タンパク質 オリゴ糖 低分子化合物
super-DHB DHB と 2-ヒドロキシ-5-メトキシ安息香酸の混合物 （154.03 and 168.04）	SDHB		タンパク質 オリゴ糖 糖タンパク質
2-(4-ヒドロキシフェニルアゾ)安息香酸 （242.07）	HABA		ペプチド タンパク質 糖タンパク質 ポリスチレン
2,6-ジヒドロキシアセトフェノン （152.05）	DHAP		糖ペプチド リン酸化ペプチド タンパク質
2,4,6-トリヒドロキシアセトフェノン （168.04）	THAP		オリゴヌクレオチド リン酸化ペプチド

名　称 (モノアイソトピック質量)	略　称	構造式	測定対象
,5-ジアミノナフタレン (58.08)	1,5-DAN		タンパク質 合成高分子 低分子化合物
ニコチン酸 (23.03)	NA		ペプチド タンパク質
ピコリン酸 (23.03)	PA		オリゴヌクレオチド DNA
アミノピコリン酸 (38.04)	3-APA		オリゴヌクレオチド DNA
ヒドロキシピコリン酸 (39.03)	HPA 3-HPA		オリゴヌクレオチド DNA
メルカプトベンゾチア ール (66.99)	MBT		ペプチド タンパク質 合成高分子
クロロ-2-メルカプトベン チアゾール (00.95)	CMBT		糖ペプチド リン酸化ペプチド タンパク質
アザ-2-チオチミン (43.02)	ATT		オリゴヌクレオチド DNA
アミノキノリン (44.07)	3-AQ		オリゴ糖
トラノール (26.06)	DIT		合成高分子
-ニトロアントラセン (23.06)	9-NA		フラーレン フラーレン誘導体

[参考文献：J. H. Gross, "Mass Spectrometry — A Textbook", 3rd ed., Springer (2017)]

d．ICP-MS

誘導結合プラズマ質量分析法（ICP-MS）は ICP-AES（ICP-OES）でも用いられるアゴンプラズマ（アルゴン ICP）をイオン源として用いる無機質量分析法である．次ページに一般的なシングル四重極型 ICP-MS 装置の概略図を示す．試料液はネブライザーで噴され，微細液滴として大気圧のプラズマ中に導入され，熱乖離，原子化の過程を経て測定象元素はイオン化される．プラズマ中で生成したイオンは，真空排気したインターフェーを通り，イオンレンズにより収束された後，質量分析計で相対質量電荷数比（m/z）にじて分離されて検出器に入り，電気信号として出力される．

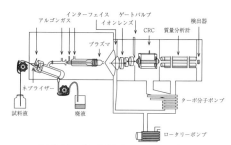

代表的なシングル四重極型 ICP-MS 装置の概略図

[田尾博明，飯田 豊，稲垣和三，高橋純一，中里哲也，"誘導結合プラズマ質量分析"，共立出版 (2015)，p. 25 を一部改変]

ICP-MS における干渉は，スペクトルの重なりによるスペクトル干渉と，それ以外の因で信号強度が変動する非スペクトル干渉に大別される．非スペクトル干渉は，内標準法標準添加法の適用により補正が可能であり，一般的に分析対象元素の m/z やイオン化エルギーが類似した元素を内標準として用いる．表 a に内標準元素として用いられる元素との留意点について例示した．

表 a ICP-MS 測定で利用される内標準元素と留意点

内標準元素（m/z）	留意点
Li(6)，Be(9)	CRC（衝突）を適用した際に感度低下が著しい
Ga(71)，Ge(72)	どちらも一定レベルで試料中に含まれる
Y(89)	岩石・土壌試料において比較的高濃度に含まれる
Rh(103)，Re(185)，Ir(193)	CRC（反応）を適用した際にセルガスとの反応による感度低下が著しい
In(115)	Sn 高濃度に含む試料では $^{115}Sn^+$ のスペクトル干渉を受ける
Tl(205)	環境試料において高濃度に含まれることがある

スペクトル干渉は，分析イオンと干渉イオンの重なりによるもので，表 b に例示したように同重体イオン（$^{40}Ca^+$ に対する $^{40}Ar^+$ など），二価イオン（$^{75}As^+$ に対する $^{150}Nd^{2+}$ど），多原子イオン（$^{27}Al^+$ に対する $^{13}C^{14}N^+$ など）がある．一般的な ICP-MS 装置で用いられる四重極型質量分析計は単位質量分解能が原則であり，スペクトル干渉の低減を目としてための前段に衝突反応セル（collision reaction cell：CRC）を装備している．またCRC 内でのセルガスとの反応の選択性を向上させるために，CRC の前段に四重極型質分析計を配置したトリプル四重極型 ICP-MS 装置も市販されている．また，質量分析計して高分解能測定が可能な磁場型二重収束質量分析計を用いる装置も利用可能である．ICMS で使用される磁場型二重収束質量分析計の分解能は最大で 10 000 程度であり，表 c 例示したスペクトル干渉の除去に利用されている．なお，元素の安定同位体存在度を Q（web 版）に示す．

表 d にシングル四重極型（single quad）ICP-MS 装置，トリプル四重極型（triple quadICP-MS 装置，および磁場型二重収束型（sector）ICP-MS 装置で得られる装置検出限をまとめた．なお，表 d に示した装置検出限界値は，CRC や高分解能測定の利用により宜最適化された値であるので注意されたい．

表b ICP-MS 測定におけるスペクトル干渉の例

分析イオン	干渉イオンの例	分析イオン	干渉イオンの例
Al^+	$^{12}C^{15}N^+$, $^{13}C^{14}N^+$	$^{60}Ni^+$	$^{44}Ca^{16}O^+$, $^{43}Ca^{16}OH^+$
P^+	$^{15}N^{16}O^+$, $^{14}N^{16}OH^+$	$^{56}Fe^+$	$^{40}Ar^{16}O^+$, $^{40}Ca^{16}O^+$
S^+	$^{16}O^{16}O^+$	$^{63}Cu^+$	$^{40}Ar^{23}Na^+$, $^{31}P^{16}O^{16}O^+$
K^+	$^{38}ArH^+$	$^{66}Zn^+$	$^{34}S^{16}O^{16}O^+$, $^{32}S^{34}S^+$
Ca^+	$^{40}Ar^+$	$^{75}As^+$	$^{40}Ar^{35}Cl^+$, $^{40}Ca^{35}Cl^+$, $^{150}Nd^{2+}$, $^{150}Sm^{2+}$
Ti^+	$^{32}S^{16}O^+$, $^{34}S^{14}N^+$	$^{78}Se^+$	$^{38}Ar^{40}Ar^+$, $^{78}Kr^+$, $^{156}Gd^{2+}$
Cr^+	$^{40}Ar^{12}C^+$, $^{35}Cl^{16}OH^+$	$^{111}Cd^+$	$^{95}Mo^{16}O^+$, $^{94}Mo^{16}OH^+$
Co^+	$^{43}Ca^{16}O^+$, $^{42}Ca^{16}OH^+$	$^{115}In^+$	$^{115}Sn^+$

表c スペクトル干渉除去のために必要な分解能

分析イオン	精密質量	干渉イオン	精密質量	分解能
$^{31}P^+$	30.973 762	$^{14}N^{16}OH^+$	31.005 814	970
$^{32}S^+$	31.972 071	$^{16}O^{16}O^+$	31.989 829	1800
$^{48}Ti^+$	47.947 946	$^{32}S^{16}O^+$	47.966 986	2500
		$^{34}S^{14}N^+$	47.970 941	2100
$^{52}Cr^+$	51.940 508	$^{40}Ar^{12}C^+$	51.962 383	2400
$^{56}Fe^+$	55.934 937	$^{40}Ar^{16}O^+$	55.957 248	2500
$^{75}As^+$	74.921 597	$^{40}Ar^{35}Cl^+$	74.931 236	7800
		$^{40}Ca^{35}Cl^+$	74.931 444	7600
$^{78}Se^+$	77.917 309	$^{38}Ar^{40}Ar^+$	77.925 115	10 000

表 d　各種 ICP-MS 装置で測定可能な元素および装置検出限界値 / ng L⁻¹

凡例

元素
- シングル四重極型　single quad
- トリプル四重極型　triple quad
- 磁場型二重収束型　sector

- 測定可能な元素
- バックグラウンドが高く（実質測定できない元素
- 放射性同位体元素
- 測定不可能な元素（貴ガスを含む）

各元素の3つの値は上から single quad / triple quad / sector を示す。

元素	single quad	triple quad	sector
H	—	—	—
He	—	—	—
Li	1	1	0.01
Be	1	1	1
B	10	10	5
C	—	—	—
N	—	—	—
O	—	—	—
F	—	—	—
Ne	—	—	—
Na	1	1	1
Mg	1	1	0.5
Al	1	1	0.1
Si	500	100	50
P	500	50	10
S	50 000	500	50
Cl	100 000	2000	2000
Ar	—	—	—
K	5	1	0.1
Ca	5	5	0.1
Sc	1	1	0.1
Ti	1	1	0.1
V	0.1	0.1	0.1
Cr	1	1	0.1
Mn	1	1	0.1
Fe	1	1	0.01
Co	1	1	0.1
Ni	0.5	0.5	0.1
Cu	1	1	0.1
Zn	1	1	0.5
Ga	0.5	0.5	0.1
Ge	1	1	0.5
As	1	1	1
Se	5	1	5
Br	100	100	10
Kr	—	—	—
Rb	1	1	0.01
Sr	1	1	0.01
Y	0.1	0.1	0.01
Zr	0.1	0.1	0.01
Nb	0.1	0.1	0.001
Mo	1	1	0.1
Tc	—	—	—
Ru	1	1	0.1
Rh	1	1	0.1
Pd	1	1	0.1
Ag	1	1	0.1
Cd	0.1	0.1	0.1
In	0.1	0.1	0.01
Sn	0.1	0.1	0.1
Sb	0.1	0.1	0.1
Te	1	1	0.1
I	10	10	10
Xe	—	—	—
Cs	0.1	0.1	0.01
Ba	0.1	0.1	0.01
ランタノイド			
Hf	0.1	0.1	0.1
Ta	0.1	0.1	0.1
W	0.1	0.1	0.1
Re	0.1	0.1	0.1
Os	0.1	0.1	0.01
Ir	0.1	0.1	0.01
Pt	0.1	0.1	0.1
Au	0.1	0.1	0.1
Hg	5	5	1
Tl	0.1	0.1	0.01
Pb	0.1	0.1	0.01
Bi	0.1	0.1	0.01
Po	—	—	—
At	—	—	—
Rn	—	—	—
Fr	—	—	—
Ra	—	—	—
Rf	—	—	—
Ha	—	—	—
アクチノイド			

ランタノイド

元素	single quad	triple quad	sector
La	0.1	0.1	0.01
Ce	0.1	0.1	0.01
Pr	0.1	0.1	0.01
Nd	0.1	0.1	0.01
Pm	—	—	—
Sm	0.1	0.1	0.01
Eu	0.1	0.1	0.01
Gd	0.1	0.1	0.01
Tb	0.1	0.1	0.01
Dy	0.1	0.1	0.01
Ho	0.1	0.1	0.01
Er	0.1	0.1	0.01
Tm	0.1	0.1	0.01
Yb	0.1	0.1	0.01
Lu	0.1	0.1	0.1

アクチノイド

元素	single quad	triple quad	sector
Ac	—	—	—
Th	0.1	0.1	0.01
Pa	—	—	—
U	0.1	0.1	0.01
Np	—	—	—
Pu	—	—	—
Am	—	—	—
Cm	—	—	—
Bk	—	—	—
Cf	—	—	—
Es	—	—	—
Fm	—	—	—
Md	—	—	—
No	—	—	—
Lr	—	—	—

4 核磁気共鳴（NMR）および 電子スピン共鳴（ESR）

核スピンの磁気共鳴現象を利用する NMR は有機化合物の構造解析には必須の分析手段となっている．^{1}H-NMR や ^{13}C-NMR は測定も容易で，豊富な構造情報を含み，非破壊的に測定可能なため広く利用されている．最近では二次元，三次元の NMR 法も一般的になり，多彩な情報の中から目的の情報を効率よく取り出すことができるようになった．不対電子の磁気共鳴現象を利用する ESR 法は主に遷移金属元素を含む無機化合物や有機ラジカルの存在状態の解析に利用されている．

4・1 NMR (nuclear magnetic resonance)

a. 核の磁気的性質

種	核スピン	周波数比*1 Ξ (%)	四極子モーメント Q/fm^2	化学シフト範囲 (ppm)	線幅因子*2 (^{2}Hを1とする)	総合相対感度*3 (^{13}Cを1とする)
	1/2	100.000 000		10		5.87×10^3
i	1	15.350 609	0.2860	10	1	6.52×10^{-3}
i	1	14.716 086	-0.0808	12	0.08	3.79
3	3/2	38.863 797	-4.01	12	51.2	1.59×10^3
3	3	10.743 658	8.459	200	34.1	2.32×10
3	3/2	32.083 974	4.059	200	53.7	7.77×10^2
c	1/2	25.145 020		330		1.00
	1	7.226 317	2.044	1030	51.2	5.90
N	$-1/2$	10.136 767		1030		2.25×10^{-2}
	$-5/2$	13.556 457	-2.558	1650	5.1	6.50×10^{-2}
	1/2	94.094 011		1300		4.90×10^3
Na	3/2	26.451 900	10.4	35	341	5.45×10^2
Al	5/2	26.056 859	14.66	320	168	1.22×10^3
i	$-1/2$	19.867 187		500		2.16
o	1/2	40.480 742		820		3.91×10^2
Cl	3/2	9.797 909	-8.165	1100	217	2.10×10
K	3/2	4.666 373	5.85	44	112	2.79
Sc	7/2	24.291 747	-22.0	350	161	1.78×10^3
V	7/2	26.302 948	-5.2	3000	9.0	2.25×10^3
Mn	5/2	24.789 218	33.0	3000	854	1.05×10^3
Co	7/2	23.727 074	42.0	20 000	585	1.64×10^3
Cu	3/2	26.515 473	-22.0	1000	1585	3.82×10^2
Ga	3/2	30.496 704	10.7	1500	366	3.35×10^2
As	3/2	17.122 614	31.4	660	3171	1.49×10^2

核種	核スピン	周波数比*1 Ξ (%)	四極子モーメント Q/fm^2	化学シフト範囲 (ppm)	線幅因子*2 (^{2}H を1とする)	総合相対感度*3 (^{13}C を1とす)
^{81}Br	3/2	27.006 518	26.2	>4500	2244	2.88×10^2
^{89}Y	−1/2	4.900 198		500		$7.00\times10^-$
^{93}Nb	9/2	24.476 170	−32.0	2200	185	2.87×10^3
^{103}Rh	−1/2	3.186 447		12000		$1.86\times10^-$
^{109}Ag	−1/2	4.653 533		600		$2.90\times10^-$
^{113}Cd	−1/2	22.193 175		900		7.94
^{115}In	9/2	21.912 629	81.0	1100	1195	1.98×10^3
^{119}Sn	−1/2	37.290 632		2800		2.66×10
^{129}Xe	−1/2	27.810 186				3.36×10
^{133}Cs	7/2	13.116 142	−0.343	300	0.04	2.84×10^2
^{139}La	7/2	14.125 641	20.0	1200	132	3.56×10^2
^{183}W	1/2	4.166 387		6900		$6.31\times10^-$
^{195}Pt	1/2	21.496 784		15000		2.07×10
^{199}Hg	1/2	17.910 822		4000		5.89
^{205}Tl	1/2	57.683 838		7000		8.36×10^2
^{207}Pb	1/2	20.920 599		12000		1.18×10

*1 CDCl$_3$ 中の TMS の ^{1}H 信号を 100 MHz としたときの，それぞれの基準物質（表 c.）共鳴周波数比.

*2 $[(2I+3)/\{I^2(2I-1)\}]\times Q^2$, I は核スピン，Q は四極子モーメント.

*3 相対感度×天然存在比.

b. 化学シフト基準

IUPAC (International Union of Pure and Applied Chemistry) では，あらゆる核種て一した化学シフト基準を使用するため，TMS（tetramethylsilane）の ^{1}H 信号に対するれぞれの周波数比 Ξ (%) から算出した位置を基準とする，unified scale が推奨されてる．ある核種の化学シフト基準周波数 $\nu_\text{reference}$ は，TMS の周波数 ν_TMS とその核の周波比 Ξ から算出（$\nu_\text{reference}=\nu_\text{TMS}\times\Xi/100$）され，それぞれの信号の化学シフトは以下のよに計算される．

$$\delta_\text{sample/ppm}=10^6(\nu_\text{sample}-\nu_\text{reference})/\nu_\text{reference}$$

核種	基準物質	使用法	周波数比 Ξ (%)	代替基準物質	使用法	周波数比 Ξ (%)
^{1}H	TMS	内部基準	100.000 000	DSS	内部基準	100.000 000
^{2}H	TMS	内部基準	15.350 609	DSS	内部基準	15.350 608
^{13}C	TMS	内部基準	25.145 020	DSS	内部基準	25.144 953
^{15}N	CH$_3$NO$_2$	外部基準	10.136 767	NH$_3$(liquid)	外部基準	10.132 912
				[(CH$_3$)$_4$N]I	内部基準	10.133 356
^{31}P	H$_3$PO$_4$(85 %)	外部基準	40.480 742	(CH$_3$O)$_3$PO	内部基準	40.480 864

c. その他の核種の基準物質

核種	基準物質	核種	基準物質
Li	LiCl/D$_2$O(9.7 mol L^{-1})	Na	NaCl/D$_2$O(0.1 mol L^{-1})
B	BF$_3$·Et$_2$O/CDCl$_3$	Al	Al(NO$_3$)$_3$/D$_2$O(1.1 mol L^{-1})
O	D$_2$O/neat	Si	TMS/CDCl$_3$
F	CFCl$_3$	Cl	NaCl/D$_2$O(0.1 mol L^{-1})

種	基準物質	核種	基準物質
	KCl/D₂O (0.1 mol L⁻¹)	Ag	AgNO₃/D₂O (sat.)
	Sc(NO₃)₃/D₂O (0.06 mol L⁻¹)	Cd	Me₂Cd/neat
	VOCl₃/neat	In	In(NO₃)₃/D₂O (0.1 mol L⁻¹)
	KMnO₄/D₂O (0.82 mol L⁻¹)	Sn	(CH₃)₄Sn/neat
	K₃[Co(CN)₆]/D₂O (0.56 mol L⁻¹)	Xe	XeOF₄/neat
	[Cu(CH₃CN)₄][ClO₄]/CH₃CN (sat.)	Cs	CsNO₃/D₂O (0.1 mol L⁻¹)
	Ga(NO₃)₃/D₂O (1.1 mol L⁻¹)	La	LaCl₃/D₂O (0.01 mol L⁻¹)
	NaAsF₆/CD₃CN (0.5 mol L⁻¹)	W	Na₂WO₄/D₂O (1 mol L⁻¹)
	NaBr/D₂O (0.01 mol L⁻¹)	Pt	Na₂PtCl₆/D₂O (1.2 mol L⁻¹)
	Y(NO₃)₃/H₂O	Hg	(CH₃)₂Hg/neat
	K[NbCl₆]/CD₃CN (sat.)	Tl	Tl(NO₃)₃
	Rh(acac)₃/CDCl₃ (sat.)	Pb	(CH₃)₄Pb/neat

eat：無溶媒, sat.：飽和

1. よく用いられる NMR 用重水素化溶媒の性質と化学シフト

重水素化溶媒	融点/°C	沸点/°C	δ_H/ppm*	δ_C/ppm
セトニトリル-d_3	−48	80.7	1.93	1.3, 118.2
セトン-d_6	−93.8	55.5	2.04	29.8, 206.0
タノール-d_6	−114	78	1.11, 3.55, 5.19	17.2, 56.8
ロロホルム-d	−64	60.9	7.26	77.0
酸-d_4	15~16	115.5	2.03, 11.53	20.0, 178.4
クロヘキサン-d_{12}	4~7	80.7	1.38	26.4
クロロメタン-d_2	−97	40	5.32	53.8
ジクロロベンゼン-d_4	−17	178~180	6.93, 7.19	127.2, 130.0, 132.4
エチルエーテル-d_{10}	−116	33~34	1.07, 3.34	14.5, 65.3
ジオキサン-d_8	10~12	99	3.53	66.5
メチルホルムアミド-d_7	−61	153	2.74, 2.91, 8.01	30.1, 35.2, 162.7
メチルスルホキシド-d_6	16~19	189	2.49	39.5
水	3.8	101.4	4.84	
トラヒドロフラン-d_8	−106	65~66	1.73, 3.58	25.3, 67.4
リフルオロ酢酸-d	−15.4	75	11.50	116.6, 164.2
ルエン-d_8	−93	110	2.09, 6.98, 7.00, 7.09	20.4, 125.2, 128.0, 128.9, 137.5
トロメタン-d_3	−29	100	4.34	62.9
リジン-d_5	−42	114.4	7.19, 7.55, 8.71	123.5, 135.5, 149.9
プロパノール-d_8	−89.5	82	1.10, 3.89, 5.12	24.2, 62.9
ンゼン-d_6	6.8	79.1	7.15	128.0
タノール-d_4	−98	65.4	3.30, 4.89	49.0

* 重水素化溶媒中に含まれる微量の残余水素化溶媒の ¹H 信号.

e. ¹H の化学シフト（基準 TMS）（➡ QR コード）

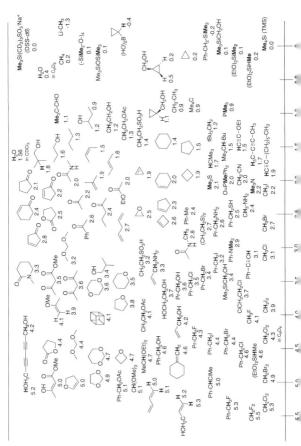

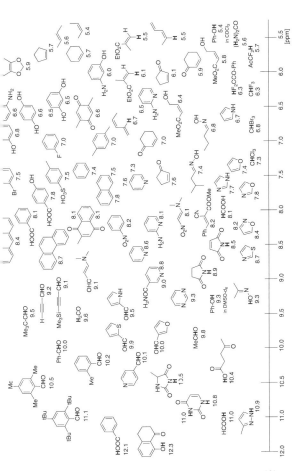

181

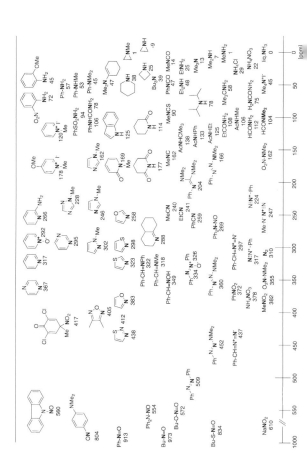

4. 代表的な核の化学シフト

1) ¹⁹F の化学シフト（基準 CFCl₃）

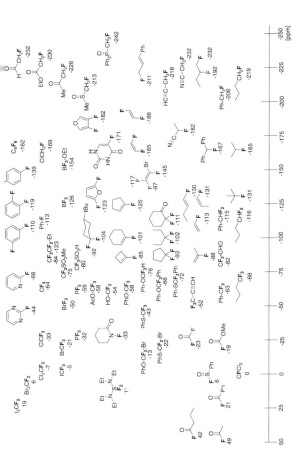

185

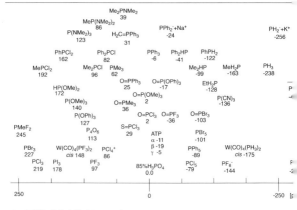

i. スピン結合定数 （$J_{H,H}$/Hz）

注） 絶対値を示している. 多くの sp³ 炭素の ²J は負の値である.

j. スピン結合定数

（1） $^1J_{C,H}$ / Hz

CH$_3$-X			CH$_2$-X$_2$			CH-X$_3$		
X = Li	98		X = CH$_3$	125		X = Ph	132
X = SiMe$_3$	118		X = OCH$_3$	162		X = OCH$_3$	186
X = H	125		X = Cl	178		X = Br	204
X = CH$_3$	125					X = Cl	209
X = CH=CH$_2$	126					X = F	239
X = CHO	127				
X = COOH	130				
X = NH$_2$	133				
X = CN	136				
X = SOCH$_3$	138				
X = OCH$_3$	140				
X = OH	141				
X = NO$_2$	147				
X = Cl	150				

Cyclopropane: X = CH$_2$ 160, X = NH 168, X = S 171, X = O 176

Cyclobutane: X = CH$_2$ 134, X = NH 140, X = O 150

Cyclopentane: X = CH$_2$ 129, X = NH 139, X = O 145

Cyclohexane: X = CH$_2$ 125, X = NH 134, X = O 139

$H_2C=C\overset{X}{\underset{H}{}}$ X = CH$_2$ 156, X = CHO 162, X = COOH 169, X = CN 177, X = OCH=CH$_2$ 182, X = I 191, X = Cl 195, X = Br 197, X = F 200

$O=C\overset{X}{\underset{H}{}}$ X = CH$_3$ 172, X = NMe$_2$ 191, X = OCH$_3$ 226

Benzene –H 158
Pyridine –H 177
Pyrimidine –H 203

Pyranone: =H 169, =H 200

Uracil: H 177, H 181

Furan X = NH 183, X = S 185, X = O 202

Imidazole X = NH 206, X = S 213, X = O 231

Sugar: 170, 160

HON=CH–CH$_3$ 177, HON=CH–CH$_3$ 163

H–C≡C–H 249
N≡C–H 267

（2） $^2J_{C,H}$ / Hz

				H$_3$C–CH$_2$–X		H$_3$C–CH$_2$–X	
H$_3$C–CH$_3$ -4.5	H$_2$C=CH–CH$_3$ 5.0	$\overset{H_3C}{\underset{H_3C}{}}$CH–CHO 26.7	X = CH$_3$	-4.3		-4.4
H$_2$C=CH$_2$ -2.4	H$_2$C=C=CH–CH$_3$ -6.8		X = NH$_2$	-2.9		-4.4
HC≡CH 49.6	HC≡C–CH$_3$ -10.4	H$_2$C=CH–CHO 26.6	X = OH	-2.2		-4.6
HOOC–CH$_3$ -6.7	HOOC–CHCl$_2$ -2.1	HC≡C–CHO 33.2	X = I	-2.8		-4.9
			X = Br	-2.7		-4.6
			X = Cl	-2.9		-4.5
			X = F	-1.9		-4.6

Benzene 1.1
Furan =CH 11.0, =CH 13.8
Pyridine 3.1, 8.5, 0.9

$\overset{H_3C}{\underset{H_3C}{}}$CH–CHO 23.6

$\overset{Cl}{\underset{Cl}{}}$CH–CHO 35.3

	H H =C= X	H H =C= X	H H =C= X
X = CH$_3$	0.4	-2.6	-1.1
X = Ph	-1.0	-4.5	0
X = COOH	-0.6	-4.6	-0.2
X = OEt	9.7	-5.3	5.3
X = Cl	6.8	-8.3	7.1

・¹³C と ¹H の直接結合（¹J_{HC}）．¹³C 観測のため感度が低いが，X 軸の信号の分離よい．

7) HMBC（Heteronuclear Multiple Bond Correlation）
   X 軸：¹H の化学シフト，Y 軸：¹³C の化学シフト
   ・¹H と ¹³C の，2 結合（²J_{HC}）または 3 結合（³J_{HC}）を介した遠隔結合．

8) H2BC（Heteronucler 2 Bond Correlation）
   X 軸：¹H の化学シフト，Y 軸：¹³C の化学シフト
   ・¹H と ¹³C の，2 結合（²J_{HC}）を介した遠隔結合．

9) NOESY（Nuclear Overhauser Effect SpectroscopY）
   X 軸：¹H の化学シフト，Y 軸：¹H の化学シフト
   ・¹H どうしの空間的距離の近さ，または化学交換（別名 EXSY：EXchan SpectroscopY）．

10) HOESY（Hetero-nuclear Overhauser Effect SpectroscopY）
    X 軸：¹H 以外の原子核の化学シフト
    ・異なる原子核どうしの空間的距離の近さ．

11) ROESY（Rotating frame nuclear Overhauser Effect SpectroscopY）
    ・¹H の空間的距離の近さ．NOESY で相関信号が失われる中程度分子（分量 1000 前後）でも相関信号が失われないため有効だが，TOCSY 由来の信号が現ることがあるため注意が必要．

12) TOCSY（TOtally Correlated SpectroscopY）
    X 軸：¹H の化学シフト，Y 軸：¹H の化学シフト
    ・¹H のスピンネットワーク．HOHAHA（HOmonuclear HArtmann-HAhn spect scopy）とも呼ばれることがある．

13) HSQC-TOCSY
    X 軸：¹H の化学シフト，Y 軸：¹³C の化学シフト
    ・¹H のスピンネットワーク．直接結合した ¹³C の化学シフトで分離される．

14) INADEQUATE（Incredible Natural Abundance DoublE QUAntum Transf Experiment）
    X 軸：¹H の化学シフト，Y 軸：¹³C ペアの 2 量子周波数
    ・¹³C どうしの直接結合（¹J_{CC}）．極めて低感度であるため利用は難しい．

15) ADEQUATE（Adequate DoublE QUAntum Transfer Experiment）
    X 軸：¹H の化学シフト，Y 軸：¹³C の化学シフト
    ・¹³C どうしの直接結合（¹J_{CC}）を，直接または間接的に結合した ¹H の信号として測する．

16) DOSY（Diffusion Ordered SpectroscopY）
    X 軸：¹H の化学シフト，Y 軸：自己拡散係数
    ・分子の自己拡散係数．分子体積の違いに起因する自己拡散係数の差によって，混物の信号が Y 軸上で各成分に分離される．

14・2　ESR（electron spin resonance）

a. 標準物質

化 合 物	調製法	g 値	超微細結合定数/mT	用 途
2,2-ジフェニル-1-ピクリル ヒドラジル（DPPH）	粉末	2.0036		g 値決定

化 合 物	調製法	g 値	超微細結合定数/mT	用 途
7,8,8-テトラシアノキノ メタン(TCNQ)-Li	粉末	2.0026		g 値決定
レオキシルアミンジスル ン酸塩	K_2CO_3 水溶液	2.0055	$a_N=1.30$, $a_S=0.125$	g 値決定, 磁場補正
ニドロキシ-2,2,6,6-テト メチルピペリジン 1-オキ ル (TEMPOL)	ベンゼン溶液	2.0063	$a_N=1.55$	定量, 感度チェック
リレン(+)	濃硫酸	2.0026	$a_{H(1)}=0.410$, $a_{H(2)}=0.046$, $a_{H(3)}=0.310$	分解能チェック
レビノキシル	ベンゼン溶液	2.0045	$a_{H(1)}=0.570$, $a_{H(2)}=0.130$, $a_{H(3)}=4.7\times10^{-3}$	分解能チェック
酸銅五水和物	粉末	2.1~2.2		定量
炭	KCl 粉末	2.003		感度チェック
³⁺	MgO 粉末	1.98		g 値決定
²⁺	MgO 粉末		$a_{Mn}=8.68$	磁場補正, 感度補正

ɔ. 単位の換算と代表的な定数

共鳴磁場 B [mT], 共鳴周波数 ν_e [MHz] および ν_e [cm^{-1}] の間にはそれぞれ式(1),
, (3)の関係が成立する. ラジカル種ごとに, また異方性があればその方向ごとに計算が
要となる. g 値の計算式は式(4)を, 超微細結合定数の単位変換には式(5), (6)を用いる.
礎物理定数は文献3)から引用した.

$$\nu_e\ [\mathrm{MHz}]=\frac{\mu_B}{h}gB=13.996\ 245\ gB\ [\mathrm{mT}] \tag{1}$$

$$B\ [\mathrm{mT}]=(0.071\ 447\ 735/g)\nu_e\ [\mathrm{MHz}] \tag{2}$$

$$\nu_e\ [\mathrm{MHz}]=10^{-4}c\nu_e\ [\mathrm{cm}^{-1}]=2.997\ 924\ 58\times10^4\ \nu_e\ [\mathrm{cm}^{-1}] \tag{3}$$

$$g=\frac{h\nu_e}{\mu_B B}=0.071\ 447\ 735\ \frac{\nu_e\ [\mathrm{MHz}]}{B\ [\mathrm{mT}]} \tag{4}$$

$$a\ [\mathrm{mT}]=(0.071\ 447\ 735/g)A\ [\mathrm{MHz}] \tag{5}$$

$$a\ [\mathrm{mT}]=(2.141\ 949\ 21\times10^3/g)A\ [\mathrm{cm}^{-1}] \tag{6}$$

$g_e=2.002\ 319\ 30$, $\mu_B=9.274\ 010\ 08\times10^{-24}$ [J T^{-1}],
$h=6.626\ 070\ 15\times10^{-34}$ [J s], $c=2.997\ 924\ 58\times10^8$ [m s^{-1}].

c. 有機ラジカルの g 値

ラジカルの種類	g 値	ラジカルの種類	g 値
$-$H または R	2.0023~2.0026	$-N{<}^{O\cdot}_{O^-}$	2.0051
$-$OH, OCH$_3$	2.003	${>}\dot{N}O$	2.0056~2.0057
$-$CHO, $\dot{C}-C=O$	2.004	オキシム	2.0059~2.0060
$-$OPO$-$	2.0029	R$-$N$-$COOH	2.0060
$-$N${<}$	2.0034~2.0035	$\quad\mid$ O$\cdot$	
ミジオン	2.0042~2.0046	$\dot{C}$Cl$_2$	2.0076~2.0082
$-\dot{C}$H$-$S$-$	2.0045~2.0047	$\dot{S}$CH$_2-$	2.0108~2.0110
$-\dot{C}$H$-$S$-$R	2.0043~2.0049		

ラジカル	$g<2.0023$

d. αプロトンの超微細結合定数

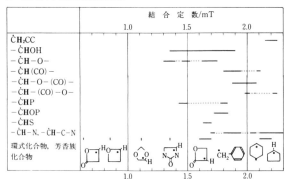

e. βプロトン（またはN核）および芳香環プロトンの超微細結合定数

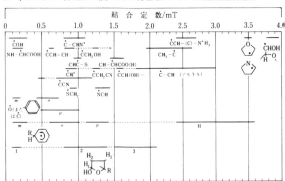

f. 無機ラジカルの ESR パラメーター

ラジカル	マトリックス	温度/K	g_x	g_y	g_z	A_x/mT	A_y/mT	A_z/m
·H	ガス			2.002 2838[4]			50.685[4]	
·OH	H₂O			2.0127		0.6		1.2
·NO	NaY-ゼオライト	77	1.986	1.978	1.83	0	2.9	0
N₂⁻	KN₃		2.0027	2.0008	1.9956	1.06	0.52	0.54
O₂⁻	NaO₂			2.00	2.175			
	KCl		1.9512	1.9551	2.4359			
NO₂	Ar		2.0037	1.99	2.0037	0.36	−0.72	0.36
	BaY-ゼオライト	77	1.995	2.003	2.007	4.9	6.9	5.3
CO₂⁻	方解石		2.003 20	1.997 27	2.001 61			

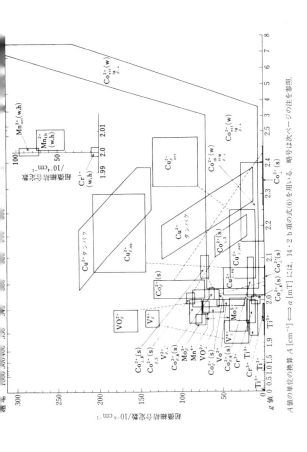

遷移金属イオンの g 値と超微細結合定数

h. その他の元素

g 値

A 値の単位の換算 A [cm⁻¹] ⇌ a [mT] には、14・2 b 項の式 (6) を用いる。
//, ⊥: 分子の対称軸方向およびそれと垂直な方向. x, y, z: 1, 2, 3: 分子内の磁気的主軸方向. st: 強い結晶場. w: 弱い結晶場. h: 高スピン状態.
l: 低スピン状態. oct: 八面体配位. sq: 平面四角形. trig: 三方柱配位. hf: 超微細結合.

194

文献

大矢博昭，山内　淳，"電子スピン共鳴"，講談社サイエンティフィク（1989），p. 90.

山内　淳，"磁気共鳴—ESR"，サイエンス社（2006），p. 271.

CODATA Recommended Values of the Fundamental Physical Constants: 2018, NIST SP 961 (May 2019).

J. A. Weil, J. R. Bolton, "Electron Paramagnetic Resonance", John Wiley & Sons (2007), p. 494.

15　同位体希釈・放射化分析

　同位体には安定同位体（stable isotope：SI）と放射性同位体（redioisotop
RI）とがある．これら同位体を利用する分析法は，特定の同位体の比または
射能の強度を測定することに基づいている．

15・1　同位体希釈分析

　同位体希釈分析は，定量目的元素の濃縮安定同位体あるいは放射性同位体の既知量を
イクとして試料に加え，同位体組成あるいは比放射能を測定して，試料中の目的元素の
求める方法である．方法の原理および入手可能な濃縮安定同位体あるいは放射性同位体の
覧をQR（web版）に掲載する．

15・2　放射化分析

a.　代表的な放射化分析法

名　称	放射線源	装置	核反応	特　徴
中性子 放射化分析法	熱中性子（熱外 中性子，高速中 性子）	原子炉	主に (n, γ) ときに (n, p), (n, α)	（超）微量元素を高感度に分析．非 壊・多元素・同時分析が可能．多 の試料に適応
		放射体線源	(n, γ)	装置が簡便，移動が可能，高感度 はない
	14 MeV 中性子	加速器 ①	(n, p), (n, α) (n, 2n)	軽元素（とくに O, F）を分析． 寿命核種を利用．原子炉法より感 度が劣る
荷電粒子 放射化分析法	陽子，重陽子， α粒子，³He 粒 子，重荷電粒子	加速器 ①,②,③,④	(p, n), (p, α), (p, d), (d, n), (d, α), (α, n), (³He, 2n) など	軽元素（B, C, N, O など）を高感 度に分析．入射粒子のエネルギー 失および照射中の発熱を考慮． 壊変核種の利用では，放射化学操 が必要
光量子 放射化分析法	制動放射線	加速器 ③	主に (γ, n) ときに (γ, p), (γ, γ)	原子炉法で困難な元素（C, N, O F, P, Tl, Pb など）を分析．試料 の均一照射に注意．原子炉法に比 感度が劣る

　放射体線源は ²⁵²Cf，²⁴¹Am-Be，加速器は，① コッククロフト・ウォルトン，② ヴァンデ
ラフ，③ ライナック，④ サイクロトロン．

b.　放射化分析に対する元素別適合性

　妨害元素が存在せず，単独に目的元素が存在する場合の感度．A：熱中性子放射化分析
で高感度に分析．B：感度はAに劣るが熱中性子放射化分析法が可能．C：荷電粒子，光
子，14 MeV 中性子放射化分析法あるいはそれ自身の放射能測定で分析．

	He
	C

| Be | | | | | | B | C | N | O | F | Ne |
| C | | | | | | C | C | C | C | C | B |

| Mg | | | | | | Al | Si | P | S | Cl | Ar |
| B | | | | | | A | B | C | B | A | A |

| Ca | Sc | Ti | V | Cr | Mn | Fe | Co | Ni | Cu | Zn | Ga | Ge | As | Se | Br | Kr |
| B | B | B | B | B | B | A | A | B | A | A | A | A | A | A | A | A |

| Sr | Y | Zr | Nb | Mo | Tc | Ru | Rh | Pd | Ag | Cd | In | Sn | Sb | Te | I | Xe |
| A | B | B | B | B | C | A | A | A | A | A | A | A | A | A | A | A |

| Ba | * | Hf | Ta | W | Re | Os | Ir | Pt | Au | Hg | Tl | Pb | Bi | Po | At | Rn |
| A | | A | A | A | A | A | A | A | A | A | C | C | C | C | C | C |

| Ra | Ac | Th | Pa | U |
| C | C | B | C | A |

*	La	Ce	Pr	Nd	Pm	Sm	Eu	Gd	Tb	Dy	Ho	Er	Tm	Yb	Lu
	A	B	A	A	C	A	A	A	A	A	A	A	A	B	A

．放射化分析に利用される主要放射性核種

1） 本表は熱中性子放射化分析で利用される各種の主なものと，荷電粒子，光量子，
MeV 中性子放射化分析法で使用される核種の一部を生成核種名，半減期，壊変形式，エ
ネルギー，分岐比（放出割合）の順に示す．

2） 放射線のエネルギー値は keV 単位で表し，（ ）内にその放射線の分岐比（放出
割合）を1壊変当たりの百分率（%）で記し，…はその他にも種々あることを示す．

3） 略号は β⁻：陰電子，β⁺：陽電子，EC：軌道電子捕獲，IT：核異性体転移，γ：ガ
ンマ崩壊，X：X線．

種	半減期	壊変形式，エネルギー，分岐比（放出割合）
	12.32 y	β⁻ 18.6(100)
	53.22 d	EC(100)，γ478(10.4)
	20.364 min	β⁺960(99.8)，EC(0.2)
	9.965 min	β⁺1198(99.8)，EC(0.2)
	7.13 s	β⁺4289(662)，10419(28)…，γ6129(67.0)，7115(4.9)…
	109.739 min	β⁺634(96.7)，EC(3.3)
	11.0 s	β⁻5400(100)，γ1633(100)，3334(0.02)
a	14.57 h	β⁻1396(99.9)…，γ1369(100)，2754(99.9)…
g	9.435 min	β⁻1596(29.0)，1767(71.0)…，γ844(71.8)，1014(28.0)…
	2.241 min	β⁻2863(100)，γ1779(100)
	157.36 min	β⁻1491(99.9)…，γ1266(0.07)
	2.498 min	β⁺3210(99.8)…，γ2235(0.069)…，EC(0.14)
	14.28 d	β⁻1711(100)
	87.37 d	β⁻167(100)
	5.7 min	β⁻1640(94)，4750(5.7)…，γ3103(94.2)
	37.24 min	β⁻1107(31.9)，2749(10.5)，4916(57.6)，γ1643(31.9)，2167(42.4)
	109.61 min	β⁻1198(99.2)…，γ1294(99.2)…
s	12.355 h	β⁻2001(17.6)，3525(81.9)…，γ1525(18.1)…
	87.72 min	β⁻890(12)，1950，88，γ3084(92)，4072(7)
	83.80 d	β⁻357(100)，γ889(100)，1121(100)…

核 種	半減期	壊変形式，エネルギー，分岐比（放出割合）
^{47}Sc	3.3492 d	β^- 441(68.4), 600(31.6), γ 159(68.3)
^{51}Ti	5.76 min	β^- 2153(91.9), 1545(8.1), γ 320(93.1), 609(1.2), 929(6.9)
^{52}V	3.743 min	β^- 2542(99.2)…, γ 1334(0.59), 1434(100), 1531(0.12)…
^{51}Cr	27.7010 d	EC(100), γ 320(9.9)
^{56}Mn	2.5789 h	β^- 1038(27.9), 2849(56.3)…, γ 847(98.9), 1811(27.2), 2113(14.3)…
^{59}Fe	44.495 d	β^- 466(53.1)…, 1565(43.3)…, γ 192(3.1), 1099(56.5), 1292(4.3)…
^{58}Co	70.86 d	EC(85.1), β^+ 475(14.9), γ 811(99.5), 864(0.69), 1675(0.52)
^{60}Co	5.2712 y	β^- 318(99.9)…, γ 1173(99.9), 1332(100)…
^{65}Ni	2.5175 h	β^- 654(28.4), 2136(60.4)…, γ 366(4.8), 1116(15.4), 1482(23.6)…
^{64}Cu	12.7004 h	EC(43.7), γ 1346(0.47), β^+ 653(17.4), β^- 579(39.0)
^{66}Cu	5.120 min	β^- 1603(9.0), 2642(90.8)…, γ 1039(9.2)…
^{65}Zn	243.93 d	EC(98.6), β^+ 329(1.4), γ 1116(50.6)…
^{69m}Zn	13.756 h	IT(100), γ 439(94.8)
^{69}Zn	56.4 min	β^- 906(100), γ 318(0.0012)
^{72}Ga	14.925 h	β^- 659(15.0), 676(21.7), 965(27.6)…, γ 630(24.8), 834(95.6), 2202(25.9)…
^{75}Ge	82.78 min	β^- 912(11.5), 1171(87.1)…, γ 199(1.2), 265(11.4)…
^{76}As	1.0778 d	β^- 2403(35.3), 2962(51.1)…, γ 559(45.0), 652(6.2), 1231(1.4), 1216(3.4)…
^{75}Se	119.78 d	EC(100), γ 121(17.2), 136(58.3), 265(58.9), 280(25.0)…
^{77m}Se	17.36 s	IT(100), γ 162(53.2)
^{80}Br	17.68 min	β^- 2001(85.0)…, γ 616(6.7), EC(6.1), γ 666(1.1), β^+ 849(2.2)
^{82}Br	35.282 h	β^- 444(97.0)…, γ 554(70.8), 619(43.4), 698(28.5), 777(83.5), 828(24.0)
^{86}Rb	18.642 d	β^- 697(8.6), 1774(91.4), γ 1077(8.6), EC(0.0052)
^{85}Sr	64.849 d	EC(100), γ 514(5.7)…
^{90}Y	64.00 h	β^- 2280(100)
^{95}Zr	64.032 d	β^- 368(54.5), 401(44.2)…, γ 724(44.3), 757(54.4)
^{94m}Nb	6.26 min	IT(99.5), γ 41.5(0.07), β^- 1160(0.5), γ 871(0.5), Nb-X
^{95m}Nb	3.61 d	γ 957(2.4), 1161(3.2), γ 204(2.3), IT(94.4), γ 236(24.4)
^{95}Nb	34.991 d	β^- 160(100)…, γ 766(99.8)…
^{99}Mo	65.976 h	β^- 437(16.4), 1215(82.2)…, γ 141(82.7), 181(6.0), 740(12.1), 778(4.3)…
^{99m}Tc	6.0067 h	β^- 141(89.1)…, β^- 347(0.0026)
^{103}Ru	39.247 d	β^- 227(91.9)…, γ 497(91.0), 610(5.8)…
^{103m}Rh	56.114 min	IT(100), γ 39.8(0.068), Rh-X
^{104m}Rh	4.34 min	IT(99.9), γ 51.4(41.3)…, Rh-X
^{105}Rh	35.357 h	β^- 247(19.7), 566(75.0)…, γ 306(5.1), 319(19.1)…
^{109}Pd	13.7012 h	β^- 1028(99.9)…, γ 88.0(3.6), 311(0.032), 647(0.024)…
^{110m}Ag	249.83 d	β^- 83.0(66.9), 530(30.1)…, γ 658(94.3), 885(72.7), 937(34.2), 1384(24.9)…
^{115}Cd	53.46 h	β^- 582(33.0), 1110(62.5)…, γ 336(45.9), 528(27.5)…
^{115m}In	4.486 h	IT(95.0), γ 336(45.8)…, β^- 831(5.0), γ 417(0.047)…
^{116m}In	54.29 min	β^- 600(10.3), 872(34.1), 1010(52.5)…, γ 417(27.7), 1097(56.2), 1294(84.4)…
^{121}Sn	27.03 h	β^- 390(100)
^{123}Sn	129.2 d	β^- 1493(99.4)…, γ 1089(0.6)…
^{122}Sb	2.7238 d	β^- 1414(67.2), 1979(26.1)…, γ 564(70.7), 693(3.9)…, EC(2.4), γ 1141(0.76), β^+ 598(0.06)
^{124}Sb	60.20 d	β^- 611(52.2), 2302(22.4)…, γ 603(98.3), 646(7.5), 723(10.8), 1691(47.8)…
^{128}I	24.99 min	β^- 1676(11.6), 2119(80.0)…, γ 443(12.6), 527(1.2)…, EC(6.9), γ 744(0.12), β^+ 230(0.06)
^{130}I	12.36 h	β^- 587(46.5), 1005(48.8)…, γ 536(99.0), 669(96.0), 740(82.2)
^{131}I	8.052 d	β^- 606(89.5)…, γ 364(81.7), 637(7.2), 723(1.8)
^{134}Cs	2.0652 y	β^- 88.6(27.3), 658(70.2)…, γ 569(15.4), 605(97.6), 796(85.5), 802(8.7)…
^{131}Ba	11.52 d	EC(100), γ 124(29.0), 216(19.7), 373(14.0), 490(46.8)…
^{140}La	40.285 h	β^- 1350(45.2), 1679(19.7)…, γ 329(20.3), 487(45.5), 816(23.3), 1596(95.4)…
^{141}Ce	32.511 d	β^- 435(69.7), 581(30.3)…, γ 145(48.3), Pr-X
^{143}Ce	33.039 h	β^- 1111(48.7), 1404(35.3)…, γ 57.4(11.7), 293(42.8), 665(5.7), 722(5.4)…
^{142}Pr	19.12 h	β^- 2162(96.3), 587(3.7), EC(0.0164), γ 1576(3.7)…
^{147}Nd	10.98 d	β^- 364(15.3), 804(80.0)…, γ 91.1(27.9), 531(13.1)…
^{153}Sm	46.284 h	β^- 635(32.2), 705(49.6), 808(17.5)…, γ 69.7(4.8), 103(29.8)…
^{152m}Eu	9.3116 h	β^- 1864(68.6)…, γ 344(2.4)…, EC(27), γ 122(7.0), 842(14.2), 963(11.7)…
^{152}Eu	13.517 y	EC(72.1), γ 122(28.7), 964(14.6), 1086(10.2), 1112(13.7), 1408(21.1)…, β^- 696(13.8), γ 731(0.06)

198

種	半減期	壊変形式，エネルギー，分岐比（放出割合）
d	18.479 h	β⁻ 607(11.9), 913(25.9), 971(61.7)···, γ 58.0(2.2), 364(11.4)···
b	72.3 d	β⁻ 571(45.4), 869(28.0)···, γ 86.8(13.2), 299(26.1), 879(30.1), 966(25.1), 1178(14.9)···
y	2.334 h	β⁻ 1192(50.5), 1287(82.7)···, γ 94.7(13.6), 280(0.50), 362(0.84), 633(0.57), 715(0.53)···
o	26.824 h	β⁻ 1773(48.7), 1854(50.0)···, γ 80.6(6.7), 1379(0.93)···, Er-X
r	7.516 h	β⁻ 1066(94.3)···, γ 112(20.5), 296(28.9), 308(64.4)···
m	128.6 d	β⁻ 884(18.3), 968(81.6)···, γ 84.3(2.5)···, EC(0.13)
b	32.018 d	EC(100), γ 63.1(44.2), 110(17.5), 131(11.3), 177(22.2), 198(35.8), 307.8(10.1)···
b	4.185 d	β⁻ 72.5(10.2), 469(86.5)···, γ 114(1.9), 283(3.0), 396(6.4)···
u	6.6457 d	β⁻ 176(12.2), 489(46.5)···, γ 71.6(3.4), 113(6.4), 208(11.0)···
Hf	18.7 s	IT(100), γ 161(5), 214(95.2)···
a	42.39 d	β⁻ 413(92.5)···, γ 143(43.3), 136(5.9), 346(15.1), 432(80.5)···
Ca	114.74 d	β⁻ 260(29.5), 440(20.7), 524(40.0)···, γ 67.8(41.2), 100(14.1), 1121(34.9), 1221(27.)···
V	24.0 h	β⁻ 1312(30.1), 627(55.4)···, γ 72.0(11.1), 134(8.8), 480(21.8), 686(27.3)···
e	3.7183 d	β⁻ 932(21.5), 1070(70.9)···, γ 137(9.4)···, EC(7.49), γ 123(0.6)
e	17.004 h	β⁻ 1965(26.3), 2120(70.1)···, γ 155(15.6), 478(1.1), 633(1.4)···
s	14.99 d	β⁻ 141(100), γ 129(26.5)···, Ir-X
r	29.830 h	β⁻ 1002(12.4), 287(11.7), 1141(54.8)···, γ 73(3.2), 139(4.3), 460(4.0)···
r	73.830 d	β⁻ 539(41.4), 675(48.0)···, γ 296(28.7), 308(29.7), 317(82.7), 468(47.8), 604(8.2)···, EC(4.76)
t		β⁻ 2247(85.4), 2294(2.5), 328(1.3)···, 645(1.2)···
t	19.8915 h	β⁻ 642(81.2), 719(10.6)···, γ 77.4(17.0), 191(3.7), 269(0.23), Au-X
u	2.6941 d	β⁻ 961(99.0)···, γ 412(95.6), 676(0.80)···
g	3.139 d	β⁻ 244(21.5), 294(72.0)···, γ 158(40.0), 208(8.7)···, Hg-X
Hg	23.8 h	IT(91.4), γ 134(33.5), 165(0.26), EC(8.6), γ 279(6.1)···
g	64.94 h	EC(100), γ 77.4(18.7), 191(0.63)···
g	46.613 d	β⁻ 213(100), γ 279(81.5)
b	51.916 h	EC(100), γ 279(80.0), 401(3.3), 681(0.75)
b	25.52 h	β⁻ 206(12.4), 287(11.7), 288(38.9), 305(32.1)···, γ 25.6(14.1), 84.2(6.6)···
h	21.83 min	β⁻ 1149(15.5), 1287(48.6)···, 1244(29.2)···, γ 29.4(2.5), 86.5(2.8), 459(1.4)···
a	26.975 d	β⁻ 156(25.4), 232(36.7), 260(15.6)···, γ 300(6.6), 312(38.6), 341(4.5)···
J	6.752 d	β⁻ 237(50.9), 251(41.9)···, γ 26.3(2.4), 84.5(54.3), 208(21.2)···, Np-X
h	23.45 min	β⁻ 1189(68.9), 1264(18.7)···, γ 43.5(4.1), 74.7(49.2)···
Np	2.356 d	β⁻ 330(38.3), 392(10.7), 437(43.6)···, γ 106(27.2), 210(3.4), 228(10.8), 278(14.4)···

［参考文献：日本アイソトープ協会 編，"アイソトープ手帳"，12 版（2020）］

5・3　トレーサーとして用いられる RI

a.　トレーサー実験に利用される主要放射性核種

記号	半減期*1	壊変方式*1	主なβ線のエネルギー*2（放出の割合）	主なγ線のエネルギー*2（放出の割合）
H(T)	12.33 y	β⁻	0.0186(100%)	
C	5730 y	β⁻	0.156(100%)	
Na	2.602 y	β⁺	0.546(90.6%)	1.275(100%)
		EC	(9.4%)	0.511 β⁺
P	14.28 d	β⁻	1.710(100%)	
P	25.3 d	β⁻	0.249(100%)	
S	87.4 d	β⁻	0.167(100%)	
Ca	165 d	β⁻	0.257(100%)	
Cr	27.70 d	EC	(100%)	0.320(10.2%)
Rb	18.8 d	β⁻	0.700(9%)	1.0766(8.8%)
			1.780(91%)	

記　号	半減期*1	壊変方式*1	主なβ線のエネルギー*2(放出の割合)	主なγ線のエネルギー*2(放出の割合)
¹²⁵I	60.14 d	EC EC	(0.005 %) (100 %)	0.035 49(6.67 %)
¹³¹I	8.04 d	β⁻	0.248(2.1 %) 0.334(7.4 %) 0.606(89.4 %)	0.284 30(6.06 %) 0.364 48(81.2 %) 0.636 97(7.2 %)

*1　半減期および壊変方式の項の略号は以下の通りである。y：年，d：日，β⁻：陰電子放出，
β⁺：陽電子放出，EC：軌道電子捕獲。

*2　放射線のエネルギー値は MeV 単位．

b.　各種トレーサー実験に利用される主要な RI 標識化合物

研究分野	RI 標識化合物	代表的使用例
遺伝子工学	[γ-³²P]ATP	DNA の 5′ 末端標識（ゲルシフト法，S1 マッピング法，Maxam-Gilbert 法など）
	[α-³²P]dNTP*	DNA プローブの標識（サザンブロッティング，ノーザンブロッティング，Sanger 法など）
	[¹⁴C]クロラムフェニコール	プロモーター活性測定（CAT アッセイ）
核酸の代謝	[³H]dTTP	DNA ポリメラーゼの基質
	[³H]UTP	RNA ポリメラーゼの基質
	[³²P]オルトリン酸	核酸の細胞内標識
タンパク質化学	[³⁵S]メチオニン	in vitro トランスレーション反応（ペプチドマッピングなど）
	[¹²⁵I]ヨウ化ナトリウム	タンパク質全体の標識
	[³²P]オルトリン酸	タンパク質の細胞内リン酸化
情報伝達学	[γ-³²P]ATP	各種プロテインキナーゼの基質
	[³H]イノシトール	細胞内イノシトールリン酸の測定
	[³²P]NAD	ADP リボシル化反応の基質
	[¹²⁵I]cAMP	cAMP の定量（ラジオイムノアッセイ）
	[¹²⁵I]cGMP	cGMP の定量（ラジオイムノアッセイ）
	[³⁵S]GTPγS	GTP 結合タンパク質の検出・定量
細胞生物学	[³H]チミジン	DNA 合成前駆体
	[³H]ウリジン	RNA 合成前駆体
	[³H]ロイシン	タンパク質合成前駆体
	[⁵¹Cr]塩化クロム	細胞の標識（NK 細胞の細胞障害活性測定など

*　DNA のシークエンシングや in situ ハイブリダイゼーションには，³²P よりも低エネルギーのβ線を放出する ³³P を用いた [³³P]dNTP の方が高い解像度が得られ，好適である．

c.　放射線の量と単位

（1）　発生量の単位　　放射性同位体から放射線が放出される場合，原子核が毎秒当りに壊れる数（崩壊数/秒，disintegration per second，略して dps）を単位として用いる．具体的に用いられる単位・名称は，次の通りである．

1 ベクレル（Bq）＝ 1 dps（SI 単位）

1 キュリー（Ci）＝ 3.7 × 10¹⁰ dps（非 SI 単位）

加速器などにより荷電粒子が発生したり，核反応により放射線が発生する場合は，通常毎秒当りの発生量，たとえば neutron s⁻¹ を用いる．

2) 到達量の単位　ある地点への放射線の到達量は，① その点を通過する放射線の（通過量）と，② その点で生じたいろいろな放射線照射効果の強さ（効果量）の2種類表される．

i) 放射線到達量の単位としての通過量：ある点を中心とする単位面積当りを何個の放射線が通過したかを放射線束（フルエンス）と呼び，単位は個 cm^{-2} で表される．原点で毎秒 S 個の放射線発生があるとき，その放射線が距離 r の点を毎秒通過する（これを放射線率またはフラックスと呼ぶ）f は次のように表される．

$$f = S/4\pi r^2 \quad (S \text{は発生量，} f \text{は到達量で，} f \text{の単位は個 cm}^{-2}\text{s}^{-1})$$

なお，個数の代わりにエネルギーの通過量をエネルギー線束，MeV cm^{-2} またはV cm^{-2} で表すこともある．

ii) 放射線到達量の単位としての効果量

① 空気の電離密度を単位とするもの

1 C（クーロン）kg^{-1}＝1 kg の空気中に1 C の電離電荷を生ずる放射線の到達量（SI 単位）

1 R（レントゲン）＝標準空気1 cm^3 に1 esu の電離電荷を生ずる放射線量（非 SI 単位）

なお，1R＝2.58×10^{-4} C kg^{-1} である．

② エネルギーの移行量（吸収線量）を単位とするもの

1 Gy（グレイ）＝1 kg の物質中に1 J（ジュール）のエネルギーを与えるような放射線の到達量（SI 単位）

1 rad（ラド）＝1 g の物質中に100 erg のエネルギーを与える放射線の到達量（非 SI 単位）

なお，1 rad＝10^{-2} Gy である．

③ 人体への影響の度合い（線量当量）を単位とするもの

1 Sv（シーベルト）＝1 Gy×Q×N（SI 単位）

1 rem（レム）＝1 rad×Q×N（非 SI 単位）

なお，1 rem＝10^{-2} Sv である．また，Q は線質係数で，放射線の種類とエネルギーにより1～20 の値が与えられている．エネルギー不明の α 線では Q は20，β 線，γ（X）線では1とする．N は補正係数（分布係数など）であるが，通常，1.0 としている．

これらの量と単位系の概略を下図に示す．

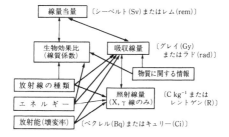

5・4　環境放射能

環境には，放射性同位元素の壊変現象で放射線を放出して安定になろうとする核種が存在する．それらの中には自然界に元素から存在する天然放射性物質や新たに生成するものがあ

る。また，人工的につくられた放射性物質の中で，環境に存在するものとして，1950 年から 1690 年代を中心に行われた核実験と 1986 年のチェルノブイリ原発事故や 2011 年東京電力福島第一原子力発電所の事故の際に放出されたものなどがある。

a. 天然放射性核種

（1）壊変系列をもつ天然一次放射性核種と二次放射性核種　トリウム（^{232}Th）系列，ウラン（^{238}U）系列，アクチニウム（^{235}U）系列はそれぞれ ^{232}Th，^{238}U，^{235}U の親核種から壊変して二次放射性核種（娘核種）を生成し，さらに数回の壊変を経て，最終生成核種（安定）になる。半減期の長い親核種から絶えず壊変し，放射線が放出されるため親核種がある限り存在する。

（2）壊変系列を構成しない天然一次放射性核種　^{40}K，^{50}V，^{87}Rb，^{113}Cd，^{115}In，^{138}La，^{147}Sm，^{148}Sm，^{176}Lu，^{174}Hf，^{180}W，^{187}Re，^{186}Os，^{209}Bi などがあり，二重 β 壊変核種として ^{48}Ca，^{76}Ge，^{82}Se，^{96}Zr，^{100}Mo，^{116}Cd，^{128}Te，^{130}Te，^{136}Xe，^{150}Nd が報告されている。

（3）誘導放射性核種　宇宙線（一次宇宙線：高エネルギーのプロトン，ヘリウム，α 粒子線など）が大気を構成する原子と核反応を起こし，高速中性子や陽子などの二次粒子（二次宇宙線）を放出する。宇宙線起源の放射性核種を誘導放射性核種と呼び，^{3}H，^{7}Be，^{10}Be，^{14}C，^{22}Na，^{26}Al，^{32}Si，^{32}P，^{33}P，^{35}S，^{36}Cl，^{39}Ar などがある。

b. 人工放射性物質

核実験および原発事故由来の主な放射性核種として，^{3}H，^{90}Sr，^{131}I，^{134}Cs，^{137}Cs，^{239}Pu などがある。

c. 周辺環境や検出器バックグラウンド中に存在する α, β, γ 線エネルギー
（➡ QR コード）

6 バイオアナリシス

20世紀に飛躍的な進歩を遂げたライフサイエンスは，遺伝子組換え技術とと[も]に80年代に生み出されたバイオテクノロジーと融合し，バイオサイエンス[の]時代を創出した．この潮流の根幹としてゲノム解析技術が著しく発達し，さ[ら]に，様々な技術革新を背景に，網羅的な生物分子の分析が可能になり，プロ[テ]オーム解析，メタボローム解析などの領域が進展し，生命活動の解明が急速[に]進んでいる．本章では，バイオサイエンス時代の中核をなす各種分析技術[を取]り上げ，それらを用いる研究・実験に有用なデータ，情報をまとめて示した．

6・1 生体分子の蛍光分析 (アミノ酸は後述)

a. 細胞測定用蛍光プローブ

測定成分	試薬名称	定量範囲	励起/蛍光波長/nm
Ca^{2+}	fura-2[1)]	$10 \sim 1000$ nmol L^{-1}	Ex 363/Em 512
Ca^{2+}	Fluo-4[1)]	$30 \sim 3000$ nmol L^{-1}	Ex 494/Em 516
Mg^{2+}	KMG-20 AM[2)]	$1 \sim 100$ mmol L^{-1}	Ex 428/Em 497
Na^+	Sodium Green[1)]	$1 \sim 100$ mmol L^{-1}	Ex 507/Em 532
K^+	PBFI[1)]	$2 \sim 200$ mmol L^{-1}	Ex 346/Em 505
Zn^{2+}	TSQ[1)]	$0.3 \sim 30$ nmol L^{-1}	Ex 334/Em 385
pH	Fluorescein[1)]	pH $5.4 \sim 7.4$	Ex 490/Em 514
NO	DAF-FM[1)]	$0.1 \sim 1$ μmol L^{-1}	Ex 495/Em 515

1) R.P. Haugland, "Handbook of Fluorescent Probes and Research Chemicals", 9th Ed., [Mo]lecular probes Inc. (2002). 2) K. Suzuki, *et al.*, *Anal. Chem.*, 74(6), 1423 (2002); Calbiochem. [In]c. Cat. No.442624; 和光純薬時報, 72(2), 2. Product No.110-00711 (2003).

b. 蛍光性不斉誘導体化試薬

アミノ基誘導体化試薬	検出波長 nm	カルボキシ基誘導体化試薬	検出波長 nm	ヒドロキシ基用誘導体化試薬	検出波長 nm
GDPyNCS[1)]	550(exc, 460)	MNE-OTf[5)]	394(exc, 259)	TBMB-COOH[7)]	380(exc, 315)
POC[2)]	412(exc, 351)	MDNE-OTf[5)]	467(exc, 283)	2 ACycloH-COOH[8)]	462(exc, 298)
DITC[3)]	430(exc, 333)				
LEC[*4)]	305(exc, 260)	DBD-APy[6)]		DBD-Pro-COCl[9)]	
		NBD APy[6)]			

1) D. Jim, K. Nagakura, S. Murofushi, T. Miyahara, T. Toyo'oka, *J. Chromatogr. A*, 822, 215 [(19]98). 2) A. Thorsen, A. Ergsrtom, B. Josefsson, *J. Chromatogr. A*, 786, 347 (1997). 3) O.P. [H]eidernigg, W. Lindner, *J. Chromatogr. A*, 795, 151 (1998). 4) Y. Hori, M. Fujisawa, K. [Y]imada, M. Sato, M. Honda, Y. Hirose, *J. Chromatogr. B*, 776, 191 (2002). 5) Y. Yasaka, K. [M]atsumoto, M. Tanaka, *J. Charomatogr. A*, 810, 221 (1998). 6) T. Toyo'oka, M. Ishibashi, T. [Te]rao, *Analyst*, 117, 727 (1992). 7) Y. Nishida, J.H. Kim, H. Ohrui, H. Meguro, *J. Am. Chem. [Soc.]*, 119, 1484 (1997). 8) H. Ohrui, H. Terashima, K. Imaizumi, K. Akasaka, *Proc. Jpn. Acad.* [A]Ser. B, 69 (2002). 9) T. Toyo'oka, M. Ishibashi, T. Terao, K. Imai, *Analyst* 118, 759 (1993).

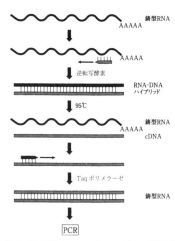

図2　RT-PCR [reverse transcriptase (逆転写酵素)-PCR] 法の原理

c.　DNA の抽出法

各社から様々な試料の DNA を抽出するキットが発売されている．ここでは，代表的なものを抜粋して掲載する．各種詳細については Web で掲載されているプロトコルを参照されたい．必要な装置としては，主にヒートブロック，微量高速遠心機，アスピレーター，マグネットなどを使用する．

キット名	試　料	サンプル量	収　量	所要時間	メーカー
ISOSPIN Series	組織，細胞，血液，毛髪，糞便	～100 mg, ～10⁶ cells, ～250 μL, 1 本, 200 mg	～10 mg, ～11 μg, 試料による, ～0.5 mg, ～25 μg	30～90 分	NIPPON GENE
Wizard Genomic DNA Purification Kit Series	血液，組織，植物，細胞，細菌	～10 mL, ～11 mg, ～40 mg, ～10⁷ cells, 1.9×10⁷ cells	～300 μg, ～30 μg, ～12 μg, ～30 μg, ～6.5 μg	60 分	Promega
Maxwell RSC Viral Total Nucleic Acid Purification Kit	ウイルス（血漿中）	300 μL	試料による（PCR 検出レベル）	40 分	
QIAamp DNA Mini Kit Series	血液，組織，口腔スワブ	200 μL, ～25 mg, ～600 μL	～12 μg, ～30 μg, ～3.5 μg	40 分	QIAGEN

キット名	試　料	サンプル量	収　量	所要時間	メーカー
IAamp inElute Virus it	ウイルス （血漿中）	200 μL	試料による （PCR 検出レベ ル）	60 分	
ucleoSpin Kit eries	血液、組織・ 細胞・細菌、 植物、昆虫、 糞便	〜200 μL、〜25 mg、〜10⁷ cells、〜100 mg、〜40 mg、 〜200 mg	〜6 μg、〜35 μg、〜30 μg、 〜25 μg、試料 による	20〜60 分	TaKaRa
ucleoSpin irus	ウイルス （血漿中）	〜200 μL	試料による （PCR 検出レベ ル）	50 分	
NAzol eagent Series	組織、細胞、 血液、植物、 細菌	〜50 mg、 〜3×10⁷ cells、 500 mg、100 mg、〜 3×10⁷ cells	〜250 μg、〜70 μg、〜20 μg、 試料による、 〜70 μg	30 分	Thermo Fisher Scientific
ureLink Viral NA/DNA Mini Kit	ウイルス （血漿中）	500 μL	試料による （PCR 検出レベ ル）	45 分	

d.　RNA の抽出法

各社から様々な試料の RNA を抽出するキットが発売されている。ここでは、代表的なもの
を抜粋して掲載する。各種詳細については Web で掲載されているプロトコルを参照された
い。必要な装置としては、主に DNA の抽出時と同様のものを使用するが、RNA は分解
やすいため、取扱いには注意を要する。

キット名	試　料	サンプル量	収　量	所要時間	メーカー
CRI Reagent eries	細胞、組 織、植物、 血液	〜10⁷ cells、 〜100 mg、〜100 mg、0.25 mL	〜15 μg、〜10 μg、〜60 μg、 試料による	90 分	Merck
SOGEN Series	組織、細 胞、血液、 土壌	〜100 mg、〜10⁷ cells、〜0.25 mL、〜0.5 g	〜700 μg、 〜100 μg、〜4 μg、試料による	60 分	NIPPON GENE
SOVIRUS	ウイルス （血清、唾 液など）	140 μL	試料による （RT-PCR 検出 レベル）	30 分	
SV Total RNA solation System	組織、細 胞、血液、 植物、酵 母・細菌	〜 60 mg、〜5× 10⁶ cells、100 μL、〜30 mg、 〜4×10⁷ cells	〜 5 μg、〜450 μg、〜150 μg、 〜4 μg、〜19 μg	60 分	Promega
Maxwell RSC iral Total Nucleic Acid urification Kit	ウイルス （血清、血 漿）	〜300 μL	試料による （RT-PCR 検出 レベル）	45 分	

キット名	試料	サンプル量	収量	所要時間	メーカー
RNAiso Plus	細胞, 血液, 組織, 植物	~10^7 cells, ~100 μL, ~100 mg, ~30 mg	~100 μg, ~2 μg, ~500 mg, ~100 μg	30分	TaKaRa
NucleoSpin RNA Virus	ウイルス (血清, 血漿など)	~150 μL	試料による (RT-PCR 検出レベル)	30分	
TRIzol Reagent Series	血液, 細胞 (動物, 植物, 酵母), 組織, 細菌	~250 μL (1 mL も対応), ~10^6 cells (10^7 cells も対応), ~100 mg (1 g も対応), 10^7 cells	~4 μg, ~15 μg, ~100 μg, 試料による	60分	Thermo Fisher Scientific
MagMAX Viral/Pathogen Nucleic Acid Isolation Kit	ウイルス (VTM, 血液など)	~200 μL	試料による (RT-PCR 検出レベル)	40分	

e. PCR 用の DNA 増幅酵素

各社から様々な PCR 用の DNA 増幅酵素が発売されている. ここでは, 代表的なものを厳粋して掲載する. 各種詳細については Web で掲載されているプロトコルを参照されたい.

種類	特徴	酵素名	メーカー	備考
スタンダードな PCR (Pol I 型)	DNA 鎖伸長活性が高いが, 3'→5'エキソヌクレアーゼ活性をもたないため, 正確性に問題があり, 1 kb 以上では変異が起こりやすい	Taq DNA Polymerase	ThermoFisher Scientific 他	
正確な PCR (主に α型)	3'→5'エキソヌクレアーゼ活性をもつため高い正確性をもつが, DNA 伸長活性はあまり高くないため, 20 kb 以上の PCR 増幅には不向き	Pfu DNA Polymerase	Agilent Technologies 他	Taq より 32 倍正確
		Q5 High-Fidelity DNA Polymerase	New England Biolabs	Taq より 100 f 正確
		PrimeSTAR Max DNA Polymerase	TaKaRa	Pfu より正確
		AccuPrime Pfx DNA Polymerase	ThermoFisher Scientific	Taq より 26 倍正確
		KOD Plus	TOYOBO	Taq より 82 倍正確
ロングレンジ PCR (20 kb~)	Pol I 型と α型の混合型の酵素セットが主であり, DNA 伸長活性と高い正確性を有する. 20 kb 以上の PCR 増幅が可能	LongAmp Taq DNA Polymerase	New England Biolabs	30 kb 増幅可
		PrimeSTAR GXL DNA Polymerase	TaKaRa	30 kb 増幅可
		Platinum SuperFi II DNA Polymerase	ThermoFisher Scientific	40 kb 増幅可
		KOD FX	TOYOBO	24 kb 増幅可
		QIAGEN LongRange PCR	Qiagen	40 kb 増幅可

f. RNA 逆転写酵素

各社から様々な RNA 逆転写酵素（RNA → cDNA）が発売されている．ここでは，代表なものを抜粋して掲載する．各種詳細については Web で掲載されているプロトコルを参されたい．

製品名	酵素由来名	特 徴	メーカー
M-MuLV Reverse Transcriptase	Moloney Murine Leukemia Virus (M-MuLV) Reverse Transcriptase	本酵素はプライマー存在下において，RNA をテンプレートとして DNA 相補鎖を合成することができる．3′→5′ エキソヌクレアーゼ活性はもたない	New England Biolabs
AMV Reverse Transcriptase	Avian Myeloblastosis Virus（AMV）Reverse Transcriptase	本酵素はプライマー存在下において，RNA をテンプレートとして DNA 相補鎖を合成することができる	New England Biolabs
AMV Reverse Transcriptase	Avian Myeloblastosis Virus（AMV）Reverse Transcriptase	本酵素は，一本鎖 RNA および一本鎖 DNA を鋳型としてプライマー存在下で DNA を合成する．巻き戻し活性や，RNA-DNA 二本鎖の RNA を分解する RNase H 活性を有する	NIPPON GENE
GoScript Reverse Transcriptase	Moloney Murine Leukemia Virus (M-MuLV) Reverse Transcriptase	強い阻害剤存在下でも cDNA を合成可能であり，希少な転写物でも検出可能である．また，二次構造を含む転写物からでも合成可能であり，短い RNA から長い RNA まで逆転写可能である	Promega
PrimeScript Reverse Transcriptase	Moloney Murine Leukemia Virus (M-MuLV) Reverse Transcriptase	cDNA 合成の最大の阻害要因である逆転写酵素自身の RNA への非特異的結合を軽減し，さらに逆転写プライマーに対するプライミングの特異性を向上させた新しいタイプの逆転写酵素である	TaKaRa
SuperScript III Reverse Transcriptase	Moloney Murine Leukemia Virus (M-MuLV) Reverse Transcriptase	他の RT 酵素と比較して，遺伝子産物に完全に対応する完全長 cDNA を，高い収量で得られる．本酵素は，高い熱安定性および 50 ℃における長い半減期をもち，RNase H 活性も低く抑えられている	ThermoFisher Scientific

g. 定量 PCR 法—Real-time PCR 法

定量 PCR 法の一つである Real-time PCR 法は，サーマルサイクラーと分光蛍光光度計を体化した装置を用いて，PCR での増幅産物の生成過程を Real-time（PCR の 1 サイクルと）に検出し，解析する方法である．後述の次世代シーケンサーなどの他の手法と比べ，非常に高感度に遺伝子定量を行うことができる．

（1）PCR 増幅産物の検出法

・SYBR Green I（インターカレーター法）：SYBR Green I は，二本鎖 DNA に結合する素で，結合すると蛍光強度が増加するため，蛍光強度の増加から，PCR 増幅産物を検出

することができる．後述のプローブ法に比べ安価であるが，プライマーダイマーなどの非特異的産物も検出してしまうため，偽陽性が発生してしまう可能性を考慮しておく必要がある．

・**TaqMan Probe（DNA プローブ法）**：TaqMan Probe は，両末端を蛍光色素でラベルした 20～30 mer のオリゴヌクレオチド（DNA プローブ）であり，標的配列に特異的に結合する．PCR の過程でプローブが分解されるため，蛍光強度の増加から，PCR 増幅産物を出すことができる．SYBR Green I に比べ，標的配列特異性が高いため，プローブ設計・合成ができれば，精度よく定量することができる．

（2）　**市販機器例**

・ThermoFisher Scientific-QuantStudio 1 リアルタイム PCR システム（96 well）
・Roche-LightCycler 96 システム（96 well）
・TaKaRa-Thermal Cycler Dice Real Time System III（96 well）

h.　塩基配列決定

（1）　**DNA シーケンサー**　　キャピラリーアレイ電気泳動-レーザー蛍光検出方式．定数検体，短鎖配列解析に適する（コストの見地からの判断）．

〈市販機器例〉
・Applied biosystem 社　3730xl　DNA アナライザー（シーケンス専用）（48/96 本並行）
・Applied biosystem 社　3500　ジェネティックアナライザー（多用途）（8/24 本並行）
・SCIEX 社　GenomeLab GeXP Single（多用途）

（2）　**次世代型シーケンサー**　　主に用いられている相補鎖合成過程の蛍光発光追跡による多列数での配列決定を行う機構のもの．ほかの機構のものも存在する．多検体，長鎖配列解析に適する（時間，コストの見地からの判断）

〈市販機器例〉
・Illumina 社　HiSeq 2000/2500

16・3　プロテオミクス/メタボロミクス

a.　プロテオミクス

（1）　**抗体利用**

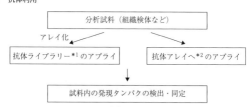

解析の流れ

　　*1　ヒト全タンパク質に対する抗体は入手（市販）可．スウェーデンの研究グループ（スウェーデン王立工科大学，ウプサラ大学，SciLifeLab）の主導で行われたプロジェクトで，ヒト組織のタンパク分布（The Human Protein Atlas）がこの抗体によって決定されている．実験動物の抗体も市販されている．
　　*2　抗体アレイは，実験者の自作だけでなく，様々なシリーズのタンパク質ごとに制作され市販されている．

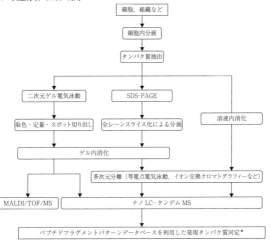

タンパク質大規模解析の流れ

* さまざまなデータベースと解析支援システム（Mascot など）を用いる.
［日本分析化学会 編，"改訂六版 分析化学便覧"，丸善出版（2011），p. 502 に加筆］

b. メタボロミクス

メタボロミクスのための高性能分離-MS システム

装　置	GC/MS	LC/MS	CE/MS
対象代謝物 例	揮発性 有機酸，揮発性誘導体化物	全般 高分子タンパク質，核酸，脂肪酸，リン酸化合物，有機酸	イオン性 アミノ酸，ヌクレオチド，水溶性イオン性化合物
理論段数 備考	1～10 万 誘導体化により適用範囲は広がるが定量性が落ちる	1 万 イオン交換モード（要サプレッサー）でイオン性物質も可	10～100 万 感度向上のためにはシースレス ESI インターフェイス使用が望まれる

c. オミクス解析受託先（例）

プロテオミクス（オミクス一般）
・フィルジェン（株）（https://filgen.jp/）
・かずさ DNA 研究所（https://www.kazusa.or.jp/）
・化学物質評価研究機構（https://www.cerij.or.jp/index.html）
メタボロミクス
・ヒューマン・メタボローム・テクノロジーズ（株）（https://humanmetabolome.com）
・Metabolon Inc.（https://www.metabolon.com/）

16・4 アミノ酸分析

一般式 $H_3\overset{+}{N}-\underset{\underset{R}{|}}{CH}-COO^-$ （プロリンを除く）

	アミノ酸	3文字表記	1文字表記	化学構造式 (R)	組成式	分子量	等電点
親水性アミノ酸 酸性アミノ酸	アスパラギン酸	Asp	D	$-CO_2COO^-$	$C_4H_7NO_4$	133.10	2.77
	グルタミン酸	Glu	E	$-CH_2CH_2COO^-$	$C_5H_9NO_4$	147.13	3.22
中性アミノ酸	セリン	Ser	S	$-CH_2-OH$	$C_3H_7NO_3$	105.09	5.68
	トレオニン*	Thr	T	$-CH(OH)-CH_3$	$C_4H_9NO_3$	119.12	6.16
	システイン	Cys	C	$-CH_2-SH$	$C_3H_7NO_2S$	121.16	5.07
	チロシン	Tyr	Y	$-CH_2-\bigcirc-OH$	$C_9H_{11}NO_3$	181.19	5.66
	アスパラギン	Asn	N	$-CH_2CONH_2$	$C_4H_8N_2O_3$	132.12	5.41
	グルタミン	Gln	Q	$-CH_2CH_2CONH_2$	$C_5H_{10}N_2O_3$	146.15	5.65
塩基性アミノ酸	リシン*	Lys	K	$-CH_2CH_2CH_2CH_2NH_2$	$C_6H_{14}N_2O_2$	146.19	9.74
	アルギニン*	Arg	R	$-CH_2CH_2CH_2NHC(=\overset{+}{N}H_2)NH_2$	$C_6H_{14}N_4O_2$	174.20	10.76
	ヒスチジン*	His	H	$-CH_2\!\!-\!\!\underset{NH_2}{\overset{}{\bigtriangleup}}\rightleftharpoons NH$	$C_6H_9N_3O_2$	155.16	7.59
疎水性アミノ酸 中性アミノ酸	グリシン	Gly	G	$-H$	$C_2H_5NO_2$	75.07	5.97
	アラニン	Ala	A	$-CH_3$	$C_3H_7NO_2$	89.09	6.00
	バリン*	Val	V	$-CH(CH_3)_2$	$C_5H_{11}NO_2$	117.15	5.96
	ロイシン*	Leu	L	$-CH_2CH(CH_3)_2$	$C_6H_{13}NO_2$	131.18	5.98
	イソロイシン*	Ile	I	$-CH(CH_3)CH_2CH_3$	$C_6H_{13}NO_2$	131.18	6.02
	メチオニン*	Met	M	$-CH_2CH_2-S-CH_3$	$C_5H_{11}NO_2S$	149.21	5.74
	プロリン	Pro	P	$-CH_2\underset{\overset{+}{N}H_2}{\overset{}{\diagdown}}COO^-$	$C_5H_9NO_2$	115.13	6.30
	フェニルアラニン*	Phe	F	$-CH_2-\bigcirc$	$C_9H_{11}NO_2$	165.19	5.48
	トリプトファン*	Trp	W	$-CH_2-\text{(indole)}$	$C_{11}H_{12}N_2O_2$	204.23	5.89

方 法	検出反応[†]	分 離モード	誘導体化
ニンヒドリン法		陽イオン交換	ポストカラム
2. オルトフタルアルデヒド (OPA) 蛍光法		陽イオン交換逆相分配	ポストカラムプレカラム
3. NBD蛍光法		逆相分配	プレカラム

213

方　法	検出反応[†]	分離モード	誘導体化
3. NBD 蛍光法 （つづき）	（プロリン）NBD-X (X = Cl, F) → NBD-アミノ酸 （λ_{ex} 470 nm, λ_{em} 530 nm） HX		
4. PITC 法	$R-CH-COOH + \phi-N=C=S$ 　NH_2 → フェニルチオカルバミルアミノ酸 （プロリン）+ フェニルイソチオシアナート (PITC) → フェニルチオカルバミルアミノ酸 （PTC-アミノ酸）	逆相	プレカラム

* もっぱら HPLC 法が用いられている.
† ニンヒドリン法は酸性，その他は弱アルカリ性で反応.

16・5　糖質分析

a. 糖の検出

還元糖の比色分析[1,2]　　比色法は試料中の糖質の有無や含量の推定に利用される（ただしソルビトールなどの糖アルコールは検出できない）.

名　称	方　法	測定波長
フェノール硫酸法	試料溶液（糖として 10～70 µg），5％フェノール，濃硫酸を 1:1:5 の割合で混合	黄色（吸光度 490 nm）

名　称	方　法	測定波長
ンスロン硫酸法	試料溶液（糖として 5〜50 μg）を 0.2 % アンスロン-濃硫酸試液を 1：10 の割合で混合し 100 ℃, 10 分加温後急冷	吸光度 620 nm

．　単糖，少糖類の高速液体クロマトグラフィー[2,3)]

分析形	カラム	移動相	検　出
識なし	Asahipak NH2P-50	アセトニトリル-水（6：4）	示差屈折検出器，蒸発光散乱検出器，ポストカラム標識蛍光検出*
識なし	Dionex CarboPac PA200	グラジェント溶離（酢酸ナトリウム/水酸化ナトリウム）	パルスアンペロメトリー
ストカラム標識（シノアセタミド，塩酸アニジンなど）	強陰イオン交換タイプ	ホウ酸緩衝液	蛍光検出器

* 有機溶媒を含む移動相はポストカラム標識ができないことがある．

．　糖タンパク質糖鎖[4,5)]

糖鎖遊離法

sn-結合糖鎖	ヒドラジン分解法*，アルカリ β 脱離法，酵素法（PNGase A や PNGase F，エンドグリコシダーゼ）
er/Thr-結合糖鎖	アルカリ β 脱離法，ヒドラジン分解法*

* Asn 型と Ser/Thr 型糖鎖で反応条件が異なる．

蛍光性誘導体の調製と分析法[1)]

試薬（略号）	化学構造	分析装置	カラム	検出波長
-アミノ安息香酸（AA）	NH2 OH O	LC, CE, MS	NH2	Ex 360 nm, Em 425 nm, Ex 325 nm, Em 405 nm
-アミノベンズアミ（AB）	NH2 NH2 O	LC, MS	Amide	Ex 330 nm, Em 420 nm
-アミノピリジン（AP）	NH2	LC, MS	Amide, C30, DEAE	Ex 310 nm, Em 380 nm, Ex 320 nm, Em 400 nm
-アミノピレン-3,6-トリススルホン酸（APTS）	O3S SO3 H2N SO3	CE		Ex 456 nm, Em 520 nm アルゴンレーザー（488 nm）で励起可能

構造解析はエキソグリコシダーゼ消化，LC-MS，^{1}H-NMR などを組み合わせて行う．

d. グリコサミノグリカン[2]

酵素名	基質特異性
ヒアルロニダーゼ	ヒアルロン酸，コンドロイチン
コンドロイチナーゼ ABC	コンドロイチン硫酸，デルマタン硫酸，ヒアルロン酸
コンドロイチナーゼ AC I	ヒアルロン酸，コンドロイチン硫酸
コンドロイチナーゼ AC II	ヒアルロン酸，コンドロイチン硫酸
コンドロイチナーゼ B	デルマタン硫酸
コンドロイチナーゼ C	コンドロイチン硫酸
ヘパリナーゼ I，II，III	ヘパリン

酵素消化によって生成する不飽和オリゴ糖を紫外部（233 nm）検出 HPLC，蛍光性誘導体として蛍光 HPLC または CE で分析する．酵素消化を工夫することで種類別の構造解析が可能となる．

参考文献

1) 福井作蔵，"生物化学実験法 1 還元糖の定量法"，学会出版センター（1990）．
2) 日本分析化学会 編，"試料分析講座 糖質分析"，丸善出版（2019）．
3) "日本食品標準成分表 2015 年版（七訂）分析マニュアル"（2015），pp. 174-183.
4) "第十七改正日本薬局方"（2016），pp. 85, 2355.
5) "第十七改正日本薬局方"（2016），pp. 85-86.

16・6 バイオアナリシスに利用される酵素一覧

各種酵素の K_m 値

酵素	酵素番号	起源	分子量（万）	基質	K_m 値 mmol L
6-ホスホフルクトキナーゼ	EC 2.7.1.11	ヒツジ心	36	ATP	0.074
尿酸オキシダーゼ	EC 1.7.3.3	ブタ肝	12.5	尿酸	0.034
ヘキソナーゼ	EC 2.7.1.1	酵母	10	グルコース	0.1
グルタミン酸デヒドロゲナーゼ	EC 4.1.1.15	ウシ肝	33.6	アンモニア	3.2
クレアチニンキナーゼ	EC 2.7.3.2	ウサギ筋	8.1	クレアチニン	5
ピルビン酸キナーゼ	EC 2.7.1.40	ウサギ筋	23.7	ピルビン酸	10
アルコールデヒドロゲナーゼ	EC 1.1.1.1	酵母	14.8	エタノール	13
ウレアーゼ	EC 3.5.1.5	タチナタマメ	48	尿素	19
乳酸デヒドロゲナーゼ	EC 1.1.1.27	ウシ筋	14	乳酸	25
グルコースオキシダーゼ	EC 1.1.3.4	クロカビ	18.6	グルコース	33
ペルオキシダーゼ[1]	EC 1.11.1.7	西洋わさび	4.0	H_2O_2	≪1
アルカリホスファターゼ[2]	EC 3.1.3.1	肝臓，骨他	12〜15	p-ニトロフェノール	0.07〜1
ルシフェラーゼ（1 型）[3]	EC 1.12.13.7	ゲンジボタル（*Luciola cruciata*）	5.99	ATP，ルシフェリン	0.0143 0.106

）A. C. Maehly（D. Glick, ed.）,"Methods in Enzymology", Vol. 1, Interscience Publ.（1954）.

）坂岸良克，日健診誌，**10**, 31（1983）.

）Y. Oba, N. Mori, M. Yoshida, S. Inouye, *Biochemistry*, **49**, 10788（2010）.

日本生化学会 編 "生化学データブック Ⅱ"，丸善（1985），pp. 6–269]

6・7 イムノアッセイ

a. イムノアッセイの形式

法	検量線の例

競合法

非競合法（サンドイッチ法）

b. イムノアッセイの種類

方 法	標識物質	検 出 法
ラジオイムノアッセイ	放射性同位元素 （^{3}H，^{14}C，^{125}I など）	放射活性
酵素イムノアッセイ	酵素 （西洋わさびペルオキシダーゼ， アルカリ性ホスファターゼなど）	酵素活性
蛍光イムノアッセイ	蛍光物質 （フルオレセインなど）	蛍光強度，蛍光偏光度
発光イムノアッセイ	化学発光物質 （アクリジニウムエステルなど）	発光強度
スピンイムノアッセイ	遊離ラジカル物質	電子スピン共鳴
メタロイムノアッセイ	金属原子，金属イオン，Eu^{3+} キ レートなど	原子吸光，時間分解蛍光 強度
粒子イムノアッセイ	金コロイド，ラテックス	原子吸光，濁度，粒子の 計数

年	できごと
1999	ダイオキシン類対策特別措置法制定 PRTR法制定（特定化学物質の排出量把握および管理改善） 循環型社会形成推進基本法制定 廃棄物処理法改正
2001	環境省発足 ストックホルム条約（POPs条約）採択（残留性有機汚染物質の生産などに関する規制）
2002	土壌汚染対策法制定
2003	EUで（電気・電子機器の廃棄に関する）WEEE指令および（電子・電気機器における特定有害物質の使用制限に関する）RoHS指令発効
2006	第1回国際化学物質管理会議（ICCM1）で「国際的な化学物質管理のための戦略的アプローチ（SAICM）」採択
2007	EUで（化学物質の登録・評価・認可・制限に関する法律）REACH規則発効
2008	生物多様性基本法制定
2011	東日本大震災およびそれに伴う東京電力福島第一原子力発電所事故
2015	国連で持続可能な開発目標（SDGs：Sustainable Development Goals）採択 気候変動枠組条約第21回締約国会議（COP21）で「パリ協定」採択
2010年代	海洋プラスチック問題の顕在化
2017	G20ハンブルクサミットで「G20海洋ごみ行動計画」採択

［参考文献：1）環境省：環境白書・循環型社会白書・生物多様性白書（https://www.env.go.jp/policy/hakusyo/index.html）．2）環境省：日本の廃棄物処理の歴史と現状（https://www.env.go.jp/recycle/circul/venous_industry/ja/history.pdf）．3）環境再生保全機構：大気環境の情報（https://www.erca.go.jp/yobou/taiki/kangaeru/history/01.html）．4）国連開発計画（UNDP）日代表事務所：持続可能な開発目標（https://www.jp.undp.org/content/tokyo/ja/home/sustainable-development-goals.html）］

17・2　大気環境

　人の健康を保護し生活環境を保全する上で維持されることが望ましい基準として，「環境基準」が設定されている．環境基準は，工業専用地域，車道その他一般公衆が通常生活していない地域または場所については，適用されない．

a. 大気汚染に係る環境基準

物　質	環境上の条件	測定方法
二酸化硫黄 （SO_2）	1時間値の1日平均値が0.04 ppm以下であり，かつ，1時間値が0.1 ppm以下であること	溶液導電率法または紫外線蛍光法
一酸化炭素 （CO）	1時間値の1日平均値が10 ppm以下であり，かつ，1時間値の8時間平均値が20 ppm以下であること	非分散型赤外分析計を用いる方法

物　質	環境上の条件	測定方法
浮遊粒子状物質（SPM）	1時間値の1日平均値が 0.10 mg m⁻³ 以下であり，かつ，1時間値が 0.20 mg m⁻³ 以下であること	ろ過捕集による重量濃度測定方法またはこの方法によって測定された重量濃度と直線的な関係を有する量が得られる光散乱法，圧電てんびん法もしくはベータ線吸収法
二酸化窒素（NO₂）	1時間値の1日平均値が 0.04 ppm から 0.06 ppm までのゾーン内またはそれ以下であること	ザルツマン試薬を用いる吸光光度法またはオゾンを用いる化学発光法
光化学オキシダント（Oₓ）	1時間値が 0.06 ppm 以下であること	中性ヨウ化カリウム溶液を用いる吸光光度法もしくは電量法，紫外線吸収法またはエチレンを用いる化学発光法

備　考

1.　浮遊粒子状物質（SPM）とは，大気中に浮遊する粒子状物質であってその粒径が μm 以下のものをいう．粒径の分け方によって TSP（全粒子，大体 30 μm 以下の粒子），M₁₀（10 μm 以下の粒子），PM₂.₅（微小粒子状物質，2.5 μm 以下の粒子，d. 項参照）など測定も行われる．SPM が 10 μm の粒子を含まないのに対し，PM₁₀ は 10 μm の粒子の ％ を含むという違いがあり，SPM は大体 PM₇ に相当する．

2.　二酸化窒素について，1時間値の1日平均値が 0.04〜0.06 ppm までのゾーン内にあ 地域にあっては，原則としてこのゾーン内において現状程度の水準を維持し，またはこれ 大きく上回ることとならないよう努めるものとする．

3.　光化学オキシダントとは，オゾン，パーオキシアセチルナイトレートその他の光化学 応により生成される酸化性物質（中性ヨウ化カリウム溶液からヨウ素を遊離するものに限 ，二酸化窒素を除く）をいう．

b.　有害大気汚染物質（ベンゼンなど）に係る環境基準

物　質	環境上の条件	測定方法
ベンゼン	1年平均値が 0.003 mg m⁻³ 以下であること	キャニスターまたは捕集管により採取した試料をガスクロマトグラフ質量分析計により測定する方法またはこれと同等以上の性能を有すると認められる方法
トリクロロエチレン	1年平均値が 0.13 mg m⁻³ 以下であること	
テトラクロロエチレン	1年平均値が 0.2 mg m⁻³ 以下であること	
ジクロロメタン	1年平均値が 0.15 mg m⁻³ 以下であること	

備　考

1.　ベンゼンなどによる大気の汚染に係る環境基準は，継続的に摂取される場合には人の 康を損なうおそれがある物質に係るものであることにかんがみ，将来にわたって人の健康 係る被害が未然に防止されるようにすることを旨として，その維持または早期達成に努め ものとする．

2.　有害大気汚染物質に該当する可能性がある物質として 248 種類が指定され，その中か 特に優先的に対策に取り組むべき物質（優先取組物質）として以下の 23 種類がリスト ップされている．これらは，全国各地で毎月1回程度の頻度でモニタリングがなされ，＊

印の物質については，事業者が自主管理計画を作成して排出抑制に取り組むこととされている.

---

(1)アクリロニトリル*，(2)アセトアルデヒド*，(3)塩化ビニルモノマー*，(4)塩化メチル，(5)クロムおよび三価クロム化合物，(6)六価クロム化合物，(7)クロロホルム*，(8)酸化エチレン，(9)1,2-ジクロロエタン*，(10)ジクロロメタン*，(11)水銀およびその化合物，(12)ダイオキシン類*，(13)テトラクロロエチレン*，(14)トリクロロエチレン*，(15)トルエン，(16)ニッケル化合物*，(17)ヒ素およびその化合物，(18)1,3-ブタジエン*，(19)ベリリウムおよびその化合物，(20)ベンゼン*，(21)ベンゾ[a]ピレン，(22)ホルムアルデヒド*，(23)マンガンおよびその化合物

---

c. ダイオキシン類に係る環境基準

物　質	環境上の条件	測定方法
ダイオキシン類	1 年平均値が0.6 pg-TEQ/m³ 以下であること	ポリウレタンフォームを装着した採取筒のろ紙後段に取り付けたエアサンプラーにより採取した試料を高分解能ガスクロマトグラフ質量分析計により測定する方法

備　考
・基準値は，2,3,7,8-四塩化ジベンゾ-パラ-ジオキシンの毒性に換算した値とする.

d. 微小粒子状物質に係る環境基準

物　質	環境上の条件	測定方法
微小粒子状物質	1 年平均値が15 µg m⁻³ 以下であり，かつ，1 日平均値が35 µg m⁻³ 以下であること	微小粒子状物質による大気の汚染の状況を的確に把握することができると認められる場所において，ろ過捕集による質量濃度測定法またはこの方法によって測定された質量濃度と等価な値が得られると認められる自動測定機による方法

備　考
・微小粒子状物質とは，大気中に浮遊する粒子状物質であって，粒径が2.5 µm の粒子を50 % の割合で分離できる分級装置を用いて，より粒径の大きい粒子を除去した後に採取される粒子をいう. PM₂.₅.

[参考文献：大気環境学会 編，"大気環境の事典"，朝倉書店 (2019), p.444]

e. 特定悪臭物質と規制基準

No	物　質　名	敷地境界の規制基準 (ppm)	気体排出口の規制	排出水の規制
1	アンモニア	1～5	○	
2	メチルメルカプタン	0.002～0.01		○
3	硫化水素	0.02～0.2	○	○
4	硫化メチル	0.01～0.2		○
5	二硫化メチル	0.009～0.1		○
6	トリメチルアミン	0.005～0.07	○	
7	アセトアルデヒド	0.05～0.5		
8	プロピオンアルデヒド	0.05～0.5	○	
9	ノルマルブチルアルデヒド	0.009～0.08	○	

上記の微小粒子状物質の測定方法において PM₂.₅ は $PM_{2.5}$ を表す.

No	物　質　名	敷地境界の規制 基準（ppm）	気体排出 口の規制	排出水 の規制
10	イソブチルアルデヒド	0.02〜0.2	○	
11	ノルマルバレルアルデヒド	0.009〜0.05	○	
12	イソバレルアルデヒド	0.003〜0.01	○	
13	イソブタノール	0.9〜20	○	
14	酢酸エチル	3〜20	○	
15	メチルイソブチルケトン	1〜6	○	
16	トルエン	10〜60	○	
17	スチレン	0.4〜2		
18	キシレン	1〜5	○	
19	プロピオン酸	0.03〜0.2		
20	ノルマル酪酸	0.001〜0.006		
21	ノルマル吉草酸	0.0009〜0.004		
22	イソ吉草酸	0.001〜0.01		

備　考

・都道府県知事は、住民の生活環境を保全するため、悪臭を防止する必要があると認める
域を指定し、規制地域における自然的、社会的条件を考慮して、特定悪臭物質または臭気
数の規制基準を定める。悪臭の規制は、事業所の敷地境界、気体排出口、排出水の3か所
対象となる。特定悪臭物質に関する敷地境界の規制基準の範囲は、臭気強度2.5（何の臭
であるかがわかる弱い臭いと楽に感知できる臭いの中間程度の臭い）から3.5（楽に感知
きる臭いと強い臭いの中間程度の臭い）に対応している。臭気指数は6人以上のパネラー
よる官能試験によって求められる悪臭の総合指標で、臭いの種類によって臭気指数10〜
が臭気強度2.5〜3.5に対応する。

7・3　水　環　境

水環境に係る環境基準は、人の健康の保護に関するもの（健康項目）と、生活環境の保全
関するもの（生活環境項目）がある。環境基準は個々の工場、事業所などの排水や生活排
の集積によって生ずる水域全体の環境汚染の改善目標であり、個別の工場や事業所に対し
強制力をもつ基準は排水基準である。

a. 健康項目，基準値，代表的な分析法

健康項目は全公共用水域一律に定められ、重金属類、有機塩素化合物、農薬など27項目
設定されている。ダイオキシン類に関しては、別途ダイオキシン類対策特別
置法に基づき基準が定められている。排水基準は大多数の項目に関して環境
準の10倍である。ここでは一部の項目のみ基準値と分析方法を掲載する。そ
他の項目については web 上に掲載したので、QR コードから参照願いたい。

項　目	環境基準値 mg L^{-1}	分析方法
カドミウム	0.003	ETAAS(55.2)，ICP-AES(55.3)，ICP-MS(55.4)
全シアン	不検出	蒸留(38.1.2)後、ピリジン-ピラゾロン吸光光 度法(38.1/38.2)、4-ピリジンカルボン酸-ピ ラゾロン吸光光法(38.3)、または流れ分析 法(38.5)、告59付表1

項　目	環境基準 mg L^{-1}	分析方法
鉛	0.01	AAS(54.1), ETAAS(54.2), ICP-AES(54.3), ICP-MS(54.4)
六価クロム	0.05	ジフェニルカルバジド吸光光度法(65.2.1), AAS(65.2.2), ETAAS(65.2.3), ICP-AES (65.2.4), ICP-MS(65.2.5), 流れ分析法 (65.2.6)
砒素	0.01	HG-AAS(61.2), HG-ICP-AES(61.3), ICP-MS(61.4)
総水銀	0.0005	還元気化-冷 AAS(告 59 付表 2)

注 1)　括弧内の数字は特に断らない限り JIS K 0102 の項目番号, 告 59 は環境庁告示第 59 号
注 2)　AAS：原子吸光法, ETAAS：電気加熱原子吸光法, ICP-AES (ICP-OES)：誘導結合
プラズマ発光分光分析法, ICP-MS：誘導結合プラズマ質量分析法, HG：水素化物発生法.

b.　生活環境項目, 基準値, 代表的分析法

　生活環境項目は利水目的などに応じた水質類型を設け, 12 項目が設定されている. 環境基
準については環境省ホームページを参照のこと. ここでは排水基準とその分析方法を記す.

項　目	排水基準/mg L^{-1}	分析方法
pH	5.8〜8.6 5.0〜9.0 (海域)	ガラス電極法(12.1)
生物化学的酸素 要求量 (BOD)	160 (日間平均 120)	希釈-培養-溶存酸素量測定 (20 ℃, 5 日間) (21
化学的酸素要求 量 (COD)	160 (日間平均 120)	硫酸-過マンガン酸カリウム分解-滴定(17)
浮遊物質 (SS)	200 (日間平均 150)	ろ過-重量分析(告 59 付表 9)
n-ヘキサン抽 出物質	5 (鉱物油) 30 (動植物油脂)	抽出-重量分析(告 64 付表 4)
フェノール類	5	蒸留(28.1.1)後, 4-アミノアンチピリン吸光光度 法(28.1.2), 流れ分析法(28.1.3)
銅	3	AAS(52.2), ETAAS(52.3), ICP-AES(52.4), ICP-MS(52.5)
亜鉛	2	AAS(53.1), ETAAS(53.2), ICP-AES(53.3), ICP-MS(53.4)
溶解性鉄	10	AAS(57.2), ETAAS(57.3), ICP-AES(57.4)
溶解性マンガン	10	AAS(56.2), ETAAS(56.3), ICP-AES(56.4), ICP-MS(56.5)
クロム	2	ジフェニルカルバジド吸光光度法(65.1.1), AAS (65.1.2), ETAAS (65.1.3), ICP-AES (65.1.4), ICP-MS(65.1.5)
大腸菌群	日間平均 3000 個 cm^{-3}	希釈-培養-計数(昭 37 厚・建令 1)

項　目	排水基準/mg L⁻¹	分析方法
全窒素	120（日間平均60）	総和法($NO_3^- + NO_2^-$)+(NH_4^++org.N)(45.1)、アルカリ性ペルオキソ二硫酸カリウム分解-紫外吸光光度法(45.2)、流れ分析法(45.6)
りん	16（日間平均8）	ペルオキソ二硫酸カリウム分解(46.3.1)、または硝酸・過塩素酸分解(46.3.2)、あるいは硝酸・硫酸分解(46.3.3)後にモリブデン青吸光光度法、流れ分析法(46.3.4)

注） 括弧内の数字は特に断らない限り JIS K 0102 の項目番号、告64は環境庁告示第64号、37厚・健令1は昭和37年厚生省・建設省令第1号.

7・4　土壌環境

「土壌汚染対策法」（平成15年2月施行）では、地下水などの摂取によるリスクがあるものとして、特定有害物質26物質の溶出量基準を定め、このうち9物質については、土壌の接摂取リスクがあるものとして含有量基準を定める。ここでいう含有量は体内への摂実態を考慮して定めた方法により求められる量であり、一般的な完全分解により求められ全量のことではない。検液の作成方法は測定項目により異なり、ここではカドミウムや全アンなどの検液の作成方法の概略を記す。溶出量基準では、風乾後に2mmのふるいを過した試料を、水（JIS K 0557に規定するA3またはA4のもの）に重量体積比10％で合し（体積500mL以上とする）、常温常圧で6時間振とうして溶出し、遠心分離後の澄みをメンブランフィルターでろ過して検液を作成する。含有量基準では、試料6g以上1 mol L⁻¹塩酸に重量体積比3％で混合し（六価クロムについては5 mmol L⁻¹ $Na_2CO_3$10 mmol L⁻¹ $NaHCO_3$アルカリ緩衝液を用いる）、常温で2時間振とうし、上澄み液をンブランフィルターでろ過して検液を作成する。シアン化合物については弱酸性で蒸留、検液の分析には水質の健康項目とほぼ同じ方法が適用できるが、一部異なるものもあ.

特定有害物質の種類	溶出量基準/mg L⁻¹	含有量基準/mg kg⁻¹
カドミウムおよびその化合物	0.003	45
六価クロム化合物	0.05	250
クロロエチレン	0.002	—
シマジン	0.003	—
シアン化合物	不検出	50[*1]
チオベンカルブ	0.02	—
四塩化炭素	0.002	—
1,2-ジクロロエタン	0.004	—
1,1-ジクロロエチレン	0.1	—
1,2-ジクロロエチレン	0.04	—
1,3-ジクロロプロペン	0.002	—
ジクロロメタン	0.02	—
水銀およびその化合物	0.0005	15
	アルキル水銀について不検出	
セレンおよびその化合物	0.01	150
テトラクロロエチレン	0.01	—
チウラム	0.006	—
1,1,1-トリクロロエタン	1	—

媒　体	大　気	水質（水底の底質を除く.）	水底の底質	土　壌
測定方法	ポリウレタンフォームを装着した採取筒をろ紙後段に取り付けたエアサンプラーにより採取した試料を高分解能ガスクロマトグラフ質量分析計により測定する方法	JIS K 0312 に定める方法	水底の底質中に含まれるダイオキシン類をソックスレー抽出し，高分解能ガスクロマトグラフ質量分析計により測定する方法	土壌中に含まれ、ダイオキシン類ソックスレー抽、高分解能ガスクロマトグラフ量分析により測定する方法

注 1) 　基準値は，2,3,7,8-四塩化ジベンゾ-p-ジオキシンの毒性に換算した値とする.
注 2) 　大気および水質（水底の底質を除く）の基準値は，年間平均値とする.
注 3) 　土壌にあっては，環境基準が達成されている場合であって，土壌中のダイオキシン類量が 250 pg-TEQ g^{-1} 以上の場合には，必要な調査を実施する.

（2）ダイオキシン類の排出基準　　ダイオキシン類の排出基準は，特定施設に係る排ガスまたは排出水に含まれるダイオキシン類の排出の削減に係る技術水準を勘案して，特施設の種類および構造に応じて定められている.
（i）大気排出基準：排ガス中のダイオキシン類およびコプラナー PCB の測定方法JIS K 0311：1999 による.

特定施設	規模要件	既　設 ng-TEQ m^{-3} N	新　設 ng-TEQ m^{-3}
焼結鉱の製造の用に供する焼結炉	原料処理能力 1 t h^{-1} 以上のもの	1	0.1
製鋼用電気炉	変圧器の定格容量が 1000 kVA 以上	5	0.5
亜鉛回収施設（原料として製鋼用電気炉の集じん灰を使用するもの）	焙焼炉，焼結炉，溶鉱炉，溶解炉，乾燥炉：原料処理応力 0.5 t h^{-1} 以上	10	1
アルミニウムくずを原料とするアルミニウム合金製造施設	焙焼炉，乾燥炉は 0.5 t h^{-1}，溶解炉は 1 t h^{-1} 以上	5	1
廃棄物焼結炉	4 t h^{-1} 以上	1	0.1
廃棄物焼却炉	2 t h^{-1} 以上〜4 t h^{-1} 未満	5	1
廃棄物焼却炉：焼却能力 50 kg h^{-1} 以上または火床面積 0.5 m^2 以上	2 t h^{-1} 未満	10	5

N は標準状態を表す.

（ii）水質排出基準：工業用水・工場排水中のダイオキシン類およびコプラナー PCB の測定方法は，JIS K 0312：1999 による．ダイオキシン対策法特定施設を設置する特定業場の排水が対象となり，排出基準は 10 pg-TEQ L^{-1} である.

b. 新たな POPs 対象物質

POPs に関するストックホルム条約発効当初の POPs は 12 物質（群）であったが，その後，条約締約国から提案された物質について専門家からなる検討委員会で検討がなされ，

9 年に臭素化ジフェニルエーテル（PBDE）やペルフルオロオクタンスルホン酸（PFOS）などの 9 物質が追加された．以後，2011 年にはエンドスルファン，2013 年にはヘキサブロモシクロデカン（HBCD），2017 年にはデカブロモジフェニルエーテル，短鎖塩化パラフィン（SCCP）およびヘキサクロロブタジエン（HCBD），2019 年にはジコホル，ペルフルオロオクタン酸（PFOA）が POPs に追加された．

POPs 対象物質の分析法

分析法	対象物質	測定法
POPs の 同時分析法[1,2]	PCBs（1〜10 塩素体），DDT類（o,p'-DDT，p,p'-DDT，o,p'-DDE，p,p'-DDE，o,p'-DDD，p,p'-DDD），ヘキサクロロベンゼン，アルドリン，ディルドリン，エンドリン，クロルデン類（trans-クロルデン，cis-クロルデン，trans-ノナクロル，cis-ノナクロル，オキシクロルデン），ヘプタクロル，ヘプタクロルエポキサイド，マイレックス，トキサフェン，ヘキサクロロシクロヘキサン（α-HCH，β-HCH，γ-HCH，δ-HCH）	**大気**：ポリウレタンフォームと活性炭素繊維フェルトを装着した採取筒をろ紙後段に取り付けたエアサンプラーにより採取した試料をソックスレー抽出し，高分解能ガスクロマトグラフ質量分析計により測定する方法 **水質**：10〜数十 L の試料を逆相系フィルターに通水し，フィルターを溶媒抽出し，高分解能ガスクロマトグラフ質量分析計により測定する方法 **底質**：湿重量 20 g をソックスレー抽出し，高分解能ガスクロマトグラフ質量分析計により測定する方法
排出ガス中のPOPs の 同時分析法[3]	PCB，ヘキサクロロベンゼン，ペンタクロロベンゼン，PCN，ヘキサクロロブタジエン	**排出ガス**：試料中の POPs を，円筒ろ紙などによる「ろ過捕集」，吸収瓶（インピンジャー）による「吸収捕集」や吸着剤カラムによる「吸着捕集」で捕集し，捕集部から抽出後，高分解能ガスクロマトグラフ質量分析計により測定する方法
ジコホルの分析法[4]	ジコホル	**水質**：3 L の試料を溶媒で液液抽出し，ガスクロマトグラフ質量分析計により測定する方法[4] **底質**：湿重量 20 g を溶媒抽出し，ガスクロマトグラフ質量分析計により測定する方法[4]
ペルフルオロオクタンスルホン酸およびペルフルオロオクタン酸の分析法[5〜7]	PFOS および PFOA	**大気**：石英繊維ろ紙を取り付けたエアサンプラーにより採取した試料を溶媒抽出し，液体クロマトグラフ質量分析計により測定する方法[5] **水質**：1 L の試料を逆相系フィルターに通水し，フィルターを溶媒抽出し，液体クロマトグラフ質量分析計または液体クロマトグラフタンデム質量分析計により測定する方法[6] **底質**：乾重量 1 g を溶媒抽出し，液体クロマトグラフタンデム質量分析計により測定する方法[7]

分析法	対象物質	測定法
ポリ臭化ジフェニルエーテルの分析法[8,9]	PBDE	**大気**：ポリウレタンフォームを装着し，採取筒をろ紙後段に取り付けたエアサンプラーにより採取した試料をソックスレー抽出し，高分解能ガスクロマトグラフ質量分析計により測定する方法[8] **水質**：1 L の試料を逆相系フィルターに通水し，フィルターを溶媒抽出し，高分解能ガスクロマトグラフ質量分析計により測定する方法[9]
ヘキサブロモシクロドデカンの分析法[10～12]	HBCD	**大気**：石英繊維ろ紙を取り付けたエアサンプラーにより採取した試料をソックスレー抽出し，液体クロマトグラフタンデム質量分析計により測定する方法[10] **水質**：0.2 L の試料を固相ディスクに通水し，固相ディスクを溶媒抽出し，液体クロマトグラフタンデム質量分析計により測定する方法[11] **底質**：乾重量 5 g を溶媒抽出し，液体クロマトグラフタンデム質量分析計により測定する方法[12]
ポリ塩化ナフタレンの分析法[8,13]	PCN	**大気**：ポリウレタンフォームを装着した採取筒をろ紙後段に取り付けたエアサンプラーにより採取した試料をソックスレー抽出し，高分解能ガスクロマトグラフ質量分析計により測定する方法[13] **水質**：10 L の試料を逆相系フィルターに通水し，フィルターを溶媒抽出し，高分解能ガスクロマトグラフ質量分析計により測定する方法[8] **底質**：乾重量 10 g をソックスレー抽出し，高分解能ガスクロマトグラフ質量分析計により測定する方法[8]

1) 環境省，POPs モニタリング調査マニュアル，2003 年 3 月.
2) 環境省，「化学物質環境実態調査実施の手引き」，2016 年 3 月.
3) 環境省，「排出ガス中の POPs（ポリ塩素化ビフェニル，ヘキサクロロベンゼン，ペンタクロロベンゼン，ポリ塩化ナフタレン，ヘキサクロロブタジエン）測定方法マニュアル」，2019 年 3 月.
4) 環境省，化学物質分析法開発調査報告書（平成 17 年度）【修正追記版】，2006 年.
5) 環境省，化学物質分析法開発調査報告書（平成 15 年度）【修正追記版】，2004 年.
6) 環境省，水質汚濁に係る人の健康の保護に関する環境基準等の施行等について，2020 年 5 月.
7) 環境省，要調査項目等調査マニュアル（平成 19 年度版），2008 年.
8) 環境省，要調査項目等調査マニュアル（平成 14 年度版），2003 年.
9) 環境省，要調査項目等調査マニュアル（平成 22 年度版），2011 年.
10) 環境省，化学物質分析法開発調査報告書（平成 25 年度）【修正追記版】，2014 年.
11) 環境省，化学物質分析法開発調査報告書（平成 21 年度）【修正追記版】，2010 年.
12) 環境省，化学物質分析法開発調査報告書（平成 22 年度）【修正追記版】，2011 年.
13) 環境省，化学物質分析法開発調査報告書（平成 9 年度）【修正追記版】，1998 年.

ペルフルオロオクタンスルホン酸（PFOS）およびペルフルオロオクタン酸（PFOA）の定量方法において留意すべき事項について示す．PFOS および PFOA は，炭素鎖が直鎖状に結合した構造（以下「直鎖体」という）の他に，炭素鎖が分岐した構造異性体（以下「分岐異性体」という）が存在する．これらの正確な定量を行うためには，分岐異性体を含む標品を入手する必要があるが，現時点では PFOS および PFOA のすべての分岐異性体の標準品を入手することは困難である．このような状況を踏まえ，PFOS および PFOA の測定方法では，直鎖体と分岐異性体の感度は同等であると仮定して，直鎖体の標準品で作成した検量線により分岐異性体を定量する「要調査項目等調査マニュアル」の測定方法を踏襲している．ただし，直鎖体と分岐異性体の生態リスク評価値は異なることなどが示唆されていることを踏まえ，測定の際は直鎖体と分岐異性体を可能な限り分離し，直鎖体が検出されるピークの測定値を直鎖体の濃度として把握することが望ましい．なお，試料中に含まれる PFOS および PFOA の分岐異性体の標準品がすべて入手できる場合は，これらの標準品を用いて得られる検量線はより正確なものとする[1]．

（ⅰ）**水質排出基準**：公共用水域および地下水における PFOS および PFOA の指針値（PFOS および PFOA の合計値とする）は 0.000 05 mg L^{-1} 以下（暫定）である．また，水道水における PFOS および PFOA の暫定目標値は 50 ng L^{-1}（PFOS と PFOA の合計値）以下に定められた[1,2]．

参考文献

1) 環境省，「水質汚濁に係る人の健康の保護に関する環境基準等の施行等について」，2020 年 5 月．
2) 厚生労働省，「水質基準に関する省令の一部改正等について」の留意事項について，2020 年 3 月．

7・6　RoHS，REACH などの環境規制化学物質

欧州では電機電子製品の環境規制である RoHS（Restriction of the use of certain hazardous substances in electrical and electronic equipment）指令や総合化学物質管理制度である REACH（Registration, Evaluation, Authorization and Restriction of Chemical）規則が施行され，企業の法令順守や経営の観点から重要な位置づけとなっている．また，世界各国で同様な規制が検討，施行されている．このような世界各国の法規制に対応して国際的な共通の試験法での確認が重要である．ここでは，RoHS 指令，REACH 規則の代表的な化学物質とその試験法について記載する．

a.　RoHS 指令

2006 年 7 月 1 日に施行された RoHS 指令（2002/95/EC）は，電子・電気廃棄物による環境負荷を低減するために，特定有害物質の使用を制限する法律である．2014 年 7 月に改正され（2011/EU/65），現在 10 種類の化学物質の含有が制限されている．具体的には，Pb，Cd，Hg，Cr^{6+}，特定臭素系難燃剤 2 種（（ポリ臭化ビフェニル（polybrominated biphenyl：PBB）およびポリ臭化ジフェニルエーテル（polybrominated diphenyl ether：PBDE）），フタル酸エステル 4 種（フタル酸ビス(2-エチルヘキシル)：DEHP，フタル酸ブチルベンジル：BBP，フタル酸ジブチル：DBP，フタル酸ジイソブチル：DIBP）である．最大許容濃度は Pb，Hg，Cr^{6+}，PBB，PBDE，DEHP，DBP，BBP，DIBP は 0.1 wt%，Cd は 0.01 wt% である．ただし，電子部品中の鉛や蛍光灯の水銀など，一部特定用途のための適用除外措置が取られている．

中国，韓国，日本や東南アジア各国，ロシア，トルコ，アラブ首長国連邦などでも同様の RoHS 指令が存在するが，各国の法律により適用範囲や施行方法が異なることに注意が必要である．

b. REACH 規則

REACH 規則は，2007 年 6 月 1 日に発効した EU の化学物質の総合的な登録，評価，可，制限の制度である．REACH 規則は，EU で従来施行されてきた 40 種類以上の化学質関連規則を統合するものであり，以下の四つのプロセスから構成される．

（1）登録（registration）　欧州域内での生産または輸入量が年間 1 t 以上の化学物について，製造者または輸入者は必要な情報を欧州化学品庁（European Chemi Agency：ECHA）のデータベースに登録する．登録する内容は，物質の特定，物質の製と用途，分類・表示，安全使用指針などである．また年間の製造・輸入量が 10 t 以上の学物質については，化学物質安全性評価報告（Chemical Safety Report：CSR）に基づく害性評価，リスク評価が追加的に必要となる．登録は IUCLIDS というフォーマットを用し，電子的に行う．

（2）評価（evaluation）　登録時に提出された文書に対し，ECHA による「書類の価」および「物質の評価」から構成される．「書類の評価」では，提出された技術文書にして試験計画の審査と適合性が要件を満たしているか否かが判定される．「物質の評価」関しては，人の健康および環境に対するリスクが懸念される物質に対して，EU 加盟各国評価を行い，必要な場合は，さらなる情報が要求される場合もある．

（3）認可（authorization）　安全性に関して高い懸念が示される物質は高懸念物質（substances of very high concern：SVHC）と呼ばれ，認可が必要となる．高懸念物質は，発がん性，変異原生，生殖毒性を有する物質（carcinogenic mutagenic reproducti toxin：CMR），残留性，生物蓄積性，有害性を有する物質（very persistent, bioaccumulativ toxic：PBT）やきわめて残留性・蓄積性の高い物質（very persistentand very bioaccumu lative：vPvB）などを有するとされ，SVHC に指定された物質を上市または使用する場は，その特定された用途に対して ECHA に対して認可を申請する．現在 SVHC 候補と 2021 年 1 月現在 211 物質が ECHA から提案されている．REACH 規則 Annex 14 に制物質が掲載されている．SVHC が成形品中に 0.1 wt% を超えて含有される場合には，形品の供給者は川下企業に対して，また，消費者から要求がある場合は 45 日以内に情報提供する義務が規定されている．

（4）制限（restriction）　人の健康や環境にとって，受け入れられないリスクのあ物質の製造，上市および使用は，EU 全域で制限条件を付けたり，必要があれば禁止する．RoHS と同様に含有規制となる．Annex 17 に規制される物質が掲載されている．

c. RoHS 指令や REACH 規則などの試験法

（1）IEC 国際規格　RoHS 指令や REACH 規則の試験法は IEC（国際電機標準会議）や ISO（国際標準機構）で制定が進められている．IEC 62321 は蛍光 X 線分析法（XRFなどのスクリーニングと精密化学分析法の 2 段階での試験法で構成される．試料は高分子料，金属材料，電子部品に分類し，まずは XRF などでのスクリーニング後，精密分析に詳細調査を実施するという方法論である．IEC 62321 の全体像を次ページの図に示す．

特に，電機電子製品は多量の部品，材料から構成されるため，サンプリングに関しては，IEC 62321 part 2 などを参考に，より多くの知見を収集したうえで実施する必要がある．

収集する情報としては，

・製品／部品／アセンブリの組み合わせ状況，均質物質レベルでのサンプリングおよび析の現実性
・規制物質と許容値の把握
・除外項目の有無
・スクリーニング分析の履歴
・構成部品，材料サプライヤーにおけるプロセス管理実績および懸念される履歴有無

などがあげられ，これらの情報により，サンプリングの範囲，頻度などを絞り込む必要が

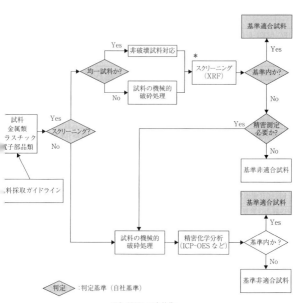

IEC 62321 の全体像

* 蛍光 X 線のスクリーニング測定で，非破壊/破壊および定性/定量分析の何れを採用するかは，自社内の保有機器，品質管理基準，標準試料の入手状況に応じて判断．

現在発行されている IEC 試験法を下表に示す．

IEC 62321 の試験法

	対象元素/化合物	主な内容	測定法
IEC 62321-1（ED1）	—	総論	—
IEC 62321-2（ED1）	—	試料のサンプリング	—
IEC 62321-3-1(ED1)	Pb, Cd, Hg, Cr, Br	スクリーニング	XRF
IEC 62321-3-2(ED2)	F, Cl, Br	スクリーニング	燃焼管分解-IC
IEC 62321-4（ED2）	Hg	精密分析	酸分解/CV-AAS, TG-AAS, ICP-OES, ICP-MS
IEC 62321-5（ED1）	Pb, Cd, Cr	精密分析	酸分解/AAS, TG-AAS, ICP-OES, ICP-MS

19　分析データの解析と管理

　分析値の信頼性は様々な状況で要求される．分析値の信頼性を向上させるために最も重要なのは，質の高いデータを取得することである．質の高いデータを取得するためには，その測定に関して十分な知識をもっていることはもちろん，データを取得する前に，その測定の定義，測定方法，測定手順，さらに取得したデータにどのような統計的手法を適用するかを明確にしておくことが重要である．そうすることにより最低限の取得データから最大の情報を取り出すことができ，信頼性の高い結果を得ることができる．

19・1　分析値の信頼性を表す用語

a.　精度・真度・精確さ

　分析値の信頼性を表す用語は多々存在する．最も多く分析化学で用いられるのは，精度・真度・精確さである．これらの用語は JIS Z 8103（計測用語），JIS Z 8101-2（統計―用及び記号―第2部：統計の応用），JIS K 0211（分析化学用語（基礎部門））など，いくつかの JIS で規定されており，若干書きぶりは異なることはあるが，**精度**：ばらつき，**真度**：かたより，**精確さ**：精度と真度を合わせた総合的な概念，を表している．つまり，「精度が低い」とはばらつきが大きいこと，「真度が高い」とはかたよりが小さいこと，「精確さが高い」とはかたよりとかたより両者とも小さいことを表す．ただし上記の用語は日本では化学系で主に用いられているが，他の分野では異なる用語を用いるので注意すること．理系・工学系では，「精度・真度・精確さ」を「精密さ・正確さ・（総合）精度」という．特に「精度」と「（総合）精度」は同じ言葉で意味が異なり，「精確さ」と「正確さ」は発音が同じであるが意味が異なるので注意すること．英語では分野関係なく，"precision, trueness, accuracy" である．

b.　繰返し性・再現性

　ばらつきを表す精度に関する用語で重要なのは，繰返し性と再現性である．繰返し性は分析化学では併行精度とも呼ばれる．繰返し性の JIS Z 8103 での定義は，「一連の測定の繰返し条件の下での測定の精密さ」であり，繰返し条件（併行精度条件）の定義は，「同一の測定手順，同一のオペレータ，同一の測定システム，同一の操作条件及び同一の場所，並びに短期間での同一又は類似の対象についての反復測定を含む一連の条件から構成される測定の条件」である．つまり，できるだけ条件を変えずに反復測定を行っても現れるばらつきを表している．

　再現性の定義は JIS Z 8103 では，「測定の再現条件の下での測定の精密さ」とされており，さらに再現条件の定義は，「異なる測定場所，異なるオペレータ，異なる測定システム，および同一又は類似の対象についての反復測定からなる一連の条件から構成される測定の条件」とある．つまり，できうる限り条件を変更し同様の測定を行った場合のばらつきを表している．さらに再現条件の定義の注記2に「条件の詳述には，実行可能な程度で変更した条件及び変更しなかった条件を記載することが望ましい」とある．

c. 誤差・不確かさ

両者とも，測定結果の信頼性を表す用語であるが，定義は異なる．誤差は JIS Z 8103 で「測定値から真値を引いた値」であり，不確かさは，「測定値に付随する，合理的に測定量に結び付けられ得る値の広がりを特徴づけるパラメータ」である．両者の定義の大きな違いは，誤差は真値を知る，というところであり，誤差は真値を知ることができるという前提，不確かさは真値を知ることは不可能であるという前提を基に構築されている．

ただし両者の概念は相反するものではない．例えば，測定を行う際に要求される測定の正しさと用いる測定標準の精確さとを比較すると，測定標準の方が圧倒的に精確さが高く，定標準の値を真値とみなしても差し支えないことよくある．そのような場合は誤差を算出することは可能であるし，また概念的には測定に誤差が存在することも（その大きさが求められるかどうかはわからないが）当然である．

誤差は通常「偶然誤差」と「系統誤差」に分け，それぞれを評価することを行う．偶然誤差ばらつきから引き起こされる誤差であり，標準偏差によって表すことがよく行われる．一方系統誤差は，かたよりから引き起こされる誤差であり，系統誤差の値を知るためには標準の値など正しいと考えられる値との比較によってのみ可能である．

不確かさは，認識できるかたよりはすべて補正し，補正しきれなかった分の曖昧さを原因に大きさを標準偏差で表し（標準不確かさという）それを合成することで求める（合成準不確かさという）．また合成標準不確かさは測定結果の標準偏差であるが，測定結果の頼性を表すときには測定結果が存在する範囲を示すこともよくある．この測定結果の存在囲を示す不確かさのことを拡張不確かさといい，一般的に測定結果の報告において最もよ用いられている．

9・2　数値の端数処理

測定値を示すうえでの意味のある数字を有効数字（significant digit）とよぶ．その際行うが数値の丸めであるが，数値の丸め方にも規定がある．それが JIS Z 8401（数値の丸め）である．ここでは JIS に規定されている丸め手法を紹介する．本 JIS には 2 種類の丸めが記載されており，そのうち規則 A は，丸めの対象の値が 5 未満であれば切り捨て，5 をえる値であれば切り上げるもので，丁度 5 のときが複雑である．この場合，4.5 を整数に丸める場合，丸め終わった値の最終桁が偶数となるように丸める．つまり，4.5 を整数に丸めと，4 となり，5.5 を整数に丸めると，6 となる，ということである．この手法は丸めにる誤差が最小となる利点がある．

規則 B は通常の四捨五入である．JIS Z 8401 には，計算機による処理において用いられることがある，としている．規則 A，B のどちらを用いればよいか，ということである．もし得られた測定値が丸めの対象の桁より数桁多い桁で表されているときには規則 A，のどちらを用いても結果はほぼ変わらない．ただし，丸めは常に一段階で行わなければ予せぬ誤差を生むこととなる．例えば，15.49 を整数に丸めるとき，一段階で行えば 15 とるが，まず小数点以下 1 桁に丸め，15.5 としたあと，さらに整数に丸め 16 としてはいけ

規則 A，B どちらも採用しないほうがよい場合もある．例えば，誤差，不確かさに関して，特に有効数字 1 桁で表記する場合であれば，丸めによって過小評価することがあり，一的には切り上げが用いられる．

9・3　精度の表し方

測定という行為は，統計的にはその測定を無限回行ったとき得られる母集団からのサンプリングと理解される．測定を行うことの目的は，その測定の母集団の平均値（母平均）の推

定値（標本平均）とその推定値がどの程度母平均と一致しているかを知るための元となる分散，母標準偏差の推定値である標本分散，標本標準偏差を求めることである．また，母団の性質を表す母平均，母分散などの統計量を母数と呼ぶ．

a. 標本（不偏）分散（sample variance）

n 個の測定データ x_i $(i=1, \cdots, n)$ に基づく母分散 σ^2 の推定値であり，s^2 で表す．

$$s^2 = \frac{\sum_{i=1}^{n}(x_i - \bar{x})^2}{n-1}, \quad \bar{x} = \frac{\sum_{i=1}^{n} x_i}{n}$$

s^2 はかたよりなく σ^2 を推定できることから不偏分散とも呼ばれる．

b. 標本標準偏差（sample standard deviation）

分散は測定値の2乗の次元をもつ．分散を測定値と同じ次元に変換したもの，つまり分散の正の平方根を標準偏差という．標本標準偏差は s で表し，母標準偏差は σ で表す．標本標準偏差は母標準偏差の推定値として用いるが，母標準偏差の不偏推定量ではない．

c. 相対標準偏差・変動係数

標本標準偏差の標本平均に対する相対値のことをいう．相対標準偏差は，relative standard deviation の頭文字を取り RSD，変動係数は coefficient of variation の頭文字を取り CV ともいう．これらはすべて同じものである．相対標準偏差を100倍してパーセントで表記することもよく行われる．

d. 標本平均の分散・標準偏差

測定を繰り返して標本平均を得る，という行為を繰り返したとすると，その得られた標本平均は毎回同じ値になるわけではなく異なる値となる．つまり，標本平均はばらつきをもつ値である．その標本平均の母分散 $\sigma^2(\bar{x})$ は，

$$\sigma^2(\bar{x}) = \sigma^2/n$$

と求めることができる．ただし，母分散は母数であるので知ることはできない．よって標本平均の母分散の推定値，つまり，標本平均の標本分散 $s^2(\bar{x})$ は，

$$s^2(\bar{x}) = s^2/n$$

によって求めることができる．

19・4 統計的仮説検定

統計的仮説検定とは，対象とする統計量に関する二つの母数の間に差が存在するとはいえないという仮説（帰無仮説）と二つの母数の間に差が存在するといえるという仮説（対立説）を立て，帰無仮説が正しいとしたときに標本から求められた統計量が得られる確率を求める．その確率が設定した確率（有意水準，危険率という）以下であれば，差が存在するといえ，対立仮説が採択される．また設定した確率以上であれば，差が存在するとはいえず帰無仮説が採択される．

a. 正規分布を用いた平均値の検定

ここでは，測定から得られた n 個の標本 x_i $(i=1, \cdots, n)$ が，本来想定していた母平均と異なるといえるか，そうではないかを検定する．前提条件として，本測定データは正規布に従っており，その母標準偏差は σ であるとする．また，両側検定（想定した母平均より大きな値で外れる，小さな値で外れるという両方とも考慮するという意味）で行う．

（1）下記 z_0 の値を求める．

$$z_0 = \frac{\bar{x} - \mu_s}{\sigma/\sqrt{n}}$$

2） 正規分布表から，有意水準 α である $z(\alpha)$ の値を求める．

3） $|z_0| \geq z(\alpha)$ がなりたてば帰無仮説は棄却．今回の測定の母平均は想定していた母平均 μ_s とは異なるといえる．上記がなりたたなければ帰無仮説を採用．今回の測定の母平均は想定していた母平均 μ_s と異なるとはいえない．

この正規分布を用いた検定で注意しなければならないのは，母標準偏差 σ の値が既知でなければならないということである．しかし，σ は母数であるので，本来であれば無限回の測定を行わなければ知ることができない．ただし，これまで長い期間作成してきた製品など非常に多数の事前のデータを取得しており，このデータから求めた標本標準偏差が存在する場合には，その標本標準偏差は十分母標準偏差のよい推定値とみなすことができるだろう．このような前提条件がなりたっているときのみ用いることができる．

正規分布表の例（両側確率）

α	0.1	0.05	0.025	0.01	0.005	0.001
$z(\alpha)$	1.64	1.96	2.24	2.58	2.81	3.29

b．t-分布を用いた平均値の検定

上記の正規分布を用いた検定を行えないような場合，つまり質のよい母標準偏差の推定値が未知の場合を考える．つまり今回測定した n 個の標本のみ得ている状態であるので，標本標準偏差であれば求めることができる．それを a. 項の（1）の式内の母標準偏差の代わり標本標準偏差 s を用いる．

（1） 下記 t_0 の値を求める．

$$t_0 = \frac{\bar{x} - \mu_s}{s/\sqrt{n}}$$

（2） t-分布表から，有意水準 α，自由度 $\phi = n-1$ の $t(\alpha, \phi)$ の値を求める．

（3） $|t_0| \geq t(\alpha, \phi)$ がなりたてば帰無仮説は棄却．今回の測定の母平均は想定していた母平均 μ_s とは異なるといえる．上記がなりたたなければ帰無仮説を採用．今回の測定の母平均は想定していた母平均 μ_s と異なるとはいえない．

t-分布表を見ると，自由度が増えれば正規分布表の値に近づいていることがわかる．なぜなら，無限回測定を行えば母標準偏差が既知となるので，自由度無限大の t-分布と正規分布は一致するからである．

t-分布表の例（両側確率）

$\alpha \backslash \phi$	1	2	3	4	5	6	7	8	9	10
0.01	63.66	9.92	5.84	4.60	4.03	3.71	3.50	3.36	3.25	3.17
0.05	12.71	4.30	3.18	2.78	2.57	2.45	2.36	2.31	2.26	2.23

$\alpha \backslash \phi$	11	12	13	14	15	16	17	18	19	20
0.01	3.11	3.05	3.01	2.98	2.95	2.92	2.90	2.88	2.86	2.85
0.05	2.20	2.18	2.16	2.14	2.13	2.12	2.11	2.10	2.09	2.09

9・5 技能試験における分析値の評価

試験所間比較による技能試験は精度管理の一手法として行われており，近年では ISO/IEC 17025 に基づく試験所認定制度が技能試験への定期的な参加を求めることにより，ます

ます重要性が高まっている．技能試験結果における分析値の評価は，主に ISO 1352 に
則って行われることが多い．その中でも特に z-スコアを用いた評価が最もよく用いら
いる．z-スコアとは下記の式で表されるものであるが，この式中，参照値 X，技能評価
ための標準偏差 $\hat{\sigma}$ の求め方について様々な手法が提案されている．目的に応じて選択 $\cdot$
ことが必要であるが，ロバスト性をもつ手法が最もよく用いられる．

$$z = \frac{x - X}{\hat{\sigma}} \qquad \text{（ここで，} x \text{は参加試験所の報告値）}$$

　判定基準 $|z| \leq 2$：満足，$2 < |z| \leq 3$：疑わしい，$|z| > 3$：不満足

　またそのほかに，JIS Z 8402-2 に規定されている，Cochran の検定と Grubbs の検定
用いる技能試験の評価も行われている．

10 分析化学の文献検索

インターネットや PC をはじめとする情報機器の急速な発展に伴い，研究情報の入手方法は大きく変化している．研究情報を効率的に収集するためには，情報入手方法に精通する必要がある．

10・1 化学情報データベースおよび検索システム

化学情報データベースには，書誌情報，雑誌論文，特許，化学構造，物性データなど膨大な情報量が含まれている．この中から必要な情報を見つけ出すために，一般的に情報データベースには検索システムが組み合わせされて提供されている．キーワード，著者名，化学構造などから情報を検索できる．下表に主な化学情報データベースのシステム名と概要を示す．

主なシステム名と概要

システム名	概要およびコンタクト先
STN	米国 Chemical Abstract Service（CAS）とドイツ FIZ-Karlsruhe が共同で運営する科学技術分野の検索サービス．日本では（社）化学情報協会（JAICI）が代表を務める．詳細は http://www.jaici.or.jp/stn/ を参照．有料．
SciFinder	米国 Chemical Abstracts Service が提供する物質科学関連分野の情報検索システム．詳細は https://www.jaici.or.jp/SCIFINDER/ を参照．有料．
Web of Science	米国 Clarivate Analytics が提供する学術文献データベース．詳細は https://clarivate.jp/products/web-of-science/ を参照．有料．
Scopus	オランダ Elsevier が提供する学術雑誌記事の摘要や参照を含む書誌データベース．詳細は https://www.elsevier.com/ja-jp/solutions/scopus を参照．有料．
Google Scholar	米国 Google が提供する学術用途の検索システム．論文，学術雑誌，書籍，会議録などの学術資料の全文やメタデータへアクセスする．URL は https://scholar.google.co.jp．

10・2 電子ジャーナル

学術雑誌の主な形態は，従来の冊子体から電子ジャーナルへ急激に移行している．冊子体をもつ雑誌のほとんどが電子ジャーナルも併せもつ．また近年では電子ジャーナルのみの学術雑誌も多くみられる．また，キーワードや著者名から論文を検索することができる．電子ジャーナルを利用するためには PC やタブレットなどのインターネットに接続できる機器が必要である．論文の本文は，通常 HTML または PDF で提供されている．電子ジャーナルのほとんどの論文には，デジタルオブジェクト識別子（digital object identifier：DOI）が付与されている．DOI を使うことで該当する論文に直接到達できる．最近では情報データベースの検索結果に DOI を利用した電子ジャーナルへのリンクが張られており，簡単に論文にアクセスでき

改訂 6 版 分析化学データブック

令和 3 年 10 月 30 日　発　行

編　者　　公益社団法人 日本分析化学会

発行者　　池　田　和　博

発行所　　丸善出版株式会社
　　　　　〒101-0051　東京都千代田区神田神保町二丁目17番
　　　　　編集：電話(03)3512-3263 ／ FAX(03)3512-3272
　　　　　営業：電話(03)3512-3256 ／ FAX(03)3512-3270
　　　　　https://www.maruzen-publishing.co.jp

組版印刷・創栄図書印刷株式会社／製本・株式会社 星共社

ISBN 978-4-621-30652-9　C 3043　　　　　Printed in Japan